四川省教育厅2013年自然科学重点课题
高校数据中心建设与研究（编号：13ZA0038）
阿坝师范学院科研基金　资助出版

SHUJU ZHONGXIN DE
JICHU SHESHI YU HUANJING JIANSHE

数据中心的
基础设施与环境建设

赵保华⊙编著

西南交通大学出版社
·成都·

内容简介

随着计算机技术和网络技术的不断进步，特别是我国"互联网+"战略的提出，作为互联网服务的基础设施——数据中心，其建设和运营越来越成为业界和其他行业都广泛关注的焦点。本书是对目前数据中心基础设施和环境建设提供方法和思路。

本书内容主要包括三部分：第一部分是对数据中心发展和其关键性角度认识，明确数据中心基础设施建设的内容，同时介绍了数据中心基础设施建设的相关标准；第二部分主要涉及数据中心网络架构设计与建设方面的内容，对数据中心内部的层次化网络结构、布线结构、通信设备和线缆选择以及布线管理进行了详细阐述，同时也涵盖了数据中心配电系统设计与建设；第三部分基于 IT 设备对数据中心环境的要求展开论述，从 IT 设备的机械环境、入侵保护、热环境和电磁防护的角度分别予以详细阐述。

本书内容实用，脉络清晰，对于目前大量的中小型数据中心的设计、建设、运营和管理都有指导意义和参考价值，本书也可作为数据中心技术人员的参考书籍。

图书在版编目（ＣＩＰ）数据

数据中心的基础设施与环境建设／赵保华编著. ——
成都：西南交通大学出版社，2015.10
ISBN 978-7-5643-4388-0

Ⅰ. ①数… Ⅱ. ①赵… Ⅲ. ①机房 – 基础设施建设 –
中国②机房 – 环境管理 – 中国 Ⅳ. ①TP308

中国版本图书馆 CIP 数据核字（2015）第 261817 号

数据中心的基础设施与环境建设

赵保华 编著

责 任 编 辑	宋彦博
特 邀 编 辑	穆 丰
封 面 设 计	墨创文化
出 版 发 行	西南交通大学出版社 （四川省成都市二环路北一段 111 号 西南交通大学创新大厦 21 楼）
发 行 部 电 话	028-87600564　028-87600533
邮 政 编 码	610031
网　　　　址	http://www.xnjdcbs.com
印　　　　刷	成都蓉军广告印务有限责任公司
成 品 尺 寸	185 mm × 260 mm
印　　　　张	15.5
字　　　　数	379 千
版　　　　次	2015 年 10 月第 1 版
印　　　　次	2015 年 10 月第 1 次
书　　　　号	ISBN 978-7-5643-4388-0
定　　　　价	69.80 元

前 言

随着电子技术不断发展，从 1946 年 ENIAC 诞生以来，计算技术不断更新换代，特别是网络技术、计算群集技术、分布计算等技术的发展和计算硬件性能的不断提升，为目前的云计算技术奠定了技术和硬件基础，为现代数据中心的广泛运用起到了更新换代的引领作用。

随着数据中心的不断发展，各种规模的数据处理中心在世界范围内得到广泛应用。但是由于用途不同，目前中小型规模的数据中心占到整个数据中心的 80% 以上，这类数据中心由于建设理念、技术水平等差异，均处于较低的设计和建设水平。

震惊世界的汶川 5.12 特大地震对我校造成毁灭性的破坏后，在政府的支持下我校于美丽的 5A 级风景区——水磨镇涅槃重生。学校数据中心在 Cisco 灾后捐助网络设备项目和部分重建资金支持下，经过中心工作人员的不懈努力，终于建成了一个全新的具有合理配置的高校数据中心，这也为本书的形成奠定了实践基础。

基于本人近二十年的数据中心工作经验和负责新校区数据中心建设整个过程的实施，以及不断总结学习，从新机房落成开始一直策划编写关于数据中心基础设施建设的书籍，并在重建结束后通过多种途径查阅国内外相关资料，历时近三年，终于形成了此书。

本书主要从数据中心的设计与建设出发，对数据中心建设中特别关注的关键性等级进行阐述，同时结合业界对数据中心基础设施建设的研究，重点介绍在业界最有影响的 TIA-942-A 标准在数据中心基础设施的电信、建筑、电气和机械等系统的关键性等级，对数据中心网络系统、供电系统以及数据中心设备环境的设计与建设进行了阐述。基于数据中心电子设备环境的 MICE 分类方法，阐述了数据中心基本设施的机械、污染物入侵防护、热环境、电磁防护的相关内容。这些系统的建设都是为满足数据中心的关键性等级而需要读者了解的。

本书内容实用，对于目前大量的中小型数据中心的设计、建设、运营和管理都有极大的指导意义和参考价值。

本书在编写过程中参考了许多文献，在此感谢这些组织和个人的贡献。同时，也要感谢部门同事们和家人的大力支持，经过我们共同的努力才建成一个令人比较满意的阿坝师范学院数据中心，希望它能为民族地区的教育事业做出更大的贡献。最后，以此书作为该项建设的一个纪念。

由于数据中心建设涉及的知识面广，内容更新快，加之本人学识有限及时间仓促，若书中有不妥的地方，希望读者指正与包容。

赵保华

2015.9.10　桂苑

目 录

基础知识篇

网络设计与建设篇

环境设计与建设篇

基础知识篇

1 数据中心概述

1.1 数据中心的发展

数据中心是一个随着电子技术、通信技术、网络技术的发展而不断发展的，供计算机系统运行的基础设施。到目前为止，对于数据中心仍没有一个完整、权威的定义，以下是一些比较流行的定义：

百度给出的定义是"数据中心是全球协作的特定设备网络，用来在 internet 网络基础设施上传递、加速、展示、计算、存储数据信息"。维基百科给出的定义是"数据中心是一整套复杂的设施。它不仅仅包括计算机系统和其他与之配套的设备（例如通信和存储系统），还包含冗余的数据通信连接、环境控制设备、监控设备以及各种安全装置"。谷歌在其发布的 *The Datacenter as a Computer* 一书中，将数据中心解释为"多功能的建筑物，能容纳多个服务器以及通信设备。这些设备被放置在一起是因为它们具有相同的对环境的要求以及物理安全上的需求，并且这样放置便于维护"，而"并不仅仅是一些服务器的集合"。

综上所述，数据中心就是处理信息的设备和保障其正常运行的所有设施的有机结合。下面我们将从不同角度来认识数据中心。

1.1.1 数据中心是计算技术发展的结果

1.1.1.1 ENIAC 开启计算新纪元和计算机机房的演化进程

在第二次世界大战期间，第一台电子多用途数字计算机埃尼阿克（英文缩写词是 ENIAC，即 Electronic Numerical Integrator And Calculator，中文意思是电子数字积分器和计算器），由美国陆军资助研制。研制合同在 1943 年 6 月 5 日签订，实际的建造在 7 月以"PX 项目"为代号秘密开始，由宾夕法尼亚大学穆尔电气工程学院进行。建造完成的机器在 1946 年 2 月 14 日公布，并于次日在宾夕法尼亚大学正式投入使用，共服役 9 年。建造这台机器花费了将近五十万美元。

ENIAC 采用电子管作为计算机的基本元件，每秒可进行 5 000 次加/减法运算或 400 次乘法运算。它使用了 17 468 只电子管，7 200 个二极管，1 500 个继电器，10 000 只电容器，70 000 只电阻器，体积 3 000 立方英尺，占地 170 m²，它重量达 30 t，耗电 140～150 kW，是一个名副其实的庞然大物，如图 1-1 所示。

图 1-1　第一台计算机 ENIAC

ENIAC 采用十进制计算。其最大的特点就是采用了电子元件,用电子线路来执行运算、存储信息等,因而也就表现出其最突出的优点——计算速度快。当时的几种计算机的运算速度的比较如表 1-1 所示。

表 1-1 早期计算机性能对比

计算机	制成年代	运算速度 次/ms	
		加法	乘法
Mark Ⅰ	1944	300	5 700
Mark Ⅱ	1947	200	700
M − V	1947	300	1 000
ENIAC	1945	0.2	0.8

大量的电子管工作时会发出巨大的热量,若机房内无空调则会导致机房温度极高。高温会影响电子管的寿命,ENIAC 开始工作后,电子管平均每隔 7 min 就要被烧坏一只,需要 100 名维修工程师拿着电子管随时准备跑到 ENIAC 机房进行故障处理。ENIAC 在革命性地开启了人类计算新时代的同时,也开启了与之配套的计算机机房的演进。

1.1.1.2 计算机机房的发展产生了数据中心

从发明计算机到目前网络盛行的近 70 年的时间尺度来看,人类社会的计算方式经历了从集中运算到分散运算到再次集中的过程,这个过程当然不是简单的往复的过程,具体如下:

第一阶段:1945—1971 年,计算机组成主要以电子管、晶体管等器件为主,体积大、耗电多,主要运用于国防,科学研究等军事或准军事机构。由于计算消耗的资源过大,成本过高,因此计算的各种资源集中也就是必然的选择。同时,也诞生了与之配套的第一代数据机房,UPS(不断电电源系统),精密机房专业空调就是在这个时代诞生的。

第二阶段:1971—1995 年,随着大规模集成电路的迅速发展,计算机除了向巨型机方向发展外,更多地朝着小型机和微型机方向快速演进。1971 年末,世界上第一台微型计算机在美国旧金山南部的硅谷应运而生,它开创了微型计算机的新时代。在这个时代,计算的形态总的来说是以分散为主,分散与集中并存。因此,数据机房的形态也就必然是各种小型、中型和大型机房并存的态势,特别是中小型机房得到了爆炸式的发展。

第三阶段:1995—现今,互联网的兴起被视为计算行业在发明计算机之后的第二个里程碑。互联网的兴起,本质上是对计算资源的优化与整合,而对人类社会分散计算资源的整合是计算发展本身的内在的要求与趋势。本阶段计算资源再次集中的过程绝不是对第一阶段的简单复制,而是有两个典型的特点:一是单服务器计算能力的急速发展;二是单服务器计算资源被互联网整合,而这种整合现在也成了现代计算技术的一个关键环节,因此也会不断地演进。刀片服务器、互联网宽带、IPv6、虚拟化、云计算技术等均是在上述趋势之下的产物。

数据机房建设的理念在发展中也更加成熟和理性,不断地超越原来"机房"的范畴,日益演进为组织内部的支撑平台以及对外营运的业务平台——数据中心。数据中心通过实现统一的数据定义与命名规范集中的数据环境,从而达到数据共享与利用的目标。数据中心按规模划分为部门级数据中心、企业级数据中心、互联网数据中心以及主机托管数据中心等。一个典型的数据中心常常跨越多个供应商和多个产品的组件，包括：主机设备、数据备份设备、数据存储设备、高可用系统、数据安全系统、数据库系统、基础设施平台等等。这些组件需要放在一起，确保它们能作为一个整体运行。

1.1.2　国内外数据中心的发展历程

1.1.2.1　国外数据中心的发展历程

来自赛迪网的信息：美国数据中心的发展可分为 4 个阶段：1990 年之前，以政府和科研应用为主，商业化应用较少，数据中心建设规模大但是数量极少；1991—2000 年，由于大量互联网公司的出现，商业数据中心进入发展初期，数据中心建设规模不大，但数量显著增加；2001—2011 年，政府信息、互联网数据、金融交易数据激增，政府及商业数据中心进入蓬勃发展期，大型和小型数据中心均加速建设；2012 年至今，随着数据中心变革性技术应用不断增加，数据中心开始进入整合、升级、云技术化的新阶段，大型化、专业化、绿色是其主要特征，数据中心数量开始逐年减少，但单体建设规模却在激增。截至 2010 年底，美国超过 2 000 m^2 的大型数据中心已经超过 570 个，约占全球大型数据中心总量的 50%。同样，在欧洲，虽然近几年欧洲的经济形势不稳定，但是欧洲的数据中心规模却在稳步增长，截至 2012 年，欧洲大型数据中心建设面积接近 38 000 m^2，小型数据中心建设面积接近 18 000 m^2。

如表 1-2 所示是截至 2010 年 11 月，德国国内的数据中心发展状况。可以看出，大小规模不等的数据中心同时并存。其中机架型和机房型的数据中心占绝大多数。

表 1-2　国外数据中心发展状况举例

数据中心类型	服务机架型	服务机房型	小型	中型	大型	总计
安装服务器总数	160 000	340 000	260 000	220 000	300 000	1 280 000
群集服务器比例 /%	12.50	26.60	20.30	17.20	23.40	100
数据中心的数量	33 000	18 000	1750	370	50	53 170
数据中心总数的百分比 /%	62.00	33.90	3.30	0.70	0.10	100

1.1.2.2　我国计算机机房发展历程

我国从 1958 年开始建设计算机机房，已经历了 50 多年的时间，机房技术也经历了前期（1958—1978 年）、中期（1978—1990 年）、后期（1990—2000 年）和现代（2000 年以后）四个时期。在这四个时期内，由于计算机技术的变化，对机房的技术要求也在发生变化，机房的设计理念、实施方法、管理模式等都在发生着变化。

1.　前期机房（1958—1978 年）

前期的机房是为某台计算机（大、中、小型机）专门建设的，并没有统一的标准，完全是在摸索中建设的。这时的机房只有降温措施，没有精密的温度控制，也没有测试及指标要求。其采用的是风道送风，稳压器供电，没有对电力干扰（尖峰、浪涌）的防范，也没有严格的除尘措施，导致计算机系统稳定工作时间只有几十分钟到几个小时，往往一天就要发生几次故障。有时，故障一次要修 1～2 d，遇停电等问题没有任何应对措施，可靠性和可用性极差。

2. 中期机房（1978—1990 年）

由于计算机系统的产生，出现了专门为单个计算机系统设计的机房，有了专用的机柜（大、中、小型机柜），并且开始逐步制定标准，包括机房选址、面积等。机房制冷也从集中冷却发展到采用恒温恒湿的专用空调机制冷。机房设计上引进了防静电概念，使用了防静电地板。在设备上也引进了 UPS 等设备。消防系统方面采用自动与半自动设备，具有宽大的设备运输通道，能够对单个指标进行测试和监控。机房除尘方面采用新风系统和机房正压防灰尘。这个阶段的计算机系统能稳定工作几天，并且已经开始引入模块化的概念。

3. 后期机房（1990—2000 年）

IT 设备逐渐小型化，服务器逐步成为主体，多台计算机、服务器联网，开始大量共用网络设备。数据的存储介质水平逐渐提高，对数据进行了更严格的保护，并已广泛使用恒温恒湿的专用空调。在这个时期，机房技术已经相当成熟，供电系统、防雷系统、冷却系统、监控系统、安防系统、机房装修等已经形成体系，并根据各种经验、教训制定了比较全面的、适合当时 IT 技术水平的建设和施工标准。这时候的 IT 系统稳定工作时间为几十天，可用性和可靠性均有了大幅提升。但此时的服务器还是每台配备一套显示器、键盘和鼠标，KVM（Keyboard rideo mouse）的概念也才刚刚开始，这就导致了资源的浪费。

4. 现代机房（2000 以后）

IT 设备进一步小型化，所有设备都进入机架，机架成为机房内 IT 设备的主体。这样做具有更合理的可用性设计，更高的实用性、先进性、灵活可扩展性、可管理性、可维护性，设备更加标准化，并且加强了对数据保存环境的重视，对机房建设进行了更加严格的监测与监督。IT 设备的工作时间基本上是连续的，可保持 24 h 不关机。这时候的系统能够稳定工作几个月或者更久。截至 2015 年，由赛迪顾问发布的《中国数据中心布局特点与发展策略研究》显示我国数据中心的现状如图 1-2 所示。可以看出，我国微型和小型数据中心占据了数据中心总量的 80% 以上，与国外发展情况相似。

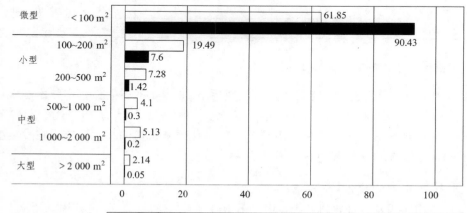

	大型	中型		小型		微型
	> 2 000 m²	1 000~2 000 m²	500~1 000 m²	200~500 m²	100~200 m²	< 100 m²
□ 数量分布（%）	2.14	5.13	4.1	7.28	19.49	61.85
■ 主机房面积分布（%）	0.05	0.2	0.3	1.42	7.6	90.43

图 1-2　我国数据中心发展现状

综上，由数据中心的现状可知，对中、小、微型数据中心的建设指导更能使数据中心的建设水平上台阶，它们的水平高低决定了整个信息化服务水平的高低。同时由于数据中心的耗能突出，若能更好地建设，提高其能源效率（PUE）水平，将建设出更加环保的数据中心，为节能减排做出巨大的贡献。

1.1.3　数据中心功能演进

从功能特征看，随着技术的发展和应用及机构对 IT 认识的深入，数据中心的内涵已经发生了巨大的变化。根据人们的需求变化，其功能不断变迁，从功能的内涵出发可将数据中心的演进分为四个大的阶段，即数据存储中心阶段、数据处理中心阶段、数据应用中心阶段、数据运营服务中心阶段。

1.　数据存储中心阶段

在数据存储中心阶段，数据中心主要承担的功能是数据存储和管理。在信息化建设早期，其用来作为 OA 机房或电子文档的集中管理场所。此阶段的典型特征是：
（1）数据中心仅仅是便于数据的集中存放和管理。
（2）数据单向存储和应用。
（3）救火式的维护。
（4）关注新技术的应用。
（5）由于数据中心的功能比较单一，对整体可用性需求也很低。

2.　数据处理中心的阶段

在数据处理中心阶段，基于局域网的 MRPII、ERP，以及其他的行业应用系统开始普遍应用，数据中心开始承担核心计算的功能。此阶段的典型特征是：
（1）面向核心计算。
（2）数据单项应用。
（3）机构开始组织专门的人员进行集中维护。
（4）对计算的效率及对机构运营效率的提高开始关注。
（5）整体上可用性较低。

3.　数据中心应用阶段

随着大型基于机构广域网或互联网的应用开始普及，信息资源日益丰富，人们开始关注挖掘和利用信息资源，组件化技术及平台化技术开始广泛应用。数据中心承担着核心计算和核心的业务运营支撑，需求的变化和满足成为数据中心的核心特征之一。这一阶段典型的数据中心叫法为"信息中心"，此阶段的特征是：
（1）面向业务需求，数据中心提供可靠的业务支撑。
（2）数据中心提供单向的信息资源服务。
（3）对系统维护上升到管理的高度，从事后处理到事前预防。
（4）开始关注 IT 的绩效。

（5）数据中心要求较高的可用性。

4. 数据运营服务中心阶段

从现代技术发展趋势分析，基于互联网技术的、组件化、平台化的技术将在各组织更加广泛的应用，同时数据中心基础设施的智能化，使得组织运营借助 IT 技术实现了高度自动化，组织对 IT 系统的依赖性加强。数据中心将承担着组织的核心运营支撑、信息资源服务、核心计算、数据存储和备份，并确保业务可持续性计划实施等。业务运营对数据中心的要求将不仅仅是支持，而是提供持续可靠的服务。在这个阶段，数据中心将演进成为机构的数据运营服务中心。

数据运营服务中心的含义包括以下几个方面：

（1）机构数据中心不仅管理和维护各种信息资源，而且运营信息资源，确保价值最大化。

（2）IT 应用随需应变，系统更具柔性，与业务运营融合在一起，实时地互动，很难将业务与 IT 独立分开。

（3）IT 服务管理成为一种标准化的工作，并借助 IT 技术实现集中的自动化管理。

（4）IT 绩效成为 IT 服务管理工作的一部分。

（5）不仅仅关注 IT 服务的效率，IT 服务质量成为关注重点。

（6）数据中心要求具有高可用性。

所谓"新一代数据中心"的定义，就是通过自动化、资源整合与管理、虚拟化、安全以及能源管理等新技术的采用，解决目前数据中心普遍存在的成本快速增加、资源管理日益复杂、信息安全等方面的严峻挑战，以及能源危机等尖锐的问题，从而打造与行业/企业业务动态发展相适应的新一代企业基础设施。新一代数据中心所倡导的"节能、高效、简化管理"也已经成为众多数据中心建设时的参考标准。

1.2 数据中心是多种技术综合体

1.2.1 电信空间的综合体

如前所述，数据中心提供 IT 服务，必然有大量的 IT 设备设施，安装、存放它们需要建筑空间，维持其正常运行，还需要相应的辅助空间。如图 1-3 所示是数据中心所需要的功能服务空间。

1. 入口房间

入口房间是一个空间，最好是一个单独的房间，这里是访问提供商的设施与数据中心布线系统的接口。它通常是提供给电信访问提供商放置其设备的房子，也通常是接入提供商提供的实现电路的位置。这种交接点被称为分界点。这里通常是电信接入服务提供商负责的电路结束的地方，也是用户负责的电路的开始的地方。

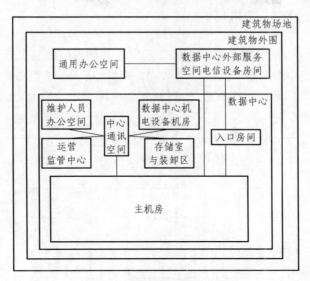

图 1-3　数据中心空间需求

2. 中心通信室（空间）

数据中心的通信机房是一个空间，支持缆线连接到主机房以外的数据中心地区。它通常位于计算机房外面，但如有必要，它可以与主机房的主配线区、中间配线区或水平配线区结合，实现数据中心内部的通信需求。如果服务地区比较分散不能支持单个的电信机房，数据中心可能支持多个通信机房。

3. 主机房

主机房是一个与环境控制相关的空间，该空间唯一的目的是支持那些直接关系到计算机系统和其他电信系统的设备安装和它们的通信布线。该空间须满足设备和布线在空间、环境及其合理布局的需要，是数据中心建设中应重点设计和实施的区域。

4. 数据中心支持区

数据中心支持区是主机房门外的空间，主要致力于支持数据中心设施。这些空间可能包括但不限于：运营中心、维护人员办公室、安保室、电力室、机械室、储藏室、设备暂存室和装卸工作台等。

5. 数据中心相关空间

通用办公空间、外部电信与设备房间、数据中心楼宇及建筑场地等是与数据中心息息相关的空间。通用办公空间主要是使用数据中心提供的 IT 服务的办公区域，是用户的工作场地；外部电信与设备间主要实现数据中心与用户间的通信和满足运营商的线路进入用户地区的需要；数据中心楼宇及建筑场地，是决定数据中心大环境的位置和服务建筑的关键因素，根据数据中心本身的等级高低有不同的地区及建筑的要求。

1.2.2　电信基础设施的有机综合体

　　数据中心是一个电信信息服务的综合体。从硬件基础设施设备上看，包括了信息数据处理整个流程的数据信息加工处理设备、传输设备、存储设备等 IT 设备；也包括了保障其正常运行的基础设施（电力保障、环境保障），以及安全保障设施（防火、安防、防雷、接地、防漏、运行监控等），如图 1-4 所示。

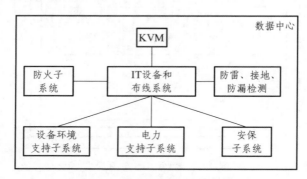

图 1-4　数据中心相关硬件设施

　　数据中心的各电信基础设施子系统的运行状况，需要让中心机房人员实时观测到，所以现代的数据中心都需要配备相应的管理、监控软件，以方便工作人员随时查询机房的工作状态。电信及配套建筑空间的软件系统主要有数据中心自然环境保障系统（选址、中心建筑、机房空间、温湿度、有害气体）、配电系统（设施、照明）、不间断供电系统（UPS）、浪涌过电压防护系统（机房建筑、低压配电系统）、接地系统、电磁屏蔽系统、静电防护、防漏系统、消防系统、安保系统、KVM 系统等等，每一个系统我们可以称其属于"数据中心环境综合控制系统"的其中的一个子系统。当然这些子系统也可根据不同等级的数据中心的硬件支持情况和实际需要进行选择配置。

1.2.3　信息服务软件的综合体

　　从软件上看，数据中心有各类信息加工的信息处理系统、平台，有保存各类数据信息的数据库，有传输数据的各类协议、标准等。正是由于数据中心的软硬件相互作用，使得其建设、运营、管理都是一个极其复杂的系统工程。从数据中心运行的现状看，主要有以下几大类软件的运行保障了信息服务：

　　1．简单服务类数据中心

　　这类数据中心往往在传统的服务模式下，采用"硬件服务＋应用软件＋网络服务"实现对外提供服务的模式工作，他们的软件结构一般如下：

　　（1）服务器操作系统类。

　　（2）应用系统服务软件。

　　（3）数据库管理系统。

　　（4）应用系统集成平台（将各个相关应用集成提供相关联的系统服务）。

（5）通信设备的系统软件。

2. 基于云技术的数据中心

这类数据中心是目前的发展方向，不少企业和有实力的单位都渐渐将数据中心的建设转向基于云技术的数据中心的建设。目前建设的基于云技术为主的数据中心最主要的建设重点就是如何将 IT 服务所需的计算资源、存储资源、网络传输能力有效地整合在一起，提供更为稳定的服务。目前较为突出的就是采用虚拟化技术，将硬件虚拟化后搭建各种应用环境，提供快速搭建、有效实现业务调度、运行更加稳定的运行平台。

云计算架构分为服务和管理两大部分。在服务方面，主要以提供用户基于云的各种服务为主，共包含 3 个层次：基础设施即服务（IaaS）、平台即服务（PaaS）、软件即服务（SaaS）。在管理方面，主要以云的管理层为主，它的功能是确保整个云计算中心能够安全、稳定地运行，并且能够被有效管理。在这样的数据中心，可以针对用户的不同需求提供基于：基础设施、服务平台或应用软件三种需要灵活提供服务；当然云服务相关的管理软件也要其配套。其总体架构如图 1-5 所示。

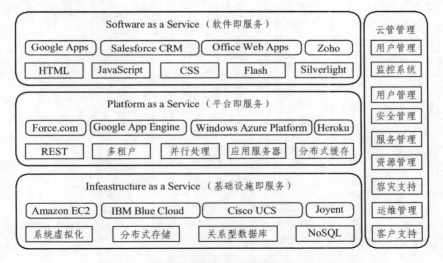

图 1-5　云计算技术架构下的数据中心框架

综合前述，可见数据中心是一个随着电子技术、通信技术的发展不断的发展的计算机系统运行的基础设施；是随着 IT 应用技术不断发展、满足不同时期 IT 运营功能物理空间、物理设备设施和相关软件有机结合实现对外稳定的服务的综合体。

1.3　数据中心关键性概念

这里所讲的数据中心的关键性，就是指数据中心对部门、企业、组织的关键程度。一般来说，关键程度越高，对数据中心的可用性和可靠性的要求就越高，它们不能得到保障，会给数据中心的运行、其服务的组织和用户带来极大影响或损失。为此，本节主要介绍在业界对数据中心的可用性和可靠性的综合特性——关键性等级进行定义的组织，通过对数据中心可靠性、可用性的理解，加深对数据中心关键性等级定义的重要性的认识。本节还介绍了为保证数据中心关键性等级所采取冗余措施的一些相关概念。

1.3.1 数据中心故障的严重影响

（1）数据中心事故频发引起业务中断，服务大面积受到影响。

数据中心的业务永续是追求的目标之一。要实现这个目标就必须保证其安全和可用性。如果在数据中心出现因相关的事故导致业务失效，其社会影响和经济损失不可估量。以下是我们在网络上收集的很小一部分数据中心故障事件，如表 1-3 所示。

表 1-3　数据中心故障举例

故障发生时间	事件	原因
2013 年 12 月 15 日、2010 年、2011 年	中国银行采用的 IBM 大型机在运行过程中突然宕机，时间长达 4 个小时；新加坡的星辰银行美国银行都出现过大型机宕机的事件	大型机宕机的事件
2012 年 8 月 6 日	盛大云存储断网	数据中心一台物理服务器磁盘损坏
2011 年 4 月 22 日	亚马逊云数据中心服务器大面积宕机，这一事件被认为是亚马逊史上最为严重的云计算安全事件	事件是由于其 EC2 系统设计存在漏洞和设计缺陷
2012 年 12 月 24 日、2012 年 10 月 22 日	亚马逊 AWS 平安夜断网事件、亚马逊位于北维吉尼亚的网络服务 AWS 也中断过一次	系统故障：弹性负载均衡服务
2011 年 8 月 6 日	北爱尔兰都柏林出现的闪电引起亚马逊和微软在欧洲的云计算网络因为数据中心停电而出现大规模宕机	闪电击中柏林数据中心的变压器
2012 年 7 月 11 日	卡尔加里数据中心火灾事故	火灾
2012 年 10 月 29 日	超级飓风桑迪袭击数据中心	风暴和洪水导致数据中心停止运行
2012 年 7 月 28 日	Hosting.com 服务中断事故	服务供应商执行断路器操作顺序不正确造成的 UPS 关闭

目前，数据中心保持业务连续最大的威胁不是来自火灾、地震等小概率、大影响的灾难事件，更多地受到诸如人为错误、业务流程缺陷等事件的威胁。这些威胁时刻潜伏在我们周围，随时一触即发，最终会影响数据中心的业务连续性，使企业造成重大损失。

（2）数据中心事故带来重大的经济损失。

据估计数据中心业务中断 1 h 将带来经济损失如表 1-4 所示。可见损失巨大，是要按分钟来计算的，数据中心无法提供服务就意味着业务的减少，时间和金钱都将受损，业务连续性对数据中心来说重要性不言而喻。

表 1-4 数据中心故障损失对比

业务	行业	中断 1 小时的损失（万美元）	业务	行业	中断 1 小时的损失（万美元）
ATM 机费用	金融	1.45	付费收看	媒体	15
预定航班	交通	9	信用卡授权	金融	260
电子票务销售	媒体	7	金融服务	金融	645
居家购物	网购	11.3			

（3）大型的专业数据中心事故频发，小型的普通数据中心事故更多。

被发现并报道出来的这些事故，基本都是些大型的互联网数据中心的事故，然而这些大型的数据中心在有专门的维护与运营队伍的情况下都会频繁出现业务中断的故障，其他的数据中心特别是小型的那更是故障不断了。当然这些企业、单位也知道业务持续中断意味着什么，但因数据中心故障原因复杂且种类繁多，他们在数据中心故障面前显得无能为力。

面对以上种种情况，如何保证数据中心的业务永续是一件非常重要的事情。作为单位或企业在构建数据中心的整个生命周期中，要事前了解设立该数据中心的目的、任务、允许出现故障的要求及恢复的要求。然后在其设计、建设、运营中采取科学的分析方法，构建适合自身需求，又能得到资金支持的合理的安全等级的数据中心，以保证可靠的数据中心业务能够在其设计的能够忍受的故障范围正常开展。其实质是为数据中心设立合理的关键性级别。

1.3.2 数据中心关键性的概念

我们基于各种应用而建立的数据中心，目的是使其为我们提供稳定的服务，但是往往因为各种原因导致服务失效，所以我们在许多文献都提及数据中心的性能指标时往往用可用性、可靠性、稳定性、安全性、平均故障间隔时间（MTBF）等术语来描述且经常互换使用。这些术语是数据中心设计者、管理者、业主都是难以计算的定性或定量的性能指标。

为此业界有另一种简化方法是将数据中心性能分为不同的等级，每个等级规定其应达到的性能要求，更有不少研究的机构、协会对要实现这些性能要求提出的明确的考核或建设指标。

鉴于目前的情况本书采用"关键性"这一术语，来应对数据中心性能的主观描述。"关键性"的概念源于世凯汉尼斯集团（Syska Hennessy Group）的"关键性设施"市场关注点。Syska的关键性级别定义并记录了该公司主要服务在金融行业和其他客户并已经发展了很多年Syska的建议。Syska 的关键性级别的概念与行业中部分数据中心使用的"分级"水平相当。这些关键性或等级水平用以区分重要设施之间在不同的预算和优先级条件下的设计、建造、调试、维护和运营等方面的预期可用性和可靠性。而很多早些时候发表的等级分类是专注于电源关键负载方面的，Syska 的关键性级别解决的是对于关键设备的可用性和可靠性的问题，是对二者的集中抽象的一个概念，我称其为数据中心的关键性。

所以，关键性是在不同的预算和优先级条件下不同的关键设施之间的在设计，建造，调试，维护和运营等方面的预期可用性和可靠性的集中表现。

在这里关键性强调：一是关注关键性设施的建设，二是时间跨度在整个关键设施的整个生命周期内，三是业主对关键设施的可用性和可靠性的预期，四是业主基于不同总体拥有成本（TCO）和优先考虑水平影响。关键性是基于以上关注重点对数据中心设计、建设、调试和营运等方面的投资权衡。为了帮助设计师科学合理地实施数据中心的关键性，业界有三个组织研究和总结他们的经验形成了他们对关键性等级的分级方法。

1.3.3　数据中心关键性研究组织

目前国际上致力于数据中心可用性和安全性等级研究、设计、建设、认证等领域的在国际上主要有三大组织：国际正常运行时间协会（Uptime Institute）、美国 TIA 技术工程委员会、世凯汉尼斯集团（Syska Hennessy Group）。此外，国内的住房和城乡建设部、国家质量监督检验检疫总局也在从事相关研究。

国际正常运行时间协会（Uptime Institute）：该组织是一家主要着重于信息技术产业研究（研究对象主要是"数据中心"）的会员组织，为企业提供信息环境的能源效率等相关的业务及技术咨询，成员主要为全球 200 强企业。该公司关于关键性级别的定义和运用以白皮书的形式给出《数据中心站点基础设施分级标准：拓扑》和《数据中心站点基础结构分级标准：业务的可持续性》两个标准。其中拓扑标准将关键性级别划分成 4 个，依次为：Tier 1，Tier 2，Tier 3，Tier 4。关键性等级摘要表见附表。

美国通信工业协会（TIA）：是一个全方位的服务性国家贸易组织。其成员包括为美国和世界各地提供通信和信息技术产品、系统和专业技术服务的 900 余家大小公司，本协会成员有能力制造供应现代通信网中应用的所有产品。此外，TIA 还有一个分支机构——多媒体通信协会（MMTA）。该组织在和美国电信产业协会编写、美国国家标准学会（ANSI）2012 年批准颁布的《数据中心电信基础设施标准》（TIA-942-A 标准）中，根据数据中心基础设施的实用性和安全性的不同要求把数据中心基础设备设施的关键性级别也分成四个恢复能力层次，分别为 Tier 1、Tier 2，Tier 3，Tier 4 四个等级，其中 Tier 4 级别最高。分级符合由 Uptime Institute 规定所定义的工业机房基础架构等级系统（Tier Rating system）分级标准，并对每一级别的定义加以延伸扩展至通信系统中，作为数据中心机房基础设施等级的定义。其关键性等级指南见附表。

以上两公司所定义的 4 个等级可以概括为：

Tier 1：单路无冗余；Tier 2：单路冗余，Tier 3：多路单路激活，冗余、机械可同时维护；Tier 4：多路激活，冗余、机械可同时维护，故障容错。

世凯汉尼斯集团（Syska Hennessy Group）：一家利用专业知识和所有下一代新技术所提供的工具，提供高性能工程、建筑环境的咨询和调试解决方案的公司。他们在长期的咨询和方案设计中积累的经验形成的 Syska 关键性级别也是有影响的标准之一。其关键性等级见附表。

Uptime 和 TIA 两个协会关于关键性级别的定于基本一致，但我们发现 TIA 的《数据中心电信基础设施标准》（TIA-942-A 标准）中关于关键性级别的定义以参考信息附件的方式发布，不是标准的一部分。Syska 的关键性级别定于趋向概括性强的定义。

除了国际上的一些公司外，在国内主要有住房和城乡建设部、国家质量监督检验检疫总局从事相关研究。他们联合发布的国家标准 GB 50174—2008——《电子信息系统机房设计规范》，将机房也划分为 A、B、C 三个关键性等级，三个等级从高到低的排列顺序为 A、B、C，其各级电子信息系统机房技术要求参考相关资料。

四个等级的数据中心首次出现的时间为 Tier I：20 世纪 60 年代；Tier II：20 世纪 70 年代；Tier III：20 世纪 80 年代末；Tier IV：1994 年。

1.3.4 关键性等级和工业中常用"9"的通用交叉参考表

关键性等级与"9"的个数对照如表 1-5 所示。

表 1-5 关键性等级与"9"的个数对照表

关键性等级和工业中常用"9"的通用交叉参考表				
Syska 关键性等级	Uptime/TIA 协会等级	GB 50174-2008	可用性比例%	预计全年停机时间
C1	Tier I	C	98	20～40 hours
C2	Tier II	B	99	10～25 hours
C3	Tier III		99.9	1～15 hours
C4	Tier IV	A	99.99	0.25～1 hours
C5			99.999	1～20 minutes
C6			99.999 9	20～120 seconds
C7			99.999 99	
C8			99.999 999	
C9			99.999 999 9	
C10			99.999 999 99	

信息机房的可用是指该机房按照设计能力不间断正常运行。而机房的可用性则以该机房每年不间断正常运行的时间来描述。无疑，机房每年可靠地不间断正常运行的时间越长，或者出现"每年中断不间断正常运行的时间"越少则表示该机房的可用性越高。随着互联网应用的爆炸性增长，对于信息机房基础设施高可用性要求压力不断增加。那些租用或直接使用信息机房（包括数据中心）的客户期望自己的机房可用性可以至少达到"5个9"或 99.999%。随之而来的是对计算机硬件的可靠性和计算机软件可靠性的需求增加。不幸的是，面对频繁的业务需求，即使软件平台和计算机硬件的可靠性达到"5个9"，也不能保证机房可用性可以至少达到 99.999%。就是说，依靠增加庞大投资，单纯提升软件平台和计算机硬件的可靠性对于机房整体高可用性保障很可能是不够的，除非再配上机房基础设施的补充容错措施（电源、冷却，和其他环境支持系统），才可以支持机房的高可用性目标。

1.3.5 描述冗余的词汇（术语）

1. 单点故障（SPF）隐患（Single-point failure potential）

一个单一的组成部分，它可以打破，或可能的错误操作导致报废所有工作的隐患，或是关键设施的一个重要部分。

一个例子是在一个非冗余 UPS 系统的电池故障。如果（非冗余）电池也失败了我们期望效用失败迟早会发生，它是一个 SPF。如果两个不相关的故障导致设施失效，这不是一个 SPF。如果一个 UPS 系统包括两个并行的电池组，其中每个电池组可独立支持的负载，一个电池组中的电池出现故障，这些电池不是 SPF，因为这需要两个独特的故障。然而，缺乏维修/检测的电池可能导致 SPF。如果一次失效就可能导致其他失效，那么它是 SPF。例如，如果一个并联冗余 UPS 模块可能会失败，因为它是失败的，它会导致其他的 UPS 模块也失败，则并联的 UPS 系统是 SPF。

2. 在线（热机）维护（On-line maintenance）

在不间断运行的情况下，设备应该能够被维护、升级和测试。像具有更高等级的可靠性的关键负载支持电路中，当几乎任何组件或子系统可以导致服务失效的系统中，在线维护功能需要足够的冗余和灵活的维修旁路。

例如，在 2N 冗余冷却系统，尽管一个冷却器可以关闭和隔离服务，而其他的冷却器能够支持负载。在维修过程中负载的支持只能依靠冗余，因此在维修期间可用性潜力减少。对于高可靠性的 UPS 系统，当另一侧在维修期间，$2(N+1)$ 冗余允许负载用 $N+1$ 冗余支持。

3. N 基本

系统满足基本要求，没有冗余。N 是需要提供所需的能力的构建块的数量。

如果需要 1 000 吨的冷冻水冷却空间，则负载为 $N=1\,000$。

4. N+1 冗余（N+1 redundancy）

$N+1$ 冗余提供在满足基本要求以外的一个额外的装置、模块、路径或系统。任何单独的装置、模块或路径的故障或维护将不影响正常运行。

如果负载是 $N=1\,000$，一个 1 000 吨冷水机组被使用，实现 $N+1$ 冗余，需要两个大 1 000 吨冷水机组，或 $1\,000+1\,000$。额外的 1 000 吨冗余量提供 1 000 吨的负载需求。如果选择了 500 吨冷水机组，则需要三个小的 500 吨冷水机组，或 $500+500+500$，这时只需要 500 吨的冗余量提供给 $N=1\,000$ 吨的负载。

5. N+2 冗余（N+2 redundancy）

$N+2$ 冗余提供在满足基本要求以外的两个额外的装置、模块、路径或系统。任何两个单独的装置、模块或路径的故障或维护将不影响正常运行。

如果负载是 $N=1\,000$，一个 1 000 吨冷水机组，实现 $N+2$ 冗余，需要 3 个 1 000 吨的冷水机组，$1\,000+1\,000+1\,000$。额外的 2 000 吨的冗余量为 1 000 吨的负载需求。如果选择了 500 吨冷水机组，则需要 4 个 500 吨冷水机组，或 $1\,000+500+500$，这时只需要 1 000 吨的冗余量提供给 $N=1\,000$ 吨的负载。

6. 2N 冗余（2N redundancy）

2N 冗余提供给一个基本系统的每一个要求两个完全的装置、模块、路径或系统。一个全部的装置、模块、路径或系统的故障或维护将不影响正常运行。

如果负载是 $N = 1\,000$ 和一个 $1\,000$ 吨的冷水机组被使用，然而要实现 $2N$ 冗余，两个 $1\,000$ 吨冷水机组是必需的，每边 $1\,000$ 吨负载需求。每个制冷侧和相关的管道，泵和控制等都是彼此完全隔离，使得一侧的灾难性故障不能接连影响到另一侧。如果选择了 500 吨冷水机组，则需要 4 个 500 吨的冷水机组，每边两个 500 吨的冷水机组。对于任一容量的冷却装置的容量而言，为 $N = 1\,000$ 吨的负载提供额外 $1\,000$ 吨的冗余容量和重复的管道、泵等是必需的。若采用更小容量（小于 $1\,000$ 吨）的装置，则两个额外的冷水机组必须安装和维护。

7. $2(N+1)$ 冗余 $\left[2(N+1)\,\text{redundancy}\right]$

$2(N+1)$ 冗余提供两个完全的 $(N+1)$ 装置、模块、路径或系统。甚至在一个装置、模块、路径或系统的故障或维护时，将能够提供一些冗余，正常运行将不受影响。

如果负载是 $N = 1\,000$ 和一个 $1\,000$ 吨的冷水机组被使用，然而实现 $2(N+1)$ 冗余，4 个 $1\,000$ 吨的冷水机组是必需的，或每边 $2\,000$ 吨。每个制冷侧和相关的管道，泵和控制都是彼此完全隔离，使得一侧的灾难性故障不能影响到另一侧。增加 $3\,000$ 吨的冗余和重复的管道、泵等，对于 $1\,000$ 吨的负载是需要。如果选择了 500 吨冷水机组，则需要 6 个 500 吨的冷水机组，或在每边三个 500 吨的冷水机组。如果一侧的 $2(N+1)$ 系统进行维修时，另一侧 $N+1$ 冗余支持负载。仅 $1\,000$ 吨的冗余量提供 $1\,000$ 吨的负载，然而，容量更小的情况则两个额外的冷水机组必须安装和维修。

8. $2(N+2)$ 冗余 $\left[2(N+2)\,\text{redundancy}\right]$

$2(N+2)$ 冗余提供两个完全的 $(N+2)$ 装置、模块、路径或系统。甚至在一个装置、模块、路径或系统的故障或维护时，将能够提供一些冗余，正常运行将不受影响。

如果 $N = 1\,000$，一个 $1\,000$ 吨的冷水机组被使用，那么实现 $2(N+2)$ 冗余，6 个 $1\,000$ 吨级冷水机组，或每边 $3\,000$ 吨。每个制冷侧和相关的管道、泵和控制都是彼此完全隔离，使得一侧的灾难性故障不能影响到另一侧。增加 $5\,000$ 吨的冗余和重复的管道、泵等，对于 $1\,000$ 吨的负载是需要。如果选择了 500 吨冷水机组，则需要 8 个 500 吨冷水机组，每边 4 个 500 吨的冷水机组。如果一方的 $2(N+2)$ 系统进行维修时，另一侧 $N+2$ 冗余支持负载。只不过是 $3\,000$ 吨的冗余量提供 $1\,000$ 吨的负载，然而，容量更小的情况则两个额外的冷水机组必须安装和维修。

1.4　数据中心的设计要素

1.4.1　数据中心基础设施设计步骤

以下描述的设计过程中的步骤适用于新的数据中心的设计或扩大现有的数据中心。无论哪种情况电信布线系统、设备平面图、电气图、建筑计划、暖通空调、安全和照明系统的设计进行协调至关重要。理想情况下，这一进程应该是：

（1）估计在数据中心的设备通信、空间、电源和冷却等全部容量的要求。预测未来数据中心的生命周期内的电信、电力和冷却的发展趋势。

（2）提供数据中心的空间、电源、冷却、安全、楼面承重、接地、电气保护和其他设施要求给建筑师和工程师。同时也需提供运营中心、装卸区，储藏间、中转集结区域和其他数据中心的辅助支持区域要求。

（3）协调建筑师和工程师的初步数据中心空间计划，根据需要修改建议。

（4）创建一个包括入口间、主要配线区、中间配线区、水平配线区、区域配线区和设备的配线区的主要房间平面和空间布局图。提供设备的预期的电力、冷却和地板承重的要求给工程师，提供电信通道的要求。

（5）从工程师处获取更新的平面图：包括电信通道、电力设备和机械设备，以及附加到数据中心的平面图的全部容量。

（6）基于现有的需求和计划今后将位于数据中心的设备设计电信布线系统。

当然，数据中心的以上设计进程中应满足行业主管部门的要求和应遵循消防部门的设计要求。

1.4.2　数据中心设计与建设要素

数据中心是一个综合性的系统工程，要设计适合用户需要的数据中心，用户必须对数据中心的各个设计要素有较深入的了解和学习,本书将介绍数据中心设计与建设中的关键要素，目的是给各个数据中心用户和管理者提供一些建议，帮助其在设计、建设和管理中找到适合自己设计方案，建设理念。

数据中心建设与计算机物理硬件和其运行环境的构建有许多极其相似的地方。本书用三个部分来介绍数据中心的设计与建设，主要是基础知识介绍、数据中心网络系统设计和设备环境设计与建设共三部分，包括：

1. 基础知识

主要包括了数据中心的基本知识和为了设计出稳定、可靠的数据中心需要了解的相关设计标准。主要是：

第 1 章：数据中心概述。本章主要介绍数据中心的基本概念、发展进程以及数据中心设计基础，数据中心关键性概念等。

第 2 章：数据中心基础设施设计标准。我们知道计算机的设计必须依据一定的设计要求和行业规范，同样数据中心的建设也是要在相关标准的指导下进行建设，本书第二章介绍数据中心设计与建设的相关标准。

2. 网络系统设计

第 3 章：数据中心网络系统设计，涉及网络架构、布线拓扑以及布线管理等内容。

3. 设备运行环境

第 4 章：计算机运行必须要电力驱动，所以在本章介绍了数据中心电源配电系统。主要对数据中心的供电系统基本要求、供电系统的冗余设计以及系统架构进行较为详尽的叙述。同时也简述了中心的照明要求。

在计算机运行的时候，存在诸如以下的问题：计算机必须安装到稳固的支撑平台上；计算机内部组件在工作过程中必然产生热量，因此需要不断地散热；防止异物进入计算机影响工作等问题，而这些问题在工业布线中有专门的环境分类方法（MICE），为工业环境的电子设备设计和安装提供了良好的指导。在数据中心的建设中，业界将这种方法扩展到了数据中心电信空间的环境要求上来。与此类似，在数据中心也必须为内部设备提供良好的温湿度环境，基于 MICE 环境分类法在第 5~8 章分别介绍了数据中心的环境设计与建设。

第 5 章：介绍数据中心环境建设中机械特性相关的要求，主要从数据中心的建筑荷载要求、数据中心基础设施的安装最佳做法等，同时也关注数据中心的防震、隔振要求和措施。

第 6 章：主要是介绍数据中心对环境污染的防护，从颗粒污染物、气态污染物对数据中心的设备的影响，进一步介绍了数据中心的环境污染物（颗粒和气体）的限制指南，同时也阐述了数据中心对污染物的预防和控制措施。

第 7 章：主要对数据中心热环境构建进行阐述。首先介绍了数据中心运行热环境标准，数据中心空气调节制冷需求，以及数据中心风冷环境构建和环境的温湿度检测等进行讲述。

第 8 章：主要介绍数据中心的电磁防护工作。主要分析数据中心的电磁环境因素和雷电防护，并介绍了数据中心的电磁防护措施。

2 数据中心基础设施标准

现在的数据中心是一个 $7 \times 24 \times 365$ 永不停机服务的重要设施，大到一个国家或跨国企业，小到中、小型企业以及机关事业单位的对外服务来说都是极其重要基础设施，其可用性和可靠性在数据中心的设计、建设和运营中都是十分重要。世界上许多组织为其保障其可用性和稳定建立了在设计、建设和运营过程中的相关属性组成的等级制度，确立了数据中心关键设施的认定或建设标准。本章将对数据中心基础设施标准介绍，首先简介国内外数据中心的标准体并对比，鉴于篇幅所限选择有代表性的 TIA 系列标准中的《数据中心电信基础设施标准》（TIA-942-A 标准）的数据中心关键性建议标准做详细介绍，以帮助读书理解和熟悉数据中心建设中需要关注的建设范围，指导在数据中心的建设与运营。

2.1 数据中心基础设施系列标准简介

数据中心的规划和建设涉及多个不同的领域，现有的数据中心基础设施建设的需求有不同，其关注的重点也不同，所以其标准体系是有区别或是包含的内容是不尽相同。目前一些国家和国际委员会已制定了一些标准，这些标准定义数据中心结构以及必须为他们提供的电缆系统的特点进行规定。在这一领域最重要的三个组织是：

ISO/IEC（国际标准化组织/国际电工委员会），负责制订国际标准；

CENELC（欧洲电工标准化委员会），负责制订欧洲标准；

ANSI（美国国家标准学会），负责制定美国标准。

本节主要是对数据中心的规划和建设中的相关标准的简单介绍。

2.1.1 有关数据中心布线标准概述

目前下列机构的系列标准涉及数据中心的布线系统：

（1）ISO/IEC 24764；

（2）EN 50173-5；

（3）EN 50600-2-4；

（4）TIA-942-A。

虽然这四个标准的重点放在不同的领域，他们都关注数据中心布线系统的结构和性能。他们的目标是提供一个灵活、可扩展布线系统结构，它们都明确列出了布线系统的结构。这将满足数据中心故障的隔离，适应数据中心系统的迅速变化和扩展。这些标准考虑数据中心的各种类型和对预期未来通信协议和数据传输率的要求。

数据中心布线规划者必须作为一个整体研究各种不同的参数。这些参数包括：空间要求、温湿度控制、功耗、冗余故障安全和访问控制。如表 2-1 所示概述了最重要的参数所涵盖的相关标准，以及它们关注的重点领域。

表 2-1　数据中心布线相关标准比较表

标　准	ISO/IEC 24764	EN 50173-5	TIA-942-A
结构化	√	√	√
布线性能	√	√	√
冗余	√	√	√
接地/等电位连接	IEC 60364-1	EN 50310	TIA-607-B
等级分类	×	×	√
线缆路由	IEC 14763-2①	EN 50174-2 /A1	√②
天花板与双层地板	IEC 14763-2①	EN 50174-2 /A1	√⑥
地板承重	×	×	√
空间要求（天花板的高度，门宽）	IEC 14763-2①	EN 50174-2 /A1③	√
电源/UPS	×	×	√
消防安全	×	EN 50174-2 /A1④	√④
冷却	×	×	√
灯光照明	×	×	√
管理与标签	IEC 14763-1①	EN 50174-2 /A1⑤	TIA-606-B
温湿度	×	×	√

注：① 没有数据中心专用；
　　② 电缆分离是覆盖在 TIA-569-C；
　　③ 只有门的宽度和高度；
　　④ 指地方标准；
　　⑤ 指复杂程度；
　　⑥ 指 TIA-569。

TIA-942-A 是始终关注数据中心世界的标准组织。ISO/IEC、EN 更加普遍，并用关键术语和概念的附加文档和他们的说明来工作。IEC 文档不再描述技术的最新状态，也使用不同的术语。

在后面章节中使用的术语都来自国际标准化组织（ISO），在 ISO 没有提供相应术语的情况下，则遵从 ANSI 的等同概念的术语。

2.1.2　ISO/IEC 24764 系列标准

基于 ISO/IEC 24764 标准执行的安装，要求符合以下系列标准：
（1）配置和结构符合 ISO/IEC 24764 和/或 ISO 11801；
（2）铜缆测试定义在 IEC 61935-1 中；
（3）玻璃光纤布线测试定义在 IEC 14763-3 中；
（4）质量计划和安装指南定义在 IEC 14763-2 中。

IEC14763-2 的电缆布线路由参照 ISO/IEC 18010，这个标准不仅包含说明电缆路由，而且也包含各种故障的信息安全措施。值得注意的是，关于数据中心需求没有包括在 IEC 14763-2 或 ISO/IEC 18010。

ISO/IEC 18010 树形结构的概念中采用单一中心配线间（点）确定布线系统的结构，如图 2-1 所示。这一概念允许在特殊情况下的点对点连接，当就近的有源器件被安排在一起或通过结构化布线安装实现通信时，这种点对点的连接是允许的。本地的 ISO 11801 配线布线系统对外部网络的接口在该结构中没有考虑。

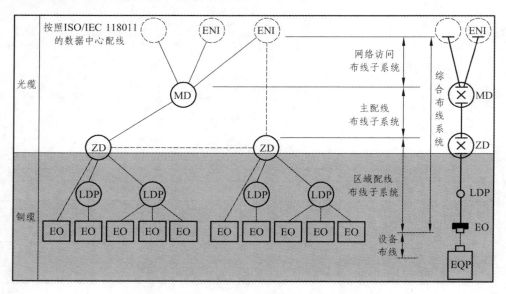

图 2-1　ISO/IEC 18010 数据中心布线拓扑图

ENI：外部网络接口，它可能位于建筑物的进线间、电信机房或网络区，是信息机房与外界信息传输的界面。

EO：设备插座，它位于主机/服务器机柜内，为主机/服务器提供信息点。

LDP：本地配线点。

MD：主配线，它位于网络区，为信息机房的核心配线架。

ZD：区域配线，它位于每排主机/服务器机柜的头部，一般称为网络列头柜。

EOP：设备。

数据中心的不同区域的空间分离的概念被应用于其空间布局中。数据中心的网络结构必须从建筑物布线系统中分离出来，用一个单独的配线间连接内部网络。这也必须物理地从数据中心分离。到外部网络（ENI）的连接可以通过数据中心的内部或外部来建立。所有其他功能单元应该是数据中心的永久要素，应当在任何时候都可以接近它们。

数据中心必须包含至少一个主要的配线间。然而，根据数据中心的规模，不同功能的配线间可以合并在一起。标准没有明确规定任何关于冗余的要求。然而，为了提高故障安全的目的，它提供了关于可选冗余连接、电缆路径和配线间的信息。当地分发点（LDP）应安装在天花板或地板，跳线不使用在这个区域，因为通过连接电缆。

ISO/IEC 24764 提及 ISO 11801 关于性能的问题。后者标准包含传输链接和组件的特性进一步的详细信息。这些标准在主干电缆和区域配线电缆的最低要求的是不同的。

网络访问连接布线等级分类对应于 ISO 11801 中已列出的等级分类。

1．布线规范

铜电缆：铜电缆：6A 类，7 类，7$_A$ 类；

铜传输路径：E$_A$ 类，F 类，类 F$_A$；

多模光纤电缆：OM3、OM4；

单模光纤电缆：OS2。

2．铜缆布线系统的插头连接器

IEC60603-7-51 或 IEC60603-7-41 分别为 6A 类的屏蔽和非屏蔽；

IEC60603-7-7 或 IEC60603-7-71 分别为第 7 类和 7$_A$；

IEC61076-3-104 为第 7 类和 7$_A$。

3．光纤连接器的插头

双工 LC 符合 GA 和 ENS 的 IEC61754-20；

12 或 24 芯纤维符合 IEC61754-7 的 MPO/MTP® 多纤维连接器；

ISO/IEC24764 提到的 ISO14763-2 关于多光纤连接的问题。记住这里，对于发送器和接收器须正确连接，连接的极性必须严格遵守。

2.1.3　EN 50173-5 系列标准

EN50173-5 与 ISO/IEC24764 相比只有微小的差异。规划人员应参考 EN50173-5 和 EN50173-5/A2 以及在 EN50173 系列中的其他标准。在 EN50173-1&-2 中定义的分层结构也适用于 EN50173-5。一个显著修订是提供构建大型数据中心的更多的配电间（区域）EN50173-5 拓扑结构如图 2-2 所示。

符合该系列的标准的安装必须符合：

- EN 50173 系列及修定；
- EN 50174 系列及修订；
- EN 50310 综合布线系统的接地和等电位连接系统。

其中，关于数据中心以下主题的其他信息，被增加在 EN 50174-2/A1 中：

- 设计方案；
- 电缆布线；
- 电源线和数据线隔离；
- 高架地板和天花板布线；
- 预制（预端接）电缆布线等。

相比于 ISO 11801，EN 不仅允许 OF-300、OF-500 和 OF-2000 光纤类，还可以允许 OF-100 直到 OF-10000 类别的光纤。EN 50173-1 和 EN50173-2 建立了布线性能的要求。

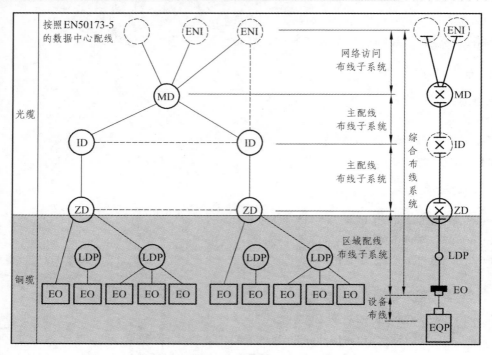

图 2-2　EN 50173-5 数据中心布线拓扑图

　　数据中心布线的最低要求也在这些标准中建立。EN 50173-5 提供了一种用于网络访问连接的电缆分类，也符合 ISO 11801 的应用。

2.1.4　EN50600 系列

　　EN 50600 的开发是为了在欧洲的条件下适应 TIA-942-A 标准的内容，欧洲电工技术标准化委员会（CENELEC）针对 TIA-942-A 的内容分割的若干标准。EN 50600-1，作为该系列的第一部分，标题为"信息技术-数据中心设施和基础设施-第 1 部分：基本概念"。其内容包括：

　　风险评估；

　　建筑设计；

　　数据中心的分类。

　　在 EN 50600 系列包括以下标准：

　　EN 50600-2-1 建筑施工；

　　EN 50600-2-2 配电；

　　EN 50600-2-3 环境控制；

　　EN 50600-2-4 电信布线基础设施；

　　EN 50600-2-5 物理安全；

　　EN 50600-2-6 管理和运营信息。

2.1.5 TIA-942-A 系列标准

2.1.5.1 TIA 标准系列

标准 TIA-942-A 本身不仅包含基础布线，同时也提供建筑到数据中心房屋、周边地区、地理位置的选择和更多的其他信息。其中一个重要的组成部分就是可用性等级，或"层"的概念，关于该标准本身将在下节详细介绍。

TIA 系列标准包括的标准及其关系如图 2-3 所示。

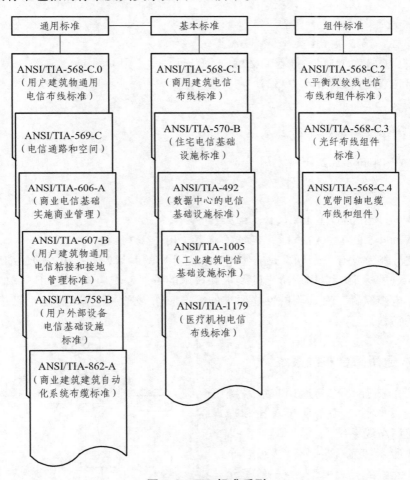

图 2-3　TIA 标准系列

TIA-607-B 包括接地和等电位连接的主题内容，TIA-606-B 描述设施管理，TIA-569-C 描述了用于隔离通信电缆和电源电缆的措施。综合布线是贯穿上述所有的数据中心标准的共同主题。

TIA-942-A 提到的 EIA/TIA-568 系列性能相关的问题，在这里，对布线系统的性能容量最低要求进行了调整，以适应 ISO/IEC 24764 和 EN 50173-5。

TIA 提供了 MDA（主配线区）和 HDA（水平分布区）之间的中间配线区。如果数据中心的计划包括第二个入口房间，布线系统将更好地使用 IDA（中间分布区）的结构。

从 ISO/IEC 到 TIA 区别有：

在 TIA-942，到外部网络接口存在于主机房的外面；

ISO/IEC24764 和 EN50173-5 设定更严格的线缆类型边界值，6A 不等同于 6_A；

应用类型确定光缆的长度。

此外，TIA-942-A 建立了数据中心布线标准如下：

1. 布线基础架构

铜电缆：6 类-6A；

铜传输路径：第 3 类-6A 类（推荐 6A 类）；

多模光缆：OM3，OM4（推荐 OM4）；

单模光纤电缆：9/125 μm，OS2；

同轴电缆：75 Ω。

2. 插头连接器的铜缆布线系统：

ANSI/TIA/EIA-568-B.2。

3. 插头连接器的光纤

按照 TIA-604-10 的双工 LC（用于≤2 纤维）；

遵从 TIA-604-5 的 MPO/MTP®多纤维连接器（用于≥2 纤维）。

综上所述，因为没有一个标准是完整的，规划开始的时候，所有相关的标准应该被咨询。最苛刻和最先进的标准，根据所给出的要求和技术的发展领域应该被使用。例如：就布线性能而言，对于电缆组件，有最高的性能要求的标准应作为规划的基础，这个思路也同样适用于其他组件的参数。

2.1.5.2 TIA 通用综合布线系统简介

数据中心的拓扑结构与通用布线系统的拓扑结构有相似性。为了便于对比和理解，先介绍通用布线系统。

如图 2-4 所示显示了一个包括综合布线系统的功能元素的代表模型。它描绘了元素之间的关系和为创建一个完整的综合布线系统如何配置。大体上可以这样看待综合布线系统：一个核心、若干汇聚节点，汇聚层次依据布线规模的大小决定是否分层实施。其功能元素有"设备插座""配线节点"和"布线子系统"等共同构成了一个通用的电信布线系统。

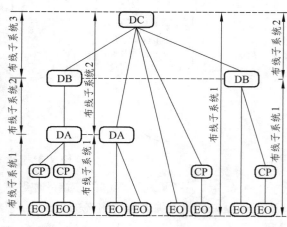

图 2-4 TIA 通用布线拓扑图

注意：

布线子系统 1：从设备插座到配线节点 A、配线节点 B 或配线节点 C 布线。

布线子系统 2：从配线节点 A 到配线节点 B 或配线节点 C（如果没有配线节点 B）之间的布线。

布线子系统 3：配线节点 B 和配线节点 C 之间布线。

说明：

1. 关于集合点的使用

（1）集合点（CP）设置在水平交叉连接和设备插座间，为了方便移动、增加和更改网络结构而设置的。主要对于设计初期布线终端位置、数量和用途不明确，在墙体和吊顶完工前，先做布线结构内的一部分时采用，可为用户入住时的后期施工打下基础，从而有效减少了返工和拆改施工量，解决了分期施工和分段故障排查的问题；

（2）集合点（CP）主要用于开放式办公场所，信息点多随家具位置的变动而变动。这种情况，一般可在办公场所合适的位置（如吊顶内）预留 CP，待办公布局确定后在沿便利柱或采用其他的方式引入地面的办公用设备插座，此种方法水平布线较灵活。一般 CP 的预留点数可根据规范，采用单位面积信息点数法来确定。

2. 可选布线

主要是为了实现工作区通信的稳定，在有交叉连接的配线点之间设置可选布线，通过配线设备实现线路冗余设计而采用的。有了可选布线，当该可选连接两端的配线节点与上一级的布线节点的布线子系统故障后，能够实现该布线节点的下一链路能通过可选布线连接的另一端点的配线点与其上一级布线节点连接。

2.1.5.3 TIA 典型的数据中心拓扑结构

数据中心与前述的通用布线系统有非常相似的结构。如图 2-5 所示是一个典型的数据中心拓扑结构图。

说明：

该典型拓扑图与通用综合布线子系统拓扑结构相比，有以下几点说明：

（1）通用综合布线系统的配线节点 C 代表主要的交叉连接（MC），配线节点 B 表示中间交叉连接（IC）、配线节点 A 代表水平交叉连接（HC）。在综合布线中节点 B 是在不同的楼宇间设置，起到汇聚作用；在数据中心拓扑结构中，IC 不是楼宇间的汇聚，他是在数据中心规模庞大时，可用作楼层或机房汇集之用，对于一般的中小型数据中心，可能不会采用中间配线的方式。

（2）都有的设施有可选 CP 和 EO 设备插座；

（3）数据中心典型拓扑多出外部网络接口 ENI，其原因是数据中心对外服务的通道与外部网络的接口，属于必需的设施部件；

（4）从布线的角度看，数据中心的布线显然比综合布线要复杂多了，数据中心的布线系统在相邻的配线点之间基本实现了全互连，线路冗余度高，除水平交叉连接到设备插座的布线外，只要同一级别的配线点有一个是正常的，那么通信线路都不会中断，从而保证了通信路由的健壮性；同时也给相应配线节点的设备的配置带来了复杂性。

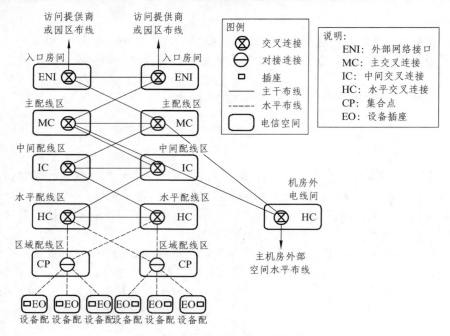

图 2-5 典型的数据中心拓扑结构

（5）当然在数据中心设备插座与 MC、IC 或 HC 也可直接连接以安装相关的设备设施。

（6）在一个单位内，在数据中心机房外的电信间可以泛指专用于数据中心和其余楼宇的电信间（也就综合布线系统的配线节点 A 或 B 的角色，根据楼宇布线系统的规模而定）。

数据中心和综合布线系统一样，都由两大类元素组成：电信空间和布线子系统，电信空间就是容纳各种电信设施的物理空间，大至一个房间，小至一个用户盒都是电信间；布线子系统就是将这些电信空间连接起来的电缆系统。

2.2 基础设施冗余分级标准介绍（TIA-942-A）

人为因素和操作程序可能比数据中心的分类等级对其可用性有更大的影响。这种分级方案提出了一套有限的旨在提高数据中心的可靠性措施，但它并不是成为包罗万象方案。

本节主要是 TIA-942-A 标准关于基础设施冗余的介绍，其他公司关于冗余的一些建议要求附表见本书附件。

2.2.1 分级总论

在 TIA-942-A 中对数据中心的基础设施分为电信、电气、建筑基础设施和机械基础设施四大类。标准中包括对各种级别的数据中心基础设备设施的四个层次的恢复能力。较高的级别不仅与较高的快速恢复能力相容，而且还导致与较高的建造成本挂钩。在所有的情况中，除非另有详细说明，较高的等级包含了较低等级的要求。

一个数据中心基础设施的不同部分可以有不同的分级级别。例如：一个数据中心的电力部分可以是级别 3，但是机械部分可以是级别 2。为了简单起见，所有子系统（电信、建筑、结构、电气、机械）评定分级相同的数据中心可以采用其整体分级称呼（例如。一个 2 层的数据中心在各子系统会有一个 2 级评级）。然而，并不是所有的部分基础设施都处于同一级别，分层应该明确。例如，一个数据中心可能是一个 $T_2E_3A_1M_2$ 级评级，其中：

T_2：电信是 2 级；

E_3：电气是 3 级；

A_1：建筑基础设施是 1 级；

M_2：机械基础设施是 2 级。

尽管一个典型的数据中心的整体评级是基于其薄弱的环节，相对于特定设施的风险状况，业务要求，若一个或多个其他因素能够证明有其较低风险的，这类设施的薄弱环节的风险有可能得以缓解。

应该关注维持机械和电力系统容量在正确的分级水平上。例如，当冗余量被用来支持新的计算机和电信设备时，一个数据中心可以被降级，从级别 3 或级别 4 降到级别 1 或级别 2。

2.2.2　数据中心分级

由 Uptime Institute 最初在它的白皮书"站点基础设施性能的行业标准分级分类定义"中定义的四个数据中心级别是：

1.　Ⅰ级数据中心：基本

一个级别 Ⅰ 的数据中心容易受到从计划的和非计划的活动带来的中断的影响。如果它确实有 UPS 或发电机，它们是单模（块）系统，有许多单点故障。在每年履行的预防性维护和维修期间，基础设施应该被全部关闭，紧急情况下可能要求频繁的关闭。操作错误和现场基础设施组件自发的故障将导致一个数据中心的中断。

2.　Ⅱ级数据中心：组件冗余

带有冗余组件的级别 Ⅱ 的设备比一个基本的数据中心稍微少受到来自计划的和非计划的活动带来的中断的影响。它们有 UPS 和动力发电机，但是它们的容量设计是"需求加一"（$N+1$），也就是从头到尾只有一个单线分布路径。关键电源和其他现场基础设施部件的维护将要求一个调整的中断。

3.　Ⅲ级数据中心：同时维护

Ⅲ级水平的容量允许任何有计划的现场基础设施活动而不中断计算机硬件的运行。有计划的活动包括预防性和规程化的组件维护、维修和更换，容量组件的增加或减少，组件和系统的测试和更多。对于大型的现场使用冷凝水的情况，这意味着两套独立的管道。当维护和测试一个路径时，足够的容量和配送必须提供给同时承载负荷的另一个路径。非计划的活动，如操作错误或设备基础设施组件自发的故障仍将导致一个数据中心的中断。

4. Ⅳ级数据中心：系统故障容错

级别Ⅳ提供现场基础设施容量和能力允许任何有计划的活动，而不会中断关键的负荷。故障容错功能也提供现场基础设施至少承受一种最坏情况的非计划的故障的能力，或事件不影响关键载荷。在一个的典型"系统＋系统"的配置里，要求配置同时能起作用的分布路径。

2.2.3 电信系统要求

如图 2-6 所示显示了 TIA942-A 标准的数据中心电信布线通路基础设施的各级冗余。

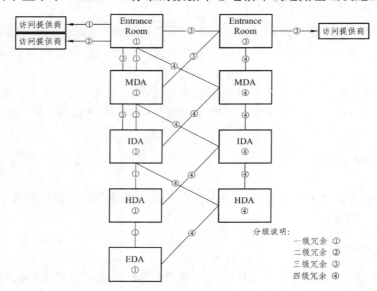

图 2-6 电信布线路径和空间冗余

2.2.3.1 级别1（电信）

电信基础设施应该至少满足本标准级别 1 的要求。

除了本标准中的要求和指导原则，一个 1 级的设施将拥有一个客户到电信设施的维护孔和入口路由。接入运营商的服务将在一个入口房间被终止。该通信基础设施将来自经由单一路由的入口房间到主要分布和水平分布区域（HDA）以及遍及整个数据中心进行分配。

1 级数据中心设备单点故障有：

接入提供商停电，中心办事处停电或接入提供商的管道通行权中断；

接入商设备故障；

如果他们没有冗余的情况下，路由器或交换机故障；

入口房间内的任何灾难性事件，主要分布区域（MDA），或维护孔可能会破坏到数据中心所有的电信服务；

损坏主干或水平的布线。

2.2.3.2 级别2（电信）

电信基础设施应该满足级别 1 的要求。

关键的电信设备、接入运营商的供应设备、在线路由器、在线 LAN 交换机和在线 SAN 交换机，应该有冗余组件（电源供应、处理器）。

数据中心内，在全部是星状配置内，从水平分布区域的交换机到主要分布区域的主干交换机的局域网（LAN）和存储网络（SAN）的主干电缆应该有冗余光纤或电线。冗余连接可能是在相同的或不同的电缆护套中。

合理的配置是可行的，并且是在一个环状或网状布局叠加在物理的星形配置上。

2 级数据中心的设施解决了进入建筑物的电信服务漏洞。

一个 2 级设施应该有两个客户拥有的维修孔和设施的入口通道。在一个入口的房间内，两个冗余路径入口将终止。

应该在所有接插线和跳线的两端加上标签，标上连接在两端的电缆的名称。

2 级数据中心设施的一些潜在的单点故障是：

接入运营商的设备设在入口处的房间连接到同样的电力配线和由单一的 HVAC 组件或系统支持；

冗余 LAN 或 SAN 交换机连接到相同的电路或单一 HVAC 组件或系统支持；

入口房间或 MDA 中的任何灾难事件都可能中断数据中心的所有电信服务。

2.2.3.3　级别 3（电信）

电信基础设施应该满足级别 2 的要求。

数据中心应该至少由两个接入运营商来服务，应该从至少两个不同的接入运营商的中心办事处或分支机构来提供服务。从接入运营商的中心办事处或分支机构来的电缆应该考虑多元化的路由，其整个路由线路间至少分开 20 m。

数据中心应该有两个入口房间，最好在数据中心相对的两个末端，但是，在两个房间之间至少要物理的分开 20 m。不要共用两个入口房间之间的接入运营商的供应设备、防火分区、电源配电装置和空调设备。如果在一个入口房间的设备发生故障，在另一个入口房间的接入运营商的供应设备应该能够连续运行。

数据中心在入口房间、主要分布区域、中间分布区和水平分布区域之间应该有冗余的主干路径。

在数据中心内，在全部是星状布局中，从水平分布区域的开关到主要分布区域的主干开关的 LAN 和 SAN 主干电缆应该有冗余光纤和电线。冗余连接可能是在相同的或不同的电缆护套中。

数据中心内部，来自交换机的 LAN 和 SAN 主干电缆到主干网交换机应在整体的星形配置内有冗余光纤或线对。冗余连接应在不同路由的电缆护套。

所有的关键电信设备、接入运营商的供应设备、核心层主用路由器和核心层主用 LAN/SAN 交换机，都应该有一个"热的"备用后援设备。

应该用电子制表软件、数据库或程序设计，将所有的电缆、交叉链接和接插线记录成文件，执行电缆管理。电缆系统文件是数据中心被定为级别 3 的一个要求。

所有布线、交叉连接和跳线都应记录，记录要求应如 ANSI/TIA-606-B 中所述的：使用软件系统或基础设施管理自动化系统来记录和管理。

3 级数据中心设备的一些潜在的单点故障是：

任何在主要分布区域内的灾难事件都可能中断所有的为数据中心的电信服务；

任何在水平分布区域内的灾难事件都可能中断所有由它提供的服务区域。

2.2.3.4　级别 4（电信）

电信基础设施应该满足级别 3 的要求。

数据中心主干电缆和配线位置都应该是冗余的。两个空间之间的电缆应该沿着物理分开的路由而行，公共的路径只在两端的空间内。主干电缆应该是由通过管道的路由或由使用铠装电缆来保护。

所有的关键的电信设备、接入运营商的供应设备、核心层主用路由器和核心层主用 LAN/SAN 交换机，都应该是自动的备份设备。会话通信/连接应该自动切换到备份设备。

数据中心应该有一个冗余的主要分布区域，他们最好在数据中心相对的两端，但是两个空间之间的物理的分开距离至少是 20 m。不要共用主要分布区域和第二分布区域之间的防火分区、电源配送装置和空调设备。冗余的主分布区域是选择性的，如果计算机放在一个单一连续的空间，通过执行第二分布区域，可能几乎得不到什么。冗余的 MDA 是可选的，如果计算机室是一个单一连续的空间，在这种情况下执行两个 MDA 可能是很少能得到。

主要分布区域和冗余分布区域将各有一个通往每一个入口房间的路径。在主要分布区域和冗余分布区域之间也应该有路径。

在冗余的空间区域之间应该分配有冗余的路由器和交换机（如，冗余的 MDA，冗余的 IDS 对、冗余的 HDS 对、冗余的入口房间对）

每个 HDA 应提供连接到两个不同 IDA 或 MDA 的冗余连接。类似地，每个应向 IDA 提供连接到两个 MDA 的冗余连接。

关键的系统应该有水平电缆到两个水平分布区域。

4 级数据中心的电信设施一些潜在的单点故障是：

主要本部区域（如果冗余分布区域是完全不执行的）；

在水平分布区域和水平电缆上（如果没有安装冗余水平电缆）。

2.2.4　建筑与结构

该建筑结构系统应该是钢的或混凝土的。至少，在建筑框架应该被设计成能够抵挡风的负荷，该负荷应在考虑当地适用的建筑法规和按照规定指定为关键设施的结构（例如：从国际建筑规范而来的建筑分类Ⅲ）的基础上而得出的。

2.2.4.1　级别 1

在建筑方面的一个级别 1 的数据中心对物理事件没有任何防护要求，这些事件可能是有目的性的，也可能是偶然的，可能是自然发生的，也可能是人为的，但都能够导致数据中心瘫痪。

2.2.4.2 级别 2

级别 2 的安装应该满足级别 1 的所有要求。一个级别 2 的数据中心中，包含应对物理事件的最小防护要求，这些事件可能是有目的的，也可能是偶然的，可能是自然发生的，也可能是人为的，但都能够导致数据中心瘫痪。

2.2.4.3 级别 3

级别 3 的安装应该满足级别 2 的所有要求。一个级别 3 的数据中心设置了对大多数物理事件的防护，这些事件可能是有目的的，也可能是偶然的，可能是自然发生的，也可能是人为的，但都能够导致数据中心瘫痪。

2.2.4.4 级别 4

一个级别 4 的数据中心已经考虑了所有潜在的物理事件，这些事件能够导致数据中心瘫痪。针对这些事件，一个数据中心已经提供了详细的和在一些情况下的冗余来防护。级别 4 的数据中心考虑了诸如地震、洪水、火灾、飓风和暴风雨等自然灾害潜在的问题，同时也考虑了恐怖事件和有情绪的员工潜在的问题。级别 4 的数据中心已经控制了他们的设备的各个方面。

2.2.5 电气系统要求

2.2.5.1 级别 1

一个 1 级设施提供配电的最低水平，以满足电力负荷需求，很少或根本没有冗余。一个供电面板或馈电电线的故障或维护将导致运行部分或全部中断。在公共服务的入口没有冗余要求。

发电机可能作为一个单一的装置或平行容量安装，没有冗余设备。通常用一个或多个自动转换开关来检测正常的电源中断、启动发电机运行和转换发电机系统负荷。隔离-旁路自动转换开关（ATSS）或自动转换电路断路器被用于这种用途，但不是必需的。不要求安装永久的发电机和 UPS 测试用负荷模拟器。要求提供便携式的负荷模拟器。

不间断电源系统能够作为单个装置或平行容量安装。能够应用静态的、飞轮的或混合的 UPS 技术，既可以是双重转换，也可以是线形交互式设计。要求 UPS 系统和发电机系统的兼容性。UPS 系统应该有一个维护旁路部分，允许在 UPS 系统维护时能够连续运行。

隔离变压器和配电盘对于级别 1 的数据中心，将电源分配到关键的电负荷上是可以接受的。应该将变压器设计成能够处理它们将要供给的非线性的负荷。谐波消除变压器也能被用在 K 级变压器的场所。

电源分配装置（PDU）或独立的变压器和配电盘可以被用来将电源分配到关键的电源负荷上。任何符合规范的配线方法都可以应用，配电系统不要求冗余，接地系统应该符合规范的最低要求，对电力和机械的监测是选择性的要求。

2.2.5.2　级别 2

级别 2 的安装应该满足所有级别 1 的要求。此外，级别 2 的设施提供 $N+1$ 冗余 UPS 模块。一个能够处理数据中心负荷的发电机系统是被要求的，尽管冗余发电机机组是不要求的。在公共服务入口和电源分配系统中不要求冗余。

应该为发电机和 UPS 测试提供便携式负荷模拟器的连接。

应该用电源分配装置（PDU）将电源分配到关键的电源负荷上。在需要额外分支电路的地方，配电盘或 PDU "侧挂" 可以从 PDU 次级馈电。应该提供两个冗余 PDU，每一个最好从一个分开的 UPS 系统馈电，用来服务于每一个计算机设备机架；应该提供给使用单线或三线计算机设备一个可以安装在机架上的快速转换开关或从每一个 PDU 馈电的静态开关；或者，从隔离的两个 UPS 系统馈电给双馈静态开关式 PDU 提供给单线和三线设备，尽管这种安排提供稍微少一些的冗余和灵活性。应该考虑使用颜色编码的铭牌和馈电线缆来区别 A 和 B 侧配电，例如：所有的 A 侧用白色，所有的 B 侧用蓝色。

一个电路不应该服务多于一个机架，防止电路故障影响多个机架。为了提供冗余，每一个机架和机柜应该有两个专用的来自两个不同的电源分配装置（PDU）或配电板供电。每一个插座应该用服务于它的 PDU 或电路编号来标识，对机械系统的配电板的冗余馈电是推荐的，但不是要求的。

2.2.5.3　级别 3

级别 3 的安装应该满足所有级别 2 的要求。

应该给级别 3 的所有设施系统提供至少 $N+1$ 的冗余，这些设施系统是指模块、路径，以及包括发电机系统、UPS 系统、配线系统和所有分布馈电等系统级设施。当电气系统设计时，应考虑机械系统的配置，以确保在机电系统相结合时提供了 $N+1$ 冗余。这个冗余水平可以通过给每一个空调装置供应两个电源，或将空调设备分划给多个电源来实现。馈电电线和配电板是双路径的，电缆或配电板的一个故障或维护将不会导致运行中断。应提供足够的冗余，确保启用机械或电气设备所需要的基本的维护任何项目的隔离而不影响冷却系统的服务。通过采用分布式冗余配置，从公共服务入口到机械设备、PDU 或计算机设备的单个故障点从实质上消除了。

要增加给关键负荷供电的可用性，分布式配电系统配置隔离冗余（双通道）拓扑结构。这种拓扑结构需要使用自动静态转换开关（ASTS）置于任一 PDU 上变压器的初级或次级侧。自动静态转换开关（ASTS）只适合单线路负荷。双线（或更多）负载设计，提供连续运行只有一个线通电，没有使用自动静态转换开关（ASTS），提供从不同 UPS 源馈电的线路，自动静态转换开关（ASTS）将有一个旁路电路和一个单独输出电路断路器。

应该提供一个中心的电源和环境监测和控制系统（PEMCS）来监控所用的主要的电设备，诸如主要开关装置、发电机系统、UPS 系统、自动静态转换开关（ASTS）、电源分配装置、自动转换开关、电机控制中心、瞬时电压浪涌抑制系统和机械系统。应提供一个单独的可编程逻辑控制系统，包括机械系统管理程序、最优化效率程序、设备循环使用程序和警报指示程序。程序对机械系统进行管理，优化效率，循环用于设备和报警状态显示。

2.2.5.4 级别 4

级别 4 的安装应该满足所有级别 3 的要求。

级别 4 的设施应该设计成所有的模块、系统和路径都是 2（$N+1$）配置。所有的馈电和设备应该是在故障发生或维护时，能够手动旁路。任何故障会自动地将到关键的负荷的电源从故障系统转换到可选择的系统，而不中断关键电负荷的电源。应该提供一个电池监测系统，这个系统能够分别监测每一个单元的电阻和阻抗、每一个电瓶的温度和即将发生故障的电池警报，确保足够的电池运转。

公共设施的服务入口应该是专供数据中心使用的，与所有非关键的设施隔离。

为了达到冗余，建筑物应该至少有两个从不同变电站来的公共馈电途径。

2.2.6 机械系统

2.2.6.1 级别 1

在设计条件没有冗余装置时，一个级别 1 设施的空调系统包括单个或多个空调装置单元，采用联合冷却能力来维持关键的空间温度和相对湿度。如果这些空调装置是由一个河边散热系统提供服务的，例如：一个冷却水或冷凝水系统，这些系统的组件是同样大小容量以满足设计条件，没有冗余装置单元。管道系统或多管道系统是单一路径，即一个故障或维护的一段管道将导致部分或全部空调系统的中断。

如果提供一台发电机，所有的空调设备应该由备用发电机系统来供电。

2.2.6.2 级别 2

在设计条件为一个冗余装置（$N+1$）时，一个级别 2 设施的空调系统包括多个空调装置，采用联合冷却能力来维持关键的空间温度和相对湿度。如果这些空调装置是由一个冷水系统服务的，这些系统的组件是同样大小容量以满足设计条件，没有冗余装置单元。管道系统或系统是单一路径，在管道断面发生故障或维护时将导致空调系统部分或全部中断。

应该将空调系统设计为连续运行 24 小时/天，7 天/周，365 天/年的运行能力，并且计算机房空调（CRAC）单元至少采用 $N+1$ 的冗余。

应该给计算机房空调（CRAC）系统提供 $N+1$ 的冗余，每三个或四个需要空调的装置分配用一个最小的冗余单元。所有的空调设备应该由备用发电机系统来供电。

给空调系统供电的电路应该被分配多个配电盘/电力分线箱以减少电系统故障对空调系统产生的影响。

所有温度控制系统应该由 UPS 冗余专用电路来供电。

数据中心的空气供应应该与要安装的服务器机架的类型和布局相协调。空气处理设备应该有充足的能力来支持所有的设备、照明装置和环境等发出的热负荷，并维持数据中心内不变的相对湿度。应该根据 UPS 系统提供的功率 kW（不是 kVA）来计算需要的冷却能力。

燃料存储系统中，应提供冗余和隔离，以确保燃油系统污染或机械式燃油系统故障不会影响整个发电系统。

2.2.6.3　级别 3

一个级别 3 设施的空调系统包括多个空调装置单元，采用联合冷却能力来维持关键的空间温度和相对湿度以满足设计的条件，它有足够的冗余允许一个配电盘故障或维护。如果这些空调装置是由一个河边散热系统提供服务的，例如：一个冷却水或冷凝水系统，这些系统的组件是同样大小容量以满足设计条件，其冗余能够支持一个配电盘服务失效。可以通过供应两个电源给每一个空调装置来获得冗余水平，或空调设备在多个电源中区分。管道系统或系统是双路径的，在管道部分断面发生故障或维护时不会导致空调系统的中断。

冗余机房空调（CRAC）单元应提供单独的配电盘来提供电力冗余。所有机房空调（CRAC）单元都应得到发电机的支持。

拥有 $N+1$、$N+2$、$2N$、或 $2（N+1）$ 冗余的制冷设备应该被专用于数据中心。应提供足够的冗余，使任何设备所需的基本维护都能够隔离，而不影响提供制冷服务。

基于安装的精密空调的数量和考虑可维护性的冗余因素，在精密空调的冷却回路都应该进一步细分。如果冷却水或水冷却系统的使用中，每个数据中心的专用分支电路应支持从中央水循环回路提供服务的独立水泵。一个水环路应该位于数据中心的四周，位于一个次级地板槽中，可以容纳泄露的水，泄露探测传感器应该被安装在水槽中。应该考虑完全隔离和冗余冷却水环路。

2.2.6.4　级别 4

一个级别 4 设施的空调系统包括多个空调装置单元，采用联合冷却能力来维持关键的空间温度和相对湿度，它有足够的冗余允许一个配电盘故障或维护。如果这些空调装置是由一个河边散热系统提供服务的，例如：一个冷却水或冷凝水系统，这些系统的组件是同样大小以能满足设计条件，其冗余能够支持一个配电盘服务失效。可以通过供应两个电源给每一个空调装置来获得冗余水平，或空调设备在多个电源中区分。管道系统或多管道系统是双路径的，在管道部分断面发生故障或维护时不会导致空调系统的中断。可以通过供应两个电源给每一个空调装置，或将空调设备分配给多个电源来获得冗余水平。管道系统或多管道系统都是双路径的，在管道断面发生故障或维护时不会导致空调系统的中断。当一个蒸发冷却系统被用于级别 4 系统时，蓄水的替代资源应当考虑。

2.3　数据中心电信空间设计规范

2.3.1　通用电信空间一般要求

正如前所述的数据中心拓扑结构中，有各类功能分区，而这些分区又被赋予了一定的功能，要实现在这些分区的功能最终落实到数据中心的电信空间的建设上来，在数据中心电信空间的一般要求适用于以下电信空间：配线间、入口房间或空间、接入提供商空间和服务提供商的空间。

2.3.1.1　电信空间一般性要求

1. 安　全

电信空间的设计和位置设置应根据建筑物的安全方案进行制订，不能影响建筑物的安全需求。

2. 位　置

当选择该位置的时候，避免建筑物本身扩展受到限制的部位，如电梯、核心、外部墙壁，或其他固定的建筑墙等位置，也应提供用于运送大型设备到设备室的无障碍设施。

电信空间应该位于远离电磁干扰源或旨在减轻这种干扰的影响。电源变压器、电动机和发电机、X光设备、收音机或雷达发射机和感应密封设备等都应给予特别关注。

3. 访　问

房间应设在一个方便访问的地方（例如，有一个公共走廊）。进入的空间由建筑物管理人员进行控制。

4. 电缆通路

除了在电缆的安装时，管套或电缆槽不得留下开口，套管和电缆槽也应依据现行的规范采用适当的防火措施，如对穿过墙体的地方进行必要的封堵。

5. 防　火

防火措施应按照适用的规范提供。

对于某些应用，应当考虑安装预作用喷淋或其他"干"消防系统。如果安装了湿式管喷头：

（1）喷头头部应设置铁丝笼以防止意外操作。

（2）排水槽置于喷淋管的下方，以防止泄漏到房间内的设备。

6. 防渗水

只要有可能，电信空间不能设在水位以下，除非渗水的防护措施被采用。没有直接需要水支持的设备的空间应无水或排水管道。如果进水风险存在，带倒流装置的地漏应提供在房间内。

7. 设备交付

通信设备可以是庞大的，有相当的重量和需要特殊处理。考虑配线间房间位置的选择时，下列注意事项是很重要的。如果这些不能满足，则该设备可以装拆，这可能导致在一个较长的交货时间和额外的测试。如果设备的重量是可预期，其中设备的安装和交付的区域的楼面负荷应适当加强。

2.3.1.2　机架和机柜一般性要求

1. 概　述

机架均配备有设备和硬件安装用的侧安装导轨。机柜能配备可调的侧安装滑轨、侧板、顶，前面和后方的门，并经常配备锁。

2. 设备的位置

放置在机柜和机架中有源设备设计为从前到后的气流方向，应与机柜或机架的前面"冷"进气口，"热"空气从后面排出相对应。为了提高冷却效率，最大限度地减少再循环，空白面板应安装在所有未使用的机架和机柜空间。

3. 间　隙

应提供安装设备的最小的前净空为 1 m。前间隙最好 1.2 m 以适应更深的设备。应提供机架和机柜的后部检修最少后方的间隙为 0.6 m，1 m 的后间隙是可取的。一些设备可能需要超过 1 m 的服务间隙，请参阅设备制造商的要求。

4. 机柜冷却

因为机柜将容纳有源设备，选择并配置为它们提供足够的冷却容量。足够的冷却可以使用多种方法，包括以下方式实现：

（1）利用风扇的强制气流；

（2）利用在机柜的前方和后门的通风口形成冷热通道之间的自然气流；

（3）热/冷通道柜的安排；

（4）在设备之间和周围的开放空间安装盲板和挡板；

（5）所有的电缆入口点周围密封防止漏气；

（6）冷或热气流的混合遏制；

（7）采用适当尺寸和位置的空调机组；

（8）减少送风和回风气流阻塞；

（9）在多个机柜间平衡热密度；

（10）采用液体冷却。

5. 机柜和机架高度

最大的机架和机柜高度应为 2.4 m。机架和机柜最好不要超过 2.1 m，方便接入设备或在顶部安装连接硬件。

6. 机柜深度和宽度

机柜应该是足够的深度，以适应计划的设备，包括在前方和后方的综合布线、电源线、电缆管理硬件和配电盘。为电源板和电缆连接提供足够的空间和确保充足的气流，考虑使用至少 150 mm 更深或比最大的已安装设备更宽的机柜。

7. 设备安装宽度

480 mm 配线架，设备的机架和面板等都应能提供安装的宽度。

8. 安装导轨

机架和面板应配备符合 CEA-310-E 安装导轨。

有源设备和连接硬件必须安装在机架单元边界的导轨上，以最有效地利用机柜空间和优化冷却。

机柜应有可调节的前后导轨。导轨应提供 42 或以上安装空间的机架单元。在机架单元的边界轨道应该有标记，以简化设备的定位。

如果配线架是要在机柜的前面安装，前导轨应凹进至少 100 mm，以提供空间用于配线架和门之间的电缆管理和提供机柜之间的布线空间。同样，如果配线架是要在机柜的后部安装时，后导轨也应凹进至少为 100 mm。

配线架不得采用妨碍维修设施用通道的方式进行安装。

如果配电板要在机柜的前部或后部导轨安装，应有足够的间隙可在配电板上安装电源线和开关电源。

9．表　面

机柜机架的涂面漆应该是粉末涂层或其他防划伤涂层。

10．配电板（PDU）

机柜和机架，没有有源设备不需要电源板。

在机柜中配电板（条）的典型配置提供至少一个 20 A，220 V 交流电源板。根据计划的设备，380 V 交流电源接线板，可能另外需要增加或代替的 220 V 交流电源配电板。采用包含了从不同的电源电路馈送的两个配电板应予以考虑。电源电路应该有专用的中性和接地导体。配电板应使用带有指示，没有保护措施的情况下应该没有开/关或断路器复位按钮，以减少意外关断。应该提供足够数量的配电板、插座和电流容量来支持计划的设备。电源板的插头应该是一个带锁插头，以防止意外断开。

11．电缆管理

为了确保垂直和水平管理器能够容纳预期的最大线缆密度，它们都应该计算在填充容量之内。

垂直线缆管理器在每一对机架之间和每一行机架的两端安装。垂直电缆管理器的选择应考虑最大预期填充，包括线缆缠绕服务（线缆整理应绕成环），不管实际使用多少，应提供可用的横截面面积高达预期填充需求的两倍。垂直线缆管理器应该从地板延伸到机架的顶部。垂直线缆管理器宽度应不小于 83 mm。

水平线缆管理器应按容纳最大预期填充的要求安装，并提供 100% 长远的增长因子。电缆管理应足以确保电缆可整齐摆放，不损害冷却需求；线缆管理需满足弯曲半径的要求：

（1）平衡双绞线线缆最小弯曲半径。

电缆弯曲半径取决于电缆安装期间（张力加载）条件和安装之后电缆处于静息状态（空载）。最小弯曲内半径，在空载或加载情况下，4 对平衡的双绞线电缆应为电缆直径的四倍。例如，电缆直径的 9 mm 需要一个最小弯曲半径为 36 mm。

（2）平衡双绞电线最小的内侧折弯半径。

4 对平衡双绞线电线的最小的内侧折弯半径应为电线直径的一倍。

（3）光纤最小折弯半径。

非圆形光缆弯曲直径的要求是使用较短轴电缆直径和在优先弯曲的方向的弯曲要求确定。请参阅表 2-2 所示关于最小弯曲半径。

表 2-2　光缆最小弯曲半径

光缆类型和安装的详细信息	最小弯曲半径	
	最大拉伸载荷（在安装期间）	没有拉伸载荷（安装后）
一级布线子系统内 2 芯或 4 芯设备内部光纤	50 mm	25 mm
4 芯以上设备内部光纤	光缆外径的 20 倍	光缆外径的 10 倍
12 芯以下（含）室内、室外光纤	光缆外径的 20 倍	光缆外径的 10 倍
13 芯以上室内、室外光纤	光缆外径的 20 倍	光缆外径的 10 倍
室外光缆	光缆外径的 20 倍	光缆外径的 10 倍
入户（分支）光缆牵引安装	光缆外径的 20 倍	光缆外径的 10 倍
入户（分支）光缆直接埋地，沟槽或吹入管道安装	光缆外径的 20 倍	光缆外径的 10 倍

2.3.2　通用电信房间设计要求

2.3.2.1　建筑方面设计要求

1. 胶合背板

如果墙面需要安装类似保护器等装置，面墙上应覆盖着最小厚度为 19 mm 胶合板。胶合板有 1.2 m×2.4 m 薄板，垂直安装时，胶合板的底部安装在离最终地面 150 mm 以上的位置，其最好的一面朝房间里。胶合板应为 A/C 等级，并刷两层防火涂料。安装任何设备以前胶合板应完成涂刷。胶合板利用镀锌铁钉、镀锌金属板或不锈钢平头五金螺丝等永久地固定在墙上。完成安装的成品须有水平的外观，采用沉头螺钉（平头螺丝，其头部，是一个 90 度的锥体），以防止胶合板的分裂。不能采用"干壁螺丝"（喇叭头造型）固定胶合背板。

2. 天花板

最小净高在房间里应为 2.4 m，无障碍物。成品地板和天花板的最低点之间的高度应至少为 3 m 以容纳机柜机架及其上面的电信通路；为了最大的灵活性，天花板不应吊顶。

3. 处　理

地板，墙壁和天花板必须进行处理，以减少灰尘。饰面应以清淡的颜色，以提高室内照明。地板应具有防静电性能。

4. 地板承重

在空间中的地板加载（静态和动态）的能力，需足以承受分布式和集中安装的设备的荷载。在设计指定楼面负荷极限时应咨询结构工程师。如果将安装预计会超过这些限制的设备，则移动和安装那些设备的地板区域应予以适当加强。

5. 照 明

在工作人员所占用空间的地平面上照明应为最少的 500 LX，在柜架、机架之间的过道中间的离成品地板 1 m 高度位置测量照明应至少为 200 LX 以上，用于照明的一个或多个控制开关应在房间大门的附近。依照主管部门的要求应急照明和标志应妥善放置，这样当主要照明的缺乏情况下不会妨碍紧急出口。

在电信设备空间中，照明灯具的配电不应与通信设备使用同一个配电板控制。调光器开关不应使用。

6. 门

门应是最低的宽 0.9 m、高 2 m，没有门槛，铰接向外打开（规范允许的话），或者可从一边滑动到另一边，或者是可移动。门需装有一把锁。如果预计有大型设备进入入口间，建议安装 1.8 m 宽、2.3 m 高，没有门槛或中心的柱子的双扇门。如果门必须是朝里开的，应相应地提高房间的大小。

7. 标 牌

标牌，如果使用，应在建筑物的安全计划内制订。

8. 外 窗

电信空间不应该有外窗，外窗会增加热负荷。

9. 防 震

电信基础设施和相关配套设施的抗震设计应满足依照主管部门的抗震要求。

2.3.2.2 环境设计要求

1. 温度和湿度

在电信空间的温度，湿度应符合 ASHRAE B 类要求。

2. 污染物

电信大楼空间应受到保护，应避免可能会影响安装的设备的操作和材料完整性（见 ANSI/TIA-568-C.0）的污染和其他污染物的侵害。降低污染水平可以采用栅栏障碍、室内正压力，分离过滤器或其他装置等措施。

3. 电池组

如果采用非密封电池用于备份，应提供足够的通风。请参阅适用的电气规范的要求。

4. 震 动

随着时间的推移，机械振动耦合到设备或缆线基础设施可以导致服务失败。这种类型的失败的一个常见例子松动的连接。潜在的振动问题应在设备间设计中考虑，由于建筑物内的振动将通过建筑结构传达给设备间。在这些情况下，应咨询项目结构工程师设计的保障措施，防止过多的振动传送到设备间。

2.3.2.3　其他设备的指导

环境控制设备，如电力分配或调节系统和专门用于电信空间的电信系统，高达 100 kVA 的 UPS 应允许将其安装在该空间中。大于 100 kVA UPS 应设在一个单独的房间。当一台 UPS 安装在房间，适当的公告应张贴于大门（例如，"警告——该区域不间断电源在工作，电力将输出，即使整个大楼主供电断开故障发生。"）。

对电信空间的支持无关的设备（例如，通风管道，气动管）不得通过、进入或安装在该房间。

2.3.3　主机房设计要求

2.3.3.1　基本要求

1. 主机房要求

主机房是一个环境控制相关的支持设备和布线的空间，它服务的唯一目是其直接相关的计算机系统和其他电讯系统。

主机房应当符合相关标准中关于配线间的要求，额外需求，例外和保留规定本小节详细叙述。

地板布局应符合设备和设施提供商的要求，如：

地板载荷能力的要求，包括设备、电缆、跳线和媒体（静态的集中的荷载，静态均匀楼面载荷，动态滚动载荷）；

服务电器间隙需求（电气每侧电气间隙以提供足够的保养设备需求）；

气流要求（地板的安装要适合数据中心机房空调气流的最佳要求）；

安装要求（地板的安装要适合数据中心设备安装的特殊要求）；

电源要求和直流电路长度限制；

设备连接长度要求（例如，到外围设备和控制台的最大通道长度）。

2. 位　置

当主机房选址时，避免受建筑物构建的限制其扩张，例如：电梯，建设核心，外面的墙壁，或其他的位置固定建筑幕墙。应提供大型设备到设备房间的可达性功能（请参见 4.1 设备交付）。

计算机房的位置至少应该是 $M_1I_1C_1E_1$ 环境。或者，计算机房旨在创造一种环境兼容 $M_1I_1C_1E_1$ 分类。计算机房不应有外窗，外窗增加热负荷，降低安全性。

3. 访　问

主机房的门应提供经认可的人员唯一的访问。此外，进入房间应该遵从主管部门的条文的规定，如在访问主机房的门厅设计安全报警装置，防止未经授权访问的发生等。

2.3.3.2　建筑设计要求

1.　大　小

计算机房应调整大小，以满足已知特定设备的要求，包括适当的间隙，这些信息可从设备供应商获取。空间大小应包括预计未来以及目前的需求。

数据中心应该有一个足够大的储藏间，使得设备箱、备用的空气过滤器、备用的地板瓷砖、备用的电缆、备用的设备、备用的媒介和备用的纸张能够被储藏在主机房以外的地方。数据中心也应该有新的设备将它们部署在主机房前的开箱和可能用于测试的临时区域。通过对大楼或储藏间所有设备的拆开包装的规定，有可能显著地降低数据中心中空气传播的灰尘颗粒的数量。

所需的空间有多大与空间的布局是密切相关的，不仅包括设备机架和/或机柜，而且还包括线缆管理和其他支持系统。例如：电源、空调通风加热系统和防火系统。这些系统的空间要求又依赖于冗余等级不同，空间要求也有所不同。

如果新的数据中心代替了一个或多个现有的数据中心，估计数据中心规模的一种方法是盘点迁移到新的数据中心的设备，创建一个包括现有设备，预计将来需要的设备及其周边设施以及其电信间隙的平面图。平面图应该假设机柜和机架有效地装满设备。平面图也应该考虑任何规划技术的变革可能引起位于新数据中心的设备的规模的变化。新的主机房平面图将需要包括电器和空调系统的支持设备。

经常要求运营中心和一个打印间与数据中心相邻，最好与数据中心设计在一起。打印间应该是与主机房分开的，有一个分开的空调、通风、加热系统，因为打印机产生纸张和增色剂灰尘，这些对计算机设备是有害的。NFPA75详细规定了用于储藏备用的媒介分开的房间。此外，若有需要设置一个安放磁带机、自动磁带库和磁带库的分开的磁带设备房间是一个很好的实践，因为录音带燃烧的烟具有毒性。

考虑计算机房以外的隔离分空间或房间，用来安放电电气、空调和防火系统等设备。尽管，空间不是被有效地利用，但是安全方面是改善了，因为服务这个设备的供货商和员工不需要进入计算机房。

2.　其他设备准则

任何UPS含有富液式电池单元应位于一个单独的房间，除了按照主管部门的要求外。

3.　天花板高度

计算机房的最小高度应该是 2.6 m 从成品地板到任何障碍物如洒水器、照明灯具、架空电缆桥架或监控摄像机。冷却需求或机架/机柜身高超过 2.13 m 可能要求更高的天花板高度。从水喷头，应保持最低限度的 460 mm 的间隙。

4.　灯　光

照明灯具应位于机柜之间的过道上面，而不是直接在机柜或架空电缆路径系统以上。应急照明和标志应正确放置并遵从主管部门的要求，这样一个缺乏基本的照明不会妨碍紧急出口。

根据人员活动建议的用于在数据中心的三级照明建议：

级别 1：数据中心空置照明应足以让视频监控设备的有效利用。

级别 2：初始进入数据中心时，动作传感器应立即用激活进入的区域灯，被编程来照亮走廊、通道。应提供足够的照明，以允许通过空间的安全通道，和保证通过摄像头识别摄像的需求。

级别 3：当设备维护或交互目的数据中心被占用的空间，在水平面为 500 lux，在垂直面上 200 lux 的照明，测量位置在机柜之间的所有的过道中间的成品地板以上 1 m 处。在数据中心大于 230 m² 宜采用分区照明，建议在直接工作区提供 3 级照明和所有其他区域提供 2 级照明。

可选的替代：所有区域 3 级照明。

允许提高能源效率和控制，节能照明（例如 LED）应视为一个选项，以实现三级照明协议，取决于人员活动和在数据中心中的作用。

5. 门

门应至少 1 m 宽，2.13 m 高，没有门槛，铰接向外打开（规范允许的话），左右滑动，或可被移动。门应配备锁，要么没有中心桩或可移动中心的桩，以便大型设备的通过。计算机房的出口要求应符合 AHJ 的要求。

6. 地板承重

在设计期间结构工程师应咨询指定地板负载极限。最低均衡的地面承载能力应为 7.2 Pa，建议均衡的地面承载能力是 12 Pa。如果超过这些规格设备预计，地板应适当加强。这项规定也适用于晚些时候设备搬迁。如果预计到大规模的搬迁，应予以适当加强整个地板。

7. 电源不间断供电的通知

进一个房间的大门，在那里的设备由不间断电源系统供电，在门外侧应带有以下警告消息："警告——不间断电源存在于这一区域，即使整个建筑的主供电路断开导致的停电，电力也将提供给设备。"

这个标志应该是红色的铜板上采用白色文字，最小高度为 50 mm。

8. 标　识

标识应位于开发建设安全计划范围内。

9. 地震注意事项

相关设施规范应满足适用的地震带。

2.3.3.3　环境设计要求

1. 污染物

营运机房（如有）环境应符合 ANSI/TIA-568-C.0 中所界定的 C1 环境条件。为实现 C1

分类的常用方法包括气相障碍，房间正压或绝对过滤。关于 C1 环境条件参看本书附录相关章节。

2. 空　调

如果主机房没有一个专用的暖通空调系统，主机房应位于楼宇主要暖通空调系统的供给系统之内。在主机房利用专用的暖通空调或利用主体建筑暖通空调，并且安装有自动空气调节器，这样的主机房才被主管机构认可。

可选参数：在计算机房的温度和湿度应保持符合 ANSI/TIA-569-C 类 A1 或 A2 的要求。

连续性运转：HVAC 应提供一个 24 小时/天，365 天/年连续运行的能力。如果系统不能保证连续运行，应为机房提供一个独立空调单元。

待机操作：如果安装了备用发电机，主机房空调系统应通过主机房的备用发电机系统的支持。如果主机房没有一个专门的备用发电机系统，并且安装了楼宇备用发电机系统，机房空调应连接到建筑物的备用发电机系统。

3. 无线干扰源

无线干扰源（例如：无线 LAN 天线、移动电话、手持收音机等）可能会干扰信息技术和电信设备的正常运行。关于在机房使用或无线广播系统的限制与信息技术请与电信设备制造商咨询。

4. 电　池

如果电池用于备份，应提供足够的通风和泄漏抑制的要求。

2.3.3.4　电气设计要求

1. 电　力

单独的电源电路为计算机室提供，并终止在其电气面板上。

主机室须设有双工便利插座（220 V，10 A）供电动工具、清洗设备以及不适合插入设备柜配电盘的设备使用。作为用于电信和计算机设备房间里的电路，便利插座不应在同一电源分配单元（PDU）或电气控制板上。便利插座应沿机房墙壁间隔 3.65 m 或更接近，除了本地法令指定，保证能被 4.5 m 线缆达到（遵从 NEC 210 和 645 条）。

2. 备用电力

应由机房备用发电机系统，支持计算机室电气控制板（如果安装了）。任何发电机都应按额定电子负载运行。这种能力的发电机常常被称为"计算机级"的发电机。如果计算机房没有专用的备用发电机系统，计算机室电气控制板应连接到建筑备用发电系统，如果其中一个安装。机房设备的电源关闭要求是由 AHJ 和因管辖权而异。

3. 粘接和接地（接地）

关于主机房，设备柜，机架的粘接和接地要求请参阅 ANSI/TIA-607-B。

4. 防 火

消防系统和手持灭火器应符合主管机构的规定。主机房的喷水灭火系统应该是预作用系统。

5. 防 水

在存在进水危险的空间须有疏散水的手段（例如地漏）。此外，每 $100\ m^2$ 的区域内至少提供一个地漏或其他用于疏散水的方法。任何贯穿房间里的水和排水管道应该位于远离并不直接在房间里的设备上面。

地面下的任何地漏应配备回流装置。对所有的地漏的建议是使用防逆流装置和泄漏探测器。

2.3.4 入口房间设计要求

2.3.4.1 基本要求

入口的房间是一个空间，最好是一个房间，在那里访问提供商拥有的设施与数据中心布线系统接口。它通常是提供给电信访问提供商设备的房子，也通常的接入提供商提供电路交给客户的位置。这种交接点被称为分界点，这里通常是电信接入服务提供方负责电路结束的地方和客户负责电路开始的地方。

入口的房间将提供入口通道，容纳平衡双绞电缆入口保护块，终止访问接口电缆设备，访问提供商的设备，用于连接计算机电缆的终止设备等。

1. 位 置

入口的房间应该位于以确保从接入提供商分界点到最后设备的电路不超过规定的最大电路长度。这个电路的最大长度需要包括整个光缆路由，包括跳线、变化的高度楼层间和机架或机柜内的线缆。

入口的房间也可能位于主机室的内部或外部。安全顾虑可能会要求入口房间位于计算机室之外，以避免访问供应商的技术人员访问计算机房需要。然而，在更大的数据中心，因电路长度问题可能需要入口的房间是位于计算机的房间。

入口空间的位置应该是 $M_1I_1C_1E_1$ 环境（ANSI/TIA-568-C.0）。或则，入口的房间应旨在创造一种环境兼容 $M_1I_1C_1E_1$ 级别。

在入口的房间布线应使用与计算机房相同的电缆配线（架空或地板下）；这样会减少电缆长度的限制，因为它避免了从架空电缆桥架到下地板电缆桥架的过渡。

2. 数 量

大型数据中心可能需要多个入口房间来支持一些电路类型，为整个数据中心提供额外的冗余。

其他入口房间可能有自己的入口通道，用于从接入提供商提供专用服务。或者其他入口房间可能附属于主要入口的房间，在这种情况下访问提供服务来自主入口房间。

3. 地板之下的入口管道路由

如果入口房间位于主机房空间，入口管道设计应避免干扰气流运行、冷水管道及其他高架地板下电缆路由。

4. 接入提供者和服务提供商空间

接入提供者和服务提供商的数据中心空间通常是位于入口的房间里或在计算机室。请参阅 ANSI/TIA-569-C 信息访问提供者和服务提供商空间。

因为访问数据中心入口的房间是严格控制，访问提供者和服务提供商在单用户数据中心的空间入口的房间通常不需要分区。访问和服务提供商在计算机房租赁空间通常需要安全地进入他们的空间。

5. 防火保护

消防系统和手持灭火器应符合 NFPA-75。自动喷水灭火系统在入口的房间应该前置动作系统。

6. 防　水

空间存在进水风险的情况下，一种从空间疏散水的措施应提供（例如，地漏）。任何穿过房间的水和排水管道，应该远离而不是直接在房间里的设备以上。

2.3.4.2　建筑设计

1. 一　般

提供房间或开阔地带的决定应基于：安全（考虑访问和偶然接触），保护装置的墙壁的空间需要、入口的房间大小和工作地点。

2. 大　小

入口的房间应按照已知的和预测的基于以下要素的最大要求来规划：
背板和框架空间提供访问接口和园区布线末端；
接入服务机架；
客户自备位于入口间的装备；
分界点机架包括终止用于连接计算机的房间线缆的硬件；
路径。
所需的空间是与在房间内的访问供应商的数量、电路数量及将被终止的电路类型密切相关，与数据中心的大小的相关性不强。协调所有的接入提供商，以确定其初始和未来空间需求。
还应为园区提供布线空间。带有金属组件的线缆，包括带金属部件的光缆，他们被带有的保护装置终止在入口间。保护装置可能是壁挂或框架式。保护空间应尽可能靠近进入大楼实际电缆的入口点。如果他们有没有金属组件（例如，电缆护套或强度构建），园区光纤电缆可能终止在主体交叉连接而不是入口的房间。请参阅有关入口电缆和引入电缆终端要求适用的规范。

3. 胶合背板

用在墙面终端需要提供保护的墙面位置，厚度须满 19 mm 胶合板。该板尺寸应为 1.2 m

×2.4 m，胶合板表垂直安装时，其底部安装高度 150 mm，表面需经过两层白色防火涂料涂装。

安装任何设备以前，胶合板应划定安装位置。胶合板应通过镀锌铁钉、镀锌金属板或不锈钢平头五金件永久固定在墙上。成品的装置须有水平外观，沉头螺钉头以防胶合板的分裂。干壁螺丝是不能使用的。

4. 室内净高

最小高度与主机房的要求一样。

5. 灯　光

照明与主机房的要求一样。

6. 门

门与主机房的要求一样。

7. 标　识

标识应当在建筑安全计划中制定。

8. 防震注意事项

地震考虑规范应与主机房的要求一样。

2.3.4.3　环境设计

污染物、暖通空调、连续操作、待机操作、操作参数、电磁干扰源、电池和振动，入口房间的环境设计应满足同主机房环境的要求一样。在入口房间考虑使用专用的空调系统。如果入口房间里有专用空调，应从服务于入口房间的机架的同一 PDU 或配电板提供其动力电源，入口房间设备的暖通空调应该有相同级别的冗余和备份，与主机房的暖通空调和动力一样的等级。

2.3.4.4　电气设计

电气设计，如电源、备用电源，粘接和接地应与主机房的要求一样。考虑使用专门的 PDU 和 UPS 提供给入口的房间的电源板。进入入口的房间电路的数量取决于放在入口房间里的设备的要求。入口的房间应与主机房使用相同的备份系统（UPS、发电机）。入口房间的机电系统的冗余程度应与主机房相同。

2.3.5　配线功能区设计要求

2.3.5.1　主配线区（MDA）

从数据中心的结构化布线系统的角度看，主要配线区（MDA）是数据中心核心空间所在。

数据中心应至少有一个 MDA。核心路由器和数据中心网络核心交换机通常位于或靠近 MDA。

数据中心一般被多个组织使用，如灾难恢复数据中心、web 托管的数据中心及其配套设施，MDA 应该在一个安全的空间。

MDA 应该集中存放，避免超出支持应用的最大长度限制，包括入口房间的访问服务提供商电路的最大电缆长度限制。

如果 MDA 是在一个封闭的房间，请考虑一个专门的空调 PDU，并且由 UPS 供给这一区域的配电盘。

如果该 MDA 已有专用暖通空调，空调机组的温度控制电路应由同样的 PDU 或来自 MDA 中的通信设备的电源板供给。

MDA 的建筑、机械和电气要求与主机房相同。

2.3.5.2　中间配线区（IDA）

中间配线地区（IDA）是一个支持中间交叉连接的空间。它可能被用来提供的第二个层次的布线子系统（布线子系统 2），对于很大的数据中心，且只有布线子系统 3（从 MDA 的布线）和布线子系统 1（HDA 到 EDA 布线）的情况下，IDA 是可选的，可能包括有源设备。

在数据中心被多个组织使用时，如灾难恢复数据中心、web 托管的数据中心及其配套设施，IDA 应在一个安全的空间。

IDA 应位于集中部署，避免超过支持的应用电路的最大长度的限制，包括位于入口房间的访问服务接口电路的最大电缆长度的限制。

如果 IDA 是在一个封闭的房间，请考虑一个专门的空调 PDU，并且应该采纳由 UPS 供给这一区域的配电盘。

空调机组应从不同的 PDU 或服务在 IDA 的电信设备的配电盘提供动力。

对于建筑、机械和电气，IDA 的要求与主机房是一样的。

2.3.5.3　水平配线区（HDA）

水平配线地区（HDA）是支持布线到 EDA 的空间。支持 LAN、SAN 交换机、控制台和 KVM 交换机等终端设备的通常位于 HDA。对于主机房附近的设备或对整个机房 MDA 可能作为 HAD 使用。

每层楼应该至少有一个水平交叉连接（HC）。HC 可能在 HAD、IDA 或 MDA 区域。可能需要额外的 HAD 以支持超出水平电缆长度限制之外的设备。

每 HDA 连接的最大数目应基于电缆桥架的能力进行调整，要考虑未来的桥架的布线电缆数量。

HDA 应避免超过到 MDA 或 IDA 的主干电路的最大长度的限制和该类传输介质规定的最大长度。

如果 HDA 是在一个封闭的房间，请考虑一个专门的空调 PDU，并且应该采纳由 UPS 供给这一区域的配电盘。

空调机组应有不同的 PDU 或在 HDA 的电信设备的配电盘提供动力。

HDA 的建筑、机械和电气要求与主机房是一样的。

2.3.5.4　区域配线区（ZDA）

同轴电缆或双绞线连接数量在 ZDA 应只限于 288 个，以免不限通道内电缆挤塞，特别是尺寸为 600 mm × 600 mm 架空或高架地板下的布线壳体。

在 ZDA，不得使用交叉连接。在同一水平面内的电缆线路不应使用多个 ZDA。

在 ZDA 不得有源设备。

2.3.5.5　设备配线区（EDA）

EDA 是分配给终端设备的空间，包括计算机系统和通信设备。

终端设备通常是落地安装设备或设备安装在机柜或机架。

水平线缆都终止在设备配线区的设备插座。为每个设备柜和机架应提供足够的电源插座和连接硬件，以尽量减少跳线和电源线长度。

EDA 的设备之间连接采用点对点连接电缆是允许的。在 EDA 区域，设备点对点布线之间的电缆长度应不大于 15 m，并应在相邻机架中或在同一机柜行内的设备之间采用。点到点布线使用在机柜之间时，电缆的每一端需标有永久性的标签。当不再使用点到点的电缆时，电缆应该移走。

2.3.6　电信间设计要求

在数据中心，电信间（TR）是一个空间，支持缆线连接到主机房以外的区域。TR 通常位于主机房的外面，但如有必要，它可以与 MDA、HDA 或 IDA 结合。

如果数据中心的服务区域支持单个的电信机房的服务不能满足需要，数据中心可采用多个电信间来满足主机房外的服务空间需求。

2.3.7　数据中心支持区设计要求

如果企业数据中心是一个关键的功能，应考虑用电信机房外的房间终止数据中心支持区域和办公空间的电信电缆连接。

数据中心支持区域和空间是主机房外的空间，致力于支持的数据中心设施。这些可能包括但不是限于：运营中心、支持人员办公室、安保室、电气室、机械室、储藏室、设备暂存室和装卸工作台。

管理和支持区域电缆连接标准应与办公区域一样。操作中心设备控制和安全控制设备将需要大量的电缆，可能比标准工作区域的要求高。电缆数量应由其支持的业务和技术人员确定。营运中心可能还需要为安装在墙上或天花板上的大型显示器（例如，显示器和电视机）布线。

电气室、机械室、储藏室、设备暂存室和装卸台应该有至少一个墙装电话。电气和机械的房间也应该至少有一个数据连接，用于对设备管理系统的访问。

网络设计与建设篇

通过前面章节的讲述，基本了解了数据中基础设施标准体系。从本章开始，我们将转入数据中心的设计与建设讨论。

数据中心基础设施的建设的 4 大系统分别为：

电信系统：主要是建设数据中心网络通信相关的网络逻辑拓扑，以保证数据通信端系统的关键性；

建筑结构：主要是对数据中心的建筑相关的方方面面详细阐述，包括了选址、建筑设计、功能区域要求等提出指导意见；

电气系统：主要是对数据中心的供电系统建设提出指导意见；

机械系统：主要是对包括空调和防火等相关内容的建设提出指导意见。

我们可以综合数据中心建设的四大系统，他们之间相互联系和互为影响。所以建设中要综合各方面的人才，精心设计，才能保证数据中心的设计合理科学。

通过分析发现，四大基础设施系统为数据中心的运行提供两个方面的服务：一方面为通信设备直接服务的电信系统：为数据中心的设备提供稳定、可靠连接，保证其对外提供稳定可靠、快捷的服务；另一方面就是为数据中心的设备提供工作所需的环境，包括电力、空调、适合安装运行的建筑设施。

鉴于以上分析，本书将数据中心基础设施的建设分为：网络和环境两个方面的设计与建设予以阐述，希望能对读者起到抛砖引玉的作用。本章开始介绍网络设计与建设方面的内容。

3 数据中心网络系统设计

数据中心的网络关系到整个中心的服务通信，在整个网络设计中网络系统由通信设备和通信电缆共同组成，通过他们的合理架构才能构建稳定的数据中心网络系统。

3.1 层次化网络结构是发展的趋势

为了优化网络的管理、保证其良好的可扩展性和高效率，在目前基本还是采用层次化的网络设计架构。为了适应新网络服务技术，特别是云计算技术的需要，要求数据中心的网络不仅仅是将服务器和用户连接就可以了，还要更多的考虑服务器间、服务器与存储之间的高速互联的问题，这是数据中心网络建设的重点。所以对于不同的用户建立的数据中心需要根据自己的需要选择合适的网络架构，建立适合自己用途的网络拓扑，选择支持其需要的网络布线系统、材料和组件等。

3.1.1 两层或三层网络架构

目前在数据中心的三层的网络设计包括（见图 3-1）：

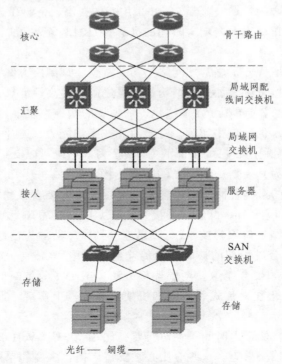

图 3-1 数据中心网络层次结构

接入/存储层：这一层包括交换机，用于台式电脑，服务器和存储资源的接入服务。

汇聚层：从接入层发来的组合数据流的交换和采用诸如防火墙这样的设备来保护其接入层的网络设备。

核心交换层：调控整个网络的骨干交通。

在数据中心的欧美标准的物理布线结构中，对于网络中的这些逻辑层使用下面的术语（见表 3-1）：

表 3-1　相关术语

逻辑结构	EN50173-5	TIA-942-A
核心层	主配线间（MD）	主配线区（MDA）
聚合层	区域配线间（ZD）	水平配线区（HDA）
接入&存储层	局部配线点（LDP）	区域配线区（ZDA）
	设备插座（EO）	设备配线区（EDA）

现在的三层网络是传统两层网络的能力扩展。他们为此目的实施附加的捆绑（聚合）层，生成树协议（STP）管理交换流量。在 IETF（互联网工程任务组）推出了所谓的 TRILL（在多链路信息的传输）协议作为替换 STP，虽然新协议依然涵盖 STP。TRILL 引入目的是使第二层的连接更加有效。

TRILL 是多链接透明互联的缩写，而且也是 IETF（互联网工程任务组）推荐的接入层（L2）网络标准。TRILL 具有重要性，因为大型数据中心开始利用 FCoE（以太网光纤通道）等新技术将存储传输和 IP 传输融合到以太网连接上，而标准的生成树协议（STP）将不再适合融合网络或超大型数据中心的扩展。随着 FCoE 采用率的提高，企业存储将开始加入 IP 网络上的其他协议。从存储的角度来看，随着时间的推移，TRILL 至少可以代替 L2 网络上普遍使用的 STP 协议。

一种平面结构可以取代或扩展常规网络结构的概念，该解决方案被实现为一个平等节点的结构。增加的交叉连接可以添加到该结构的节点之间以提高性能。虚拟化服务器的性能有很大的提高是通过 SR-IOV（单根 I/O 虚拟化）的系统的实施来实现。该技术允许 20 个潜在的 I/O 性能，以 30 Gbit/s 的速度来实现。有支持此技术的能力，刀片式服务器还必须配备有 2×10 GbE 的连接为他们利用自己的全部潜力。由于刀片系统可以支持多达 8 个刀片服务器，这意味着规划人员必须为其规划 100 GbE 的网络连接。

在层次结构中所需的最高性能层可以容易地通过万兆连接或通过多个聚合连接来实现。只是服务器不得不装有 1 千兆以太网 LAN 接口，并以 1 Gbit/s 的速度连接到机架顶部的交换机。现在，拥挤的上行链路端口聚合技术，可以迅速导致服务器的传输性能提高到 10 KMbit/s，在刀片系统的运行中聚合进程和向核心方向传输也可采用 40 或 100 Mbit/s 的速度，这个问题的解决，需用到二层的聚合概念。两层架构方法也减少了等待时间，因为数据流量通过更少的交换机。当虚拟化在刀片式服务器和机架式服务器上实现，服务器本身也负责访问交换功能。

在现代实时应用中，低延迟时间是绝对必要，如 IP 语音（VoIP）、统一通信（UC）、视频会议、视频点播和高频交易等。这些应用必须支持广播，多播和单播业务，因此需要可预测性能以及定义的服务质量（QOS），其他技术如云计算和虚拟数据中心需要的端到端延迟小于 10 μs。

3.1.2　网络设备

3.1.2.1　接入层设备

接入层负责建立终端设备和访问其余网络的连接。这一层包括路由器、交换机、网桥、集线器和无线局域网的无线接入点，如图 3-2 所示。

图 3-2　数据中心接入层设备

接入层管理设备连接，以及网络设备之间的通信。在这一层，通常被称为边缘交换机的局域网交换机的要求，包括端口安全、VLAN、以太网供电（PoE）和其他必要的功能。

接入交换机可能堆叠为一个虚拟交换机。一个主单元，管理和配置这个堆栈作为一个对象。

低延迟交换机提供了接入层的 I/O 整合的一个解决方案，并简化布线和管理任务。此外，这些部件降低功耗和定期费用。这些交换机甚至支持使用光纤通道以太网（FCoE），从而使之可以创建一个数据中心架构。数据中心架构是一个平台，它以统一的方式管理一个融合网络中的服务器和存储，这也是虚拟化的关键要求。

3.1.2.2　汇聚层设备

汇聚层或分布层接收来自接入层交换机的数据并结合在一起，并将它们传递到核心层。从这一点将数据交付给最终目的地。

VLAN（虚拟局域网）之间的路由功能在接入层中定义。路由在聚合层中执行，因为聚合交换机比接入层交换机具备更高的处理能力。在这样做时，该层还管理基于定义准则的网络数据。该层还负责映射广播域。汇聚交换机承担的路由功能的核心交换机也是如此。

VLAN 使用交换机在不同的子网分配数据，这使得在一个单一公司的数据被分配到各个部门。

汇聚交换机还负责管理 ACL（访问控制列表）。一个 ACL 定义允许或拒绝交换的数据类型，从而控制网络设备之间的通信。由于交换机必须检查每个数据包是否符合一个交换机上定义的 ACL 规则，ACL 功能需要非常高性能的处理器。因此，ACL 功能在汇聚层执行，因为这层已经有足够的处理能力。在聚合层中管理开销较低。

聚合数据线是一个为了防止瓶颈的理想解决方案。这个过程很重要，它只是独自在汇聚层进行，聚合多个交换机端口在一起使数据吞吐量提高到多倍（例如，8 × 10 Gbit/s = 80 Gbit/s）。此聚合处理也被称为链路汇聚（IEEE802.1ax）。

汇聚交换机高负荷性能是这些组件必须提供的众多功能的结果。汇聚交换机故障对网络特别是接入层有显著影响。由于其对网络的重要性，聚合交换机应始终冗余安装，从而保证网络仍然 100% 可用。运行在冗余下的交换机，热插拔电源开关是一个不错的选择。

聚合交换机必须能够支持服务质量（QoS），这使数据到达 QoS 功能的接入交换机在确定优先事项的基础上进行管理。汇聚层设备如图 3-3 所示。

图 3-3　数据中心汇聚层设备

3.1.2.3　核心层设备

核心层是网络的主干。高可用性和冗余需求自然在这个水平要高得多。该层必须确保在汇聚层的所有设备之间的连接。因为核心层聚合所有汇聚层的数据，它需要以更高的速度来传输大量数据。核心层也可以直接连接到互联网络资源。在小型网络中，汇聚层和核心层可以捆绑成一个层（降低核心模式）。

高转发率是选择核心交换机时一个重要标准。核心交换机必须支持链路聚合，使他们有能力为汇聚交换机提供足够的带宽。理想的情况是，在核心层采用的风扇支持热插拔。由于对其提出的更高要求，核心交换机往往会在更高的工作温度下运行，因此必须持续冷却。

与其他组件相比，服务质量（QoS）的问题又是核心交换机选择的一个重要因素。核心交换机可能成为公司成本效益多样化和优化利用可用带宽的一个重要因素。这是一种避免因采用高速广域网访问的高带宽费用的途径。更高的 QoS 保证应给予关键业务和时间要求严格的数据，例如，备份数据和语音服务数据比起电子邮件数据来说是不太重要的数据。数据中心核心层设备如图 3-4 所示。

图 3-4　数据中心核心层设备

3.1.3　分层网络的优势

分层网络设计的优势在于：

可扩展性；

性能；

易于管理；

冗余；

安全；

可维护性。

模块化和可扩展性导致维护分层网络的容易性。在某些其他网络拓扑结构中，维护费用伴随着网络规模的增大而增加。在其他网络设计模型，增长也是有限的。

分层模型允许每一层交换机基于其功能很容易地选择。交换机的功能应选择它们适合于给定层的功能需求。举例来说，更具成本效益的交换机可能实施在接入层而不在汇聚或核心层。与此相反，在一个完全网状拓扑，必须为每一个交换机选择所有功能，换言之，此拓扑的实现，处处都需要高性能的组件。

规划的一个关键参数是网络直径。这是指数据分组必须通过以到达它的接收者的设备数量。站点或交换机的数字越大，网络直径就越大，延迟就越来越重要。延迟被理解为是指一个网络设备处理分组或数据帧需要的时间。这个过程尽管只持续几分之一秒，但在数据传输的路径上的大量分支之和，会导致延迟的效果更加明显。

交换机的性能必须以不同的方式检查。大容量的服务器—服务器和客户端—服务器的数据被路由到数据中心交换机。这些组件必须比连接终端设备的交换机有更卓越的性能。到目前为止，基于各种需求，高速技术已被用在数据中心网络体系结构。例如，内存流量（SAN）运行在光纤通道（FC）上，客户端—服务器通过以太网通信和服务器—服务器在 InfiniBand 带宽结构上通信。万兆以太网技术可以代替这样的概念，它为 40/100 GBit 以太网技术铺平了道路，它可以在核心和汇聚这两层中使用，以及在机架顶部的交换机方式中使用。

InfiniBand 是一种输入输出（I/O）宽带结构，可以提高服务器各设备之间、网络子系统之间的通信速度，为将来的计算机系统提高更高性能和无限扩展性的宽带服务。InfiniBand 技术不是用于一般网络连接的，它的主要设计目的是针对服务器端的连接问题的，因此，InfiniBand 技术将会被应用于服务器与服务器，服务器和存储设备（比如 SAN 和直接存储附件）以及服务器和网络之间（比如 LAN，WAN 和 Internet）的通信。

3.1.4　数据中心架构

在虚拟化环境和云计算环境中使用的动态负载分配进程，在许多不同的主机上自动分配虚拟服务器。基于传统结构的网络，在负载配置中可能导致负载过重。这是因为在某些情况下，在虚拟机之间数据通信发生在多个网络节点和层间。解决这个问题的一个方法是逐渐开始用东西向的架构（横向通信）替代传统的南北架构（垂直通信）方式，如图 3-5 所示。

这个目标可以通过使用数据中心架构来实现。这将允许已建立的三层网络架构被淘汰，进而允许执行简化网络模型。这种类型的网络也更容易管理，这新的模型可以被看作一个单一的、非常大的交换机。这个交换机并不是实际安装的物理交换机，是一种逻辑模型。

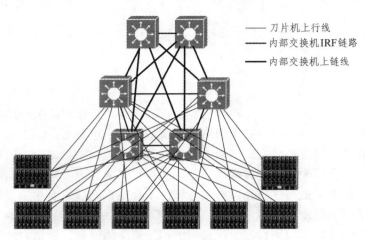

—— 刀片机上行线
—— 内部交换机IRF链路
—— 内部交换机上链线

图 3-5　数据中心扁平网络架构

连接到网络的所有设备都分配了逻辑交换机的单个接入点，贯穿系统通信运行中。这意味着它不再是有关物理主机上运行的虚拟机，或是虚拟机移动到不同的主机。服务器将始终与其合作伙伴在一个节点进行通信，而不管是在迁移之前和之后。使用这种方法的网络设计，允许操作者和规划者继续支持动态负荷分布的虚拟化概念。

组件组合成一个逻辑对象，以这种方式的另一个优点在于它简化了管理。交换机配置为仅在一个单一的接口和单一位置。所有交换机可以通过单一的管理访问点联合在一起，这大大简化了网络分析、状态查询和监督。

另外，单一结构更容易扩展。如果你需要更多的端口，你只需要添加另一个光纤交换机，然后自己添加到现有联合交换机。网络虚拟化和 IRF（智能弹性架构）技术显著提高了高性能数据中心网络的可用性。IRF 技术创建一个弹性虚拟交换机架构（RVSF），它提供一个可用性高达 99.999% 的透明冗余。其结果是 IRF 可用于虚拟化多个交换机，然后每个作为一个虚拟交换机单独运行。这简化了整个网络体系结构，因为不再需要聚合层。

IRF 是 Intelligent Resilient Framework 的简称，即智能弹性架构。在使用上，IRF 和传统的三层堆叠技术有一点类似。简单来说，就是支持 IRF 的多台交换设备可以互相连接起来形成一个"联合设备"，我们将这台"联合设备"称为一个 Fabric，而将组成 Fabric 的每个设备称为一个 Unit，多个 Unit 组成 Fabric 后，无论在管理还是在使用上，就成为了一个整体。也就是说，用户可以将这多台设备看成一台单一设备进行管理和使用，这样既可以通过增加设备来扩展端口数量和交换能力，同时也通过多台设备之间的互相备份增强了设备的可靠性。使用 IRF 堆叠时候交换机无需启用 STP。

IRF 的特殊功能包括：

交换机操作系统的一部分（系统软件）；

为所有网络层（核心/汇聚/边缘）的 HPN 交换机的虚拟化平台；

堆叠解决方案；

使用常规的以太网连接；

只能在 HPN 产品部分实现。

在市场上，以下制造商已经有虚拟化网络架构解决方案：

Cisco，统一计算系统（UCS）；

Avaya，虚拟服务平台（VSP）；

Brocade，虚拟集群交换（VCS）；

Extreme 网络，开放式光纤网络；

Juniper QFabric，Juniper 数据中心单层架构。

所有这些解决方案具有共同的特点是：提供动态的网络连接，通信路径被配置在数据中心架构，如图 3-6 所示。

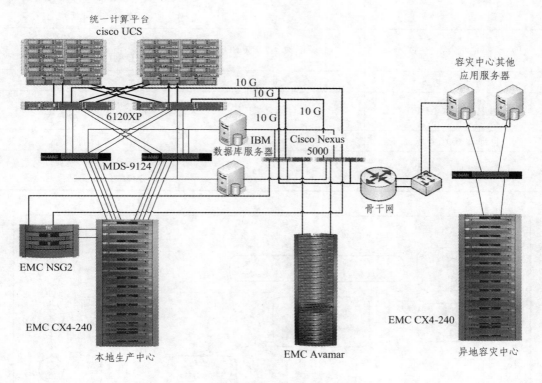

图 3-6　基于 VCE 联盟的数据中心云平台网络架构

3.2　数据中心布线拓扑结构

3.2.1　数据中心基本布线拓扑对比

数据中心布线的国际标准与欧洲同行不同，因为它们侧重点不同。需要注意的是，用于描述功能元件的术语的国际标准和欧洲标准不同。这些术语的比较如表 3-2 所示，拓扑对比如图 3-7 所示。

表 3-2　数据中心布线标准术语对比表

ISO/IEC24764	ISO11801	TIA-942-A
外部网络接口（ENI）	建筑群配线间/点（CD）	ENI（外部网络接口） ER（入口间）
主配线间/区（MD）	楼宇配线间/点（BD）	MC（主交叉连接） MDA（主配线区）
主配线电缆	次级电缆	主干电缆
		IC（中间交叉连接） IDA（中间配线区）
区域配电间/区（AD）	楼层配线间/点（FD）	HC（水平交叉连接） HDA（水平配线区）
区域配线电缆	三级/水平电缆	水平布线
局部配线点（LDP）	集合点（CP）	CP*（集合点） ZDA（区域配线区）
局部配线点电缆	集合点电缆	水平布线
设备连接（CA）	IT连接（ITC）	EO（设备插座） EDA（设备配线区）

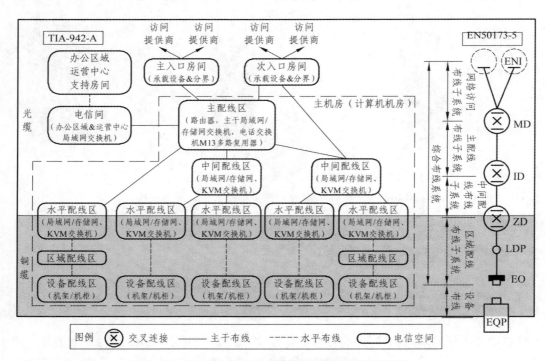

图 3-7　TIA 标准与 EN 标准的数据中心拓扑对比

通过图 3-7 的对比，可以发现数据中心的拓扑设计中，EN50173-5 将功能分配到空间，然而，TIA-942-A 却集中关注的是数据中心的区域，而不是它的功能，但是该标准与

ISO/IEC24764 和 EN50173-5 基于拓扑机构来说是相同的。

3.2.2 数据中心主要元素

数据中心需要致力于支持的电信基础设施的空间。电信空间应致力支持电信电缆和设备。通常在一个数据中心内发现的典型空间包括入口房间、主要配线区（MDA）、中间配线区（IDA）、水平配线区（HDA）、区域配线区域（ZDA）和设备配线区（EDA）。除了 MDA 和 EDA 外，并非所有这些空间可能会出现在数据中心内。这些空间应调整大小以适应预期的最终状态大小和数据中心的各发展阶段预期需求。那些为促进技术过度地增长和发展的空间也应加以规划。这些空间有可能被实体墙或以其他方式从计算机房间空间隔开。

3.2.2.1 接入室（入口房间）

用于连接数据中心结构化布线系统与楼宇布线缆线之间的分界面，也是接入提供商和客户都可使用的空间。

这空间包括接入提供商（ISP 如：电信、联通等公司）分界的硬件和访问提供商（ICP：如 google、sina 等）的设备。在大型的数据中心，可能有互联网内容提供商（也称访问提供商）服务器，但是也有的内容提供商自己建立了数据中心，这类内容提供商将会把自己的服务线路通过接入服务商的数据中心的接入房间接入到接入服务商的机房，提供给普通用户访问；相反在访问提供商的数据中心的接入房间可能有接入服务商的设备。所以在接入房间可能有接入服务商的设备，也可能有访问提供商的设备。

如果数据中心是一座建筑，包括一般用途办公室或数据中心外部的其他类型空间，入口的房间可能位于主机房以外以提高安全性，因为它避免了访问提供商的技术人员进入主机房。数据中心可以有多个入口房间来提供额外的冗余或避免超过访问接口设置电路的最大电缆长度的限制。

通过 MDA 实现主机房与入口房间的对接。在某些情况下（在大型数据中心，次入口房间离 IDA 和 HAD 的距离较近，离 MDA 太远），次入口房间可能有布线到 IDA 或 HDS，以避免超过访问接口设置电路的最大电缆长度。入口的房间可能毗邻 MDA 或数据中心设计时，在没有设计专门隔离与主机房之外的入口房间的情况下，与 MDA 结合在一起也是有可能的。

3.2.2.2 主要配线区（MDA）

包括主要交叉连接（MC）是数据中心结构化综合布线系统的配线中心点，主机房的核心路由器，核心局域网交换机和核心 SAN 交换机通常位于 MDA，因为这个空间是枢纽，是数据中心布线的基础设施。资源调配设备（例如 M13 多路复用器）的接入服务商通常是位于 MDA 而不是在入口房间，这是为了避免因电路长度的限制而建第二间接入室的需要。

当设备配线区有直接来自 MDA 时，在 MDA 区域中可能包括水平的交叉连接（HC）。

当数据中心规模较大时，为了将不同楼层或离 MDA 较远的水平分布区与 MDA 连接起来，可能会采用中间分布区用来汇聚较大规模的水平分布区，所以 MDA 可能还支持中间的交叉连接（IC）。

MDA 的空间是在主机房的房间里，是数据中心的核心部分，每个数据中心须有至少一个 MDA。

当数据中心为多租户的数据中心时，为安全的原因 MDA 可能位于一个专用房间。

在数据中心内 MDA 可能为一个或多个 IDA、HDS、EDA 提供服务，也可能为在主机房空间外一个或多个通信室服务，以支持办公室空间、运营中心和其他外部支持房间的通信。

3.2.2.3　中间配线区（IDA）

对于占据多个建筑物、多个楼层或多个房间的大型数据中心，经常会涉及 IDA 中间配线区，即汇聚交换区域的配线。而对于一些中小型的数据中心，IDA 中间配线区并不是必须的。一个 IDA 可以为一个或多个在数据中心内的 HDA、EDA 服务，也能服务于一个或多个位于主机房以外电信间。

3.2.2.4　水平配线区（HDA）

数据中心的水平配线区域，一般位于每列机柜的一端或两端，所以也常被称为列头柜，也可在每列机柜中部。每个水平配线区按管理的设备机柜数量计算，一般不超过 15 个。

当水平交叉连接（HC）不设在主配线区（MDA）或中间连接区时，水平配线区（HAD）就被用来服务于设备区（EDA）。因此，当使用起来的时候，水平配线区（HAD）往往就包括作为通往设备配线区（EDA）的配线节点的水平交叉连接（HC）。

水平配线区在机房内，但它也可以设置在一间独立的室内以提高安全性。水平配线区通常包括设备配线区（EDA）的终端设备：局域网交换机、存储区域网络（SAN）交换机和键盘/显示器/鼠标（KVM）交换机。

数据中心可以在不同的楼层设置机房，当然每层楼都要设置独立的交叉连接为其服务，该交叉连接需设置在相应楼层的水平配线区。一些数据中心可能不需要水平配线区，因为整个机房都规模不大，可以由主配线区直接设置水平交叉连接来支撑。无论如何，一个典型的数据中心是会有几个水平配线区。

3.2.2.5　区域配线区

在水平配线区，可能会有一个叫做区域配线区（ZDA）的可选的互联点，也叫做集合点（CP）。ZDA 是整个数据中心配线中唯一不含有源设备的区域，一般只有在大型数据中心机房中。集合点是水平交叉连接和设备插座间，存在设备需要经常移动或变化时，为了方便移动，增加和更改而设置的。ZDA 可以是机柜或者机架，也可以通过集合点（CP）完成线缆的连接。

3.2.2.6　设备配线区

EDA 是分配给终端设备，包括计算机系统和电信设备（例如，服务器、大型机、存储阵列和 KVM）的空间。这些区域必须不能用作入口房间和主要分布区域或水平分布区域使用。

为提高数据中心的网络设备的稳定性，尽可能减少网络设备端跳线的插拔，一般水平配线区的网络交换机端口与配线设备端口，是通过交叉连接方式互通的。

3.2.3 数据中心常见拓扑结构

数据中心服务规模的不同，决定了其采用不同的拓扑结构。尽管拓扑结构有差别，但是数据中心要实现的功能都能在其有限的电信空间（区域）中予以实现。下面给出常见的三种拓扑结构。

基本拓扑结构：主要适用于中等规模的数据中心，结构典型的节点—汇聚—中心的三层架构。

简化拓扑结构：该类型的数据中心功能比较简单，采用了节点—中心的两层架构，适用于规模较小的数据中心。

分布式数据中心拓扑结构：该类数据中心规模较大，可能分布到 1 栋楼宇的几层到几个楼宇之中，属于分布式的大型数据中心。该类数据中心在基本数据中心的基础上，往往采用中间配线区的方式将楼层或整个大楼（多栋大楼组成数据中心）的配线进行区域汇聚后再汇入 MDA。

以上三种结构都是单 MDA 的数据中心，并且也没有涉及同等配线空间的布线互联问题。

3.2.3.1 基本拓扑结构

基本数据中心包括一个单一的入口间，可能是一个或多个电信房间，一个 MDA 和几个 HDA。如图 3-8 所示显示了基本数据中心的拓扑。

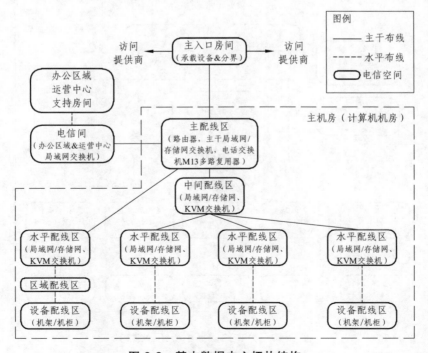

图 3-8 基本数据中心拓扑结构

3.2.3.2　简化数据中心拓扑

　　数据中心的设计可以合并主要交叉连接和水平交叉连接在单个的 MDA 中，甚至可能小到单一机柜或机架中。在简化的数据中心的拓扑中，连接到支持地区的电信机房和入口的房间的缆线可能并入 MDA。简化的数据中心拓扑如图 3-9 所示。

3.2.3.3　分布式数据中心拓扑结构

　　大型数据中心，如数据中心设在多个楼层或多间客房，可能需要中间交叉连接位于中间配线区（IDS）。每个房间或楼层可能有一个或多个中间配线区（IDS）。

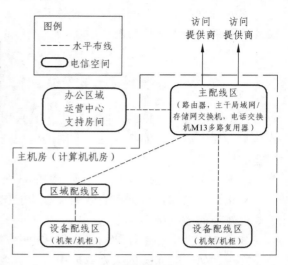

图 3-9　简化数据中心拓扑结构

　　带有大型或广泛分布的办公室和支持区域的数据中心可能需要多个电信房间。

　　因为电路长度的限制，要求大型数据中心配有多个接入室。多个入口的房间与 IDA 的数据中心拓扑如图 3-10 所示。主接入室（主入口）的房间不应有直接连接到 IDA 和 HDA。尽管次接入室直接通过线缆连接至中间配线区 IDA 和水平配线区 HAD 不是常见的做法，或被鼓励，若它是以满足某些电路长度限制和冗余需要，这样做也是允许。

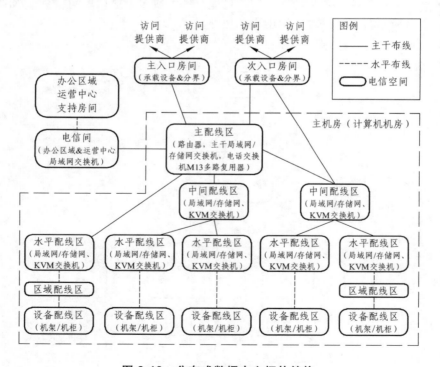

图 3-10　分布式数据中心拓扑结构

3.3 布线系统设计与思考

数据中心的机房布线是数据中心建设中重要的一环，在整个数据中心的建设中，布线系统力量的优劣直接关系到数据中心的可用性和可靠性。所以对于一个数据中心布线系统建设，必须首先思考该数据中心对布线系统的要求，基于该要求，设计师、运营商、业主、管理者等需要思考，选择、设计布线系统。

3.3.1 布线材料及网络组件选择

通信电缆的可用性至关重要。若处于网络通信协议的第一层的无源基础设施缺乏，设备间的所有数据交换是不可能的。IT应用服务器、交换机、路由器和存储介质都通过电缆连接进行通信。

布线系统是解决数据中心通信电缆部署的系统方法，布线系统中两个最基本的元素：布线材料和网络组件。用于每个系统设计中的布线的材料质量的选择和网络组件，在规划、扩建和重建的数据中心中是一个重要的部分。这些网络组件必须保持高标准，其中包括：

高通道密度；

高、无差错的传输速度；

一致的软件分发；

热插拔硬件改动；

通风要求；

对用户友好的支持。

对于布线材料的选择，首先要根据网络组件的要求，选择适合的通信材料，比如铜缆、光纤等；其次对于同类的通信材料，布线材料的选择也是重要的一环。线缆质量的选择的最好是关注：

线缆材料的质量认证；

服务企业质量体系认证。

数据中心的规划者和运营商构建和规划自己的通信综合布线系统时，必须谨慎和富有远见，这是因为布线系统作为无源的基础设施，也必须按照由行业规则和监督机构确定的有关原则进行建设的合规性审计。在设计数据中心的性能时，尽可能让基础结构与业务和业务要求紧密结合也是一个重要的考虑因素，以满足当前以及未来的需求。这意味着确定运营商和用户的业务需求中，看哪些服务和什么级别的可用性必须最终提供。通过该过程防止过高的设计和不能满足基本需要而废弃所造成的浪费。

3.3.2 传输介质

在网络规划中，传输介质和连接解决方案的选择起着核心作用。这个过程需要有远见，因为无源的基础设施往往是不容易被替换，必须提供长期可用的服务。如图3-11所示。

图 3-11　网络传输介质

　　事实上，在数据中心的无源基础设施本质上是基于结构化通信布线的共同原则（EN50173，ISO/IEC11801，EIA/TIA568）。然而，很长一段时间没有明确的定义，只有在 2005 的 TIA 942 标准引入了综合标准化的数据中心的基础结构。TIA 942 标准由美国国家标准协会（ANSI）的开发，国际标准和欧洲标准也在执行。

　　无论你正在规划一个新的或重新设计现有的数据中心，在选择传输介质和连接解决方案时，最好的办法尽可能面向未来，然后尽可能地获得具有最佳规范的装备。在这个过程中，已证明的结构化布线标准，仍然可以作为指南。

3.3.2.1　玻璃纤维电缆（光纤）

　　面对数据中心不断增长的需求迫使运营商使用光纤布线，这是因为，从长远来看，光纤媒介提供的资源最多，也可以支持任何所需的带宽。玻璃纤维使极短的存取时间成为可能，布线系统易于扩展和需要很少的空间。光传输技术显然是未来的最具发展前景的技术。以太网需要玻璃纤维的基础设施，特别是对迁移到 40/100 千兆以太网来说。

　　然而，这一切并不意味着完全依赖于玻璃纤维。根据不同的规模，结构和数据中心的经营理念，玻璃纤维和铜缆布线的实用组合应正确选择。这一规范可以根据不同的媒体和不同长度的限制来规划不同的区域或层次结构。反过来，策划者和运营商就可以以结构化布线的概念定位自己。

　　在数据中心规划一个玻璃光纤布线系统的时候，下面概述了关于光纤的基本知识、术语，为帮助我们决策提供了方向。

3.3.2.2　多模 OM3/OM4

光学介质可分为玻璃（玻璃光纤/GOF）和塑料（塑料光纤 POF）。POF 不适合数据中心的应用，相反，玻璃纤维能够以 2 种不同类型适用于数据中心（光纤结构见图 3-12）：

有梯度折射率分布的多模式玻璃纤维；

单模式玻璃纤维。

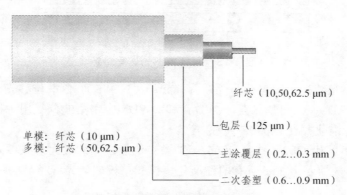

纤芯（10,50,62.5 μm）

包层（125 μm）

单模：纤芯（10 μm）
多模：纤芯（50,62.5 μm）

主涂覆层（0.2…0.3 mm）

二次套塑（0.6…0.9 mm）

图 3-12　光纤结构

在梯度折射率分布的多模玻璃纤维的模式下，纤芯的折射率（refraction index）在纤芯的外围最小，而逐渐向中心点不断增加，从而减少讯号的模式色散，这样一个波形围绕纤芯轴向传播，它提供了一个广泛的信号延迟的差异补偿。这种玻璃纤维类型有一个有吸引力的成本效益率，并成了在短距离、中等距离，例如数据中心使用的高速连接标准纤维。

衰减以 dB/km 标识，带宽长度乘积（BLP）以 MHz*km 为指定单位，是玻璃纤维的主要性能指标。一个 BLP1 000 MHz*km 意味着在 1 000 m 以上，可用的带宽为 1 000 MHz 或者 500 m 以上，可用带宽为 2 000 MHz 的能力。

此外，多模光纤可分为四类。OM1 和 OM2 光纤用 LED 作为信号源，OM3 和 OM4 等级分光纤用激光作信号源。OM3 和 OM4 激光优化的 50/125 μm 多模玻璃光纤。高性价比的 VCSEL 通常用于数据中心。激光的优势在于，不像 LED，他们不局限于一个 622 Mbit/s 的最大频率，因此可以有更高的数据速率传输数据的优势。

OM4 光纤在数据中心中发挥至关重要的作用，因此值得特别关注。它们为整个通道提供额外的插入损耗的余地，在传输路径中允许更多的插头连接。使用 OM4 导致整个网络的可靠性，是 40/100 兆位以太网应用的重要的一个因素。最后，OM4 提供 150 m 的预留长度（而不是 OM3 的 100 m），包含了更高的衰减储备。

3.3.2.3　单模，OS1/OS2

单模光纤中只有一个光路。这样做的原因是他们极细芯直径（9 μm），因此，在这些纤维不存在模式之间的多径传播和信号延迟的差异。这种模式的优点是，单模玻璃纤维可以保持非常高的传输速率，传播很长的距离。光纤内部光信号传输如图 3-13 所示。

单模式玻璃纤维要求非常精确的入射光，因此高品质连接技术。这种介质用在高性能区域，如城域网和广域网的骨干。

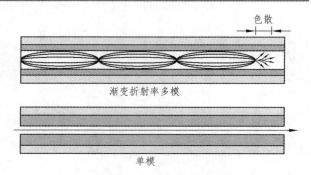

图 3-13   光纤内部光信号传输

色散优化单模光纤技术，包括非色散位移光纤（NDSF）、色散位移光纤（DSF）和非零色散位移光纤（NZDSF），可用于基于 WDM 和 DWDM（密集波分复用）技术的应用。这些纤维被国际电联标准化并在 G.650FF 中推荐。

OS1（1995 年）和 OS2（截至 2006 年）类，他们建立的最大衰减不同，被定义为单模玻璃纤维。如表 3-3 所示显示了所有的标准化多模和单模玻璃光纤类型的规格。

表 3-3   玻璃纤维类型规格表

光纤类型与等级				
模　　式	Multi-mode		Single-mode	
ISO/IEC11801 类	OM3	OM4	OS1	OS2
IEC60793-2 类	10-A1a	10-A1a	50-B1.1	50-B.1.3
ITU-T 类	G.651	G.651	G.652	G.652
纤芯/包层（典型）	50/125 μm	0/125 μm	9(10)/125 μm	9/125 μm
孔径数	0，2	0，2	—	—
衰减 dB/km(典型)				
850 nm	3.5 dB/km	3.5 dB/km	—	—
1 300 nm	1.5 dB/km	1.5 dB/km	1.0 dB/km	0.4 dB/km
带宽长度积(BLP)MHz*km				
850 nm	1，5 GHz*km	3，5 GHz*km	—	—
1 300 nm	500 MHz*km	500 MHz*km	—	—
有效模式带宽	2 GHz*km	4，7 GHz*km	—	—

3.3.2.4   光纤接插头

与铜连接技术相比，玻璃纤维插头连接器提供了一个更广泛的各种各样的格式和交接面，这使得适当的组件选择有点困难。对于规划和安装，在这一领域的光纤连接器的质量等级的基本知识是必不可少的。下面的部分提供关于当前标准的信息，并讨论其对产品选择的相关性。

1. 连接器的质量和衰减

光纤连接器的研发、制造和应用的主要目标是消除光纤连接处损耗。小直径玻璃纤维纤芯，需要在制造过程中的最大程度的机械和光学精度。

插头实际上是由连接器/适配器/连接器组合构成的。光纤末端必须在插头连接的内部精确地彼此匹配，以便尽可能少的光能量损失或散射返回（回波损耗）。连接器如图 3-14 所示。

图 3-14　光纤连接器

当然，在安装现场，可以确定一个插头连接器是否已正确地安装到位。然而，连接的质量只能通过测量设备的使用来确定。用户必须能够依靠制造商规格的规格，如衰减、回波损耗或机械强度来判定。

一个等级划分也存在于光纤通道链路-虽然这种分类不能混淆与描述光纤类型和材料的类别。信道链路由永久安装链路（永久链接）以及跳接电缆和设备的连接电缆组成。如表 3-4 所示，分类像 OF-300，OF-500 和 OF-2000 等指定可以允许的衰减分贝（dB）和最大纤维长度（m）。

表 3-4　光纤通道等级与衰减

通道链路等级和衰减					
等级	实现类别	通道链路的最大衰减 dB			最大长度
		多模		单模	
		850 nm	1 300 nm	1 310 nm	1 550 nm	
OF-300	OM1-OM4，OS1，OS2	2.55	1.95	1.8	1.8	300 m
OF-500	OM1-OM4，OS1，OS2	3.25	2.25	2	2	500 m
OF-2000	OM1-OM4，OS1，OS2	8.5	4.5	3.5	3.5	2 000 m
OF-5000	OS1，OS2	—	—	4	4	5 000 m
OF-10000	OS1，OS2	—	—	4	4	10 000 m

表中 OF-300，OF-500 和 OF-2000 的极限值是基于连接衰减为 1.5 dB 的假设（对 OF-5000 和 OF-10000 的情况下，是 2 dB）。例如：OF-500 的 850 nm 的多模玻璃纤维，得到：1.5 dB 连接衰减 + 500 m × 3.5 db/1 000 m = 3.25 dB。

一个光纤连接器的质量通常的特征在于两个值：

插入损耗（IL）：连接前后的纤维芯中的光输出的比例。

$$IL = -10\log(Po/Pi)$$

式中：Pi：输入到输入端口的光功率，单位为 mW；Po：从输出端口接收到的光功率，单位为 mW。

回波损耗（RL）：在连接点反射回来的光源的量。回波损耗计算为：

$$-10\lg\left[（反射功率）/（入射功率）\right]$$

ISO/IEC11801 和 EN50173-1 标准为单模和多模连接插头指定以下值（见表3-5）：

表 3-5 单模和多模连接插头参数

插入损耗（IL）	回波损耗（RL）
0.75 dB100% 连接插头	20 dB 多模光纤
0.50 dB95% 连接插头	35 dB 单模光纤
<0.35 dB50% 连接插头	

光纤接头截面工艺，即研磨方式标准规定，纤维末端配有 PC（物理平面接触）或 APC（斜角物理平面接触）切面之分。HRL（高回波损耗）有时用于 APC。在 PC 切面，光纤末端的前端是一个凸接表面，使光纤芯可以在其最高点对接。其结果是，在连接点上的反射减少。在回波损耗的额外改进是经 APC 倾斜磨削技术来实现。这里套圈的凸端面与纤维的轴线成 8° 的斜角进行研磨。PC 与 APC 如图 3-15，图 3-16 所示。

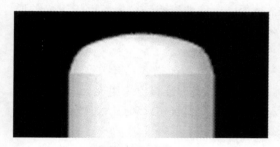

图 3-15　PC

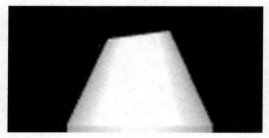

图 3-16　APC

2. 插头连接器类型

按照 ISO/IEC24764、EN50173-5 和 TIA-942 标准，LC 和 MPO 插头连接器被定义为符合数据中心应用的光纤布线系统要求。各种插头连接器如图 3-17 所示。

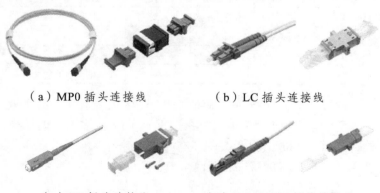

（a）MP0 插头连接线　　　　　（b）LC 插头连接线

（c）SC 插头连接线　　　　（d）E-2000TM 插头连接线

图 3-17　光纤插头连接器

3. MPO 插头连接器（IEC61754-7）

MPO（多路径推入）是基于一个塑料套圈，在一个单一的连接器内提供对容纳多达 24

根光纤的能力。具有高达 72 芯纤维连接器目前已经在开发。该连接器脱颖而出，因为它的设计紧凑，操作方便。

此连接器类型是至关重要的，因为其增加的包装密度和具有迁移到 40/100 GBit 以太网的能力。

4. LC 插头连接器（IEC61754-20）

该连接器是新一代的紧凑型连接器的一部分。它是由朗讯开发（LC 代表朗讯连接器），它的设计是基于一个直径为 1.25 mm 套圈。它的双工适配器与 SC 适配器的尺寸相匹配，可以实现非常高的包装密度，这使得在数据中心使用的连接器中具有吸引力。

5. SC 插头连接器（IEC61751-4）

SC 是采用方形用户接口的连接器。它的设计尽可能紧凑，并且可以组合成双工和多个连接。尽管已运用多年，因为其卓越的性能 SC 继续受到重视。因为其良好的光学性能，它一直是世界上最重要的广域网连接器，通常作为双工版本。

6. E-2000 插头连接器（LSH，IEC61753-15）

该连接器是一个专门从事 LAN 和 CATV 应用的 Diamond SA 公司开发的。在瑞士，它是由三个特许生产商生产，这也保证了优异的质量。综合防护挡板提供保护免受灰尘、划痕以及激光束的影响。

3.3.2.5 同轴电缆和双同轴电缆

在典型的数据中心网络基础设施中，很少使用诸如同轴电缆等非对称电缆。但他们仍然可以在视频监控和模拟式 KVM 交换机布线中发现。铜缆结构如图 3-18 所示。

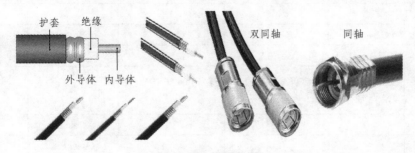

图 3-18 铜缆结构

然而，发现越来越多的服务器连接正在使用屏蔽双绞线电缆，用于以太网和光纤通道。这些介质传输距离高达 15 m。

3.3.2.6 双绞铜质电缆（双绞线）

从经济角度看，从经济的角度看双绞线是具有成本效益和使用最普遍的传输介质。数据中心，即使在未来，他们为这个目的选择高品质的解决方案时，双绞铜线布线系统可以覆盖更大的网络区域。在这种情况下的高品质意味着数据中心尽可能依靠屏蔽电缆和插件提供全面的保护，防止电磁影响系统。超过 10 千兆以太网的敏感的高频传输，特别需要这样的保护。屏蔽双绞铜缆如图 3-19 所示。

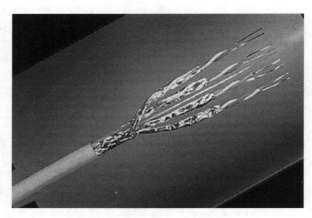

图 3-19　屏蔽双绞铜缆

最重要的铜缆组件包括：

6 类（指定高达 250 MHz 的带宽）；

6A 类/6_A（指定高达 500 MHz 的带宽）；

类别 7（指定高达 600 MHz 的带宽）；

7_A 类（指定高达 1 000 MHz 的带宽）。

以下列出的是关于有关网络规划的最新标准的一些重要的指针（见表 3-6）：

表 3-6　典型的数据中心要求的当前布线标准

频率	IEEE	EIA/TIA		ISO/IEC	
	通道等	通道	组件	通道	组件
1～250 MHz	1GBASE-T	Cat.6	Cat.6	ClassE	Cat.6
1～500 MHz	10GBASE-T	Cat.6A	Cat.6A	ClassEA	Cat.6A
	IEEE802.3 第四部分	EIA/TIA568B.2-10（2008）	EIA/TIA568B.2-10（2008）	ISO/IEC11801 修订 1（2008）	ISO/IEC11801 修订 2（2010）
1～600 MHz				ClassF	Cat.7
1～1 000 MHz				ClassFA	Cat.7A

在 IEEE 在其 IEEE802.3 第 4 部分，不仅建立用于 10 GBit 以太网（10GBase-T）的一个传输协议，而且也定义了在长达 100 m 的双绞铜线通道上传输万兆的最低标准。

EIA/TIA 遵循 568B.2-10 标准，规定较高的最低通道标准，并指定组件的需求，因此类别 6_A 诞生。

在同一年，ISO/IEC11801 出现，其修订版 1 对通道有更严格的要求，所以通道类 E_A 也被定义。

随着 2010 和 ISO/IEC11801 标准，修订 2 出版，这种差距被关闭了，新标准定义了组件，

即 6_A 类电缆和插头，那些标准超过 EIA/TIA 的那些标准。

EIA/TIA 的 Cat.6_A 类通道标准显示：从 33 MHz 开始衰减曲线下降了 27 分贝，而 ISO/IEC 类 EA 定义通道直线。

因此，基于 ISO/IEC 的设计，提供最高的可用性和基于 RJ45 技术的双绞线铜缆的最佳传输。这意味着，在 500 MHz 的情况下，对于 E_A 类，近端串扰指标（NEXT）性能所需必须是 1.8 dB，比 Cat.6_A 通道更好。在实践中，这一条更高的要求导致更好的网络可靠性，从而减少传输错误，如图 3-20 所示。

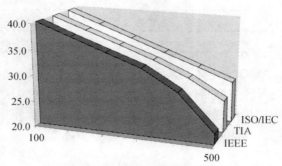

图 3-20 近端串扰极限值对比

1. 电缆选择

总的原则是，最大带宽通常允许的最大数据速率。因此最终希望实现 10 甚至 40 千兆以太网，应该用最优质的布线类型，即 7_A 类。然而，本布线类型的缺点之一，是它的大外径。安装这会影响它的特性，并需要较大的电缆布线系统，这可能会导致更高的成本。

屏蔽也是电缆选择的一个因素，因为它也是一个重要的成本因素。如上所述，如 10 千兆以太网是容易受到电磁影响的。屏蔽越好，信号传输越可靠。

然而，如果合适的环境条件和其他基本条件得到满足，非屏蔽电缆可用于 10 GBase-T 环境。这些额外的要求是必要的，因为 UTP 布线系统需要额外的保护措施，以支持 10 GBase-T 的，例如：

数据电缆和电源电缆或其他潜在干扰源的严格隔离（最小的数据线和电源线在 30 cm 的距离）；

数据电缆用金属电缆布线系统；

预防在布线系统的附近使用无线通信装置；

预防静电放电。

因为旧的布线设计关于屏蔽的命名不标准，是不一致的，经常引起混乱，ISO/IEC11801（2002）形成的一种新的命名系统，形式为 XX/YZZ：

（1）XX 代表提供的总体屏蔽。

OU：无屏蔽（屏蔽）；

OF：铝箔屏蔽；

OS：编织屏蔽；

OSF：编织和铝箔屏蔽。

（2）Y 代表提供的芯线对的屏蔽。

OU：无屏蔽（屏蔽）；

OF：铝箔屏蔽；

OS：编织屏蔽。

（3）ZZ 总是代表 TP（双绞线对）。

在下面的屏蔽变种的双绞线电缆，可在市场上见到（见表 3-7）：

表 3-7　各种屏蔽变种的双绞线电缆

屏蔽类型	材质	U/UTP	F/UTP	U/FTP	S/FTP	F/FTP	SF/FTP
外屏蔽	锡箔		（√）			√	√
	金属网		（√）		√		√
芯线对屏蔽	锡箔			√	√	√	√

轻量级低配置电缆（AWG26 电缆）直径为 0.405 mm（相对于 0.644 mm 的 AWG22），屏蔽和布线技术的进步正在导致节省布线解决方案产生。与此同时，这些解决方案可以增加无源基础设施的性能和效率。使用这些电缆最多可节省 30% 的布线体积和重量。AWG 表示美国线规和线径编码系统。下列芯线直径用于通信的布线：

AWG22/ϕ0.644 mm；

AWG23/ϕ0.573 mm；

AWG24/ϕ0.511 mm；

AWG26/ϕ0.405 mm。

网络规划过程中还必须考虑设备需要通过数据布线提供供电的要求。根据 IEEE802.3 第二节标准（以太网供电/PoE，以太网供电 + /PoE +）规定的方法，使数据线可以用于他们所需要的电力供给装置。这一技术常见的应用包括无线接入点，VoIP 电话和 IP 摄像机。

2. 预装配系统

在数据中心的系统和部件安装需要精密的工作和复杂的测量，必须由一支高素质、大数量的人才队伍。另外，手工制作网络所需的连接是一个漫长的操作。因此，制造商提供了以下预装配的解决方案：

（1）多芯电缆，由多个双绞线电缆或多纤维电缆组成，两端用普通插头或插座密封，甚至是一种特殊的专用插头。制造商提供了一个所有连接的测量报告。预装配 6A 类屏蔽电缆如图 3-21 所示。

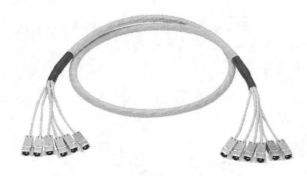

图 3-21　预装配 6A 类屏蔽电缆

（2）模组化接线端子模块可用 19 寸面板技术或双层地板系统安装在机柜中。多芯电缆可以在输入端使用专用插头连接到这一块，然后 RJ45 插座或玻璃光纤适配器可用在输出端。

在工厂预先组装布线系统增加了其在数据中心的可用性。这是因为提供了最佳的方案，安装技术被降低到了简单即插即用，也节省了时间和金钱。

供应商提供的已检查的并能立即投入使用的单元，具有均匀的质量和传输特性。此外，这些解决方案提供了很高的投资保护，因为一般来说，他们可以保持最新的，升级和重复使用。

对玻璃纤维电缆压缩的趋势，导致了并行光纤连接技术转向创新的多光纤连接器，一个紧凑 RJ45 连接插头如图 3-22 所示。这是因为 4 ~ 10 倍插头数量的端口现在提供给 40/100 千兆以太网。MPO 技术已经证明是一个实用的解决方案，缺点是 MPO 插头 12 芯，24 芯甚至 72 芯的纤维不能在现场组装。MPO 连接器因此总是设计到主干电缆的使用。

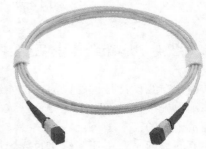

图 3-22 带 MPO/MTP®插头连接器主干光纤

3.3.2.7 双绞线插头

RJ45 插头是在双绞线铜缆布线的通用连接解决方案，在几乎每一个 IT 环境中，屏蔽和非屏蔽布线系统的八引脚小型插件系统都被采用。其较小的尺寸决定了它传输性能，像频率范围，衰减和串扰参数对插头的传输行为起着重要的作用，所以在规划和评价过程中必须考虑。串扰是特别重要的因素，因为那些单独的线缆对被组合在一起并与插头一起工作。较低接触距离的 RJ45 插头以及某些其他因素已被证明对于高频特性是有影响的。双绞线插头如图 3-23 所示。

图 3-23 双绞线插头

RJ45 连接器只能通过外部引脚对的特别分配实现 Cat.7/7$_A$ 传输特性要求,这大大限制了其灵活性。正是由于这个原因，连接 RJ45 连接器不是用于 Cat.7 和 7$_A$ 电缆。相反，GG45 连接器、ARJ45 连接器和 TERA 连接器进行了开发和标准化，以支持这些类别。这些 RJ45 连接系统具有不同的接触外形，以实现其线对彼此隔离。几种 7 类铜缆连接插头如图 3-24 所示。

ARJ45   GG45   TERA

图 3-24　几种 7 类铜缆连接插头

3.3.3　数据中心布线体系结构

结构化布线设计是被建议的，他能避免因设备添加或变更引起布线系统变更。理想情况下，基础设施应该通过一个统一、一致的结构连接给定位置的设备。这样的结构将允许数据中心满足未来的需求增长。

本节的目的是介绍在结构化布线中最重要的概念：顶架、列尾和列中架构。每个服务器通常使用三个端口：1 个 LAN 端口，1 对 SAN 端口和 1 个 KVM 端口。如果冗余是必需的，总共有五个连接必须提供，即 1 个附加端口分别用于 LAN 和 SAN 的。用于这些连接的技术和介质通常是：

LAN：以太网铜缆或光纤电缆（1/10/40/100 千兆）；

SAN：光纤通道（FC）通过光纤，或基于通过光纤或铜电缆的以太网；

KVM：超过铜缆键盘/视频/鼠标信号传输。

3.3.3.1　机架顶部结构（ToR）

顶架（ToR）体系结构是用于高速服务器、存储系统和其他数据中心设备之间的连接（见图 3-25）。该网络的概念主要用于在虚拟化环境，包括为高性能刀片服务器的集成的目的。ToR 交换机安装在机架的顶部作为接入交换机，这有助于面板布线通过跳线连接单独的服务器。通过使用 ToR 来管理，以后迁移到 10 兆位以太网是很容易的。

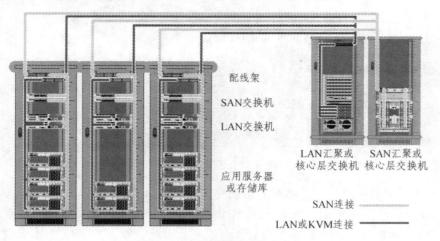

图 3-25　架顶结构（ToR）

ToR 交换机通常被安装，以便适应任何特定的目的。例如，他们包括允许用于 10/40/100 千兆以太网收发器模块的插槽和增加端口密度。SFP + 模块可以允许 48 个端口占用 1 U 的高度单位（在 QSFP + 模块的情况下 44 端口）。ToR 交换机可以达到 1 兆兆位每秒（Tbit/s）或更高的数据吞吐量。

不同 ToR 概念存在一些共同的特征，它有以下优点和缺点。

优点：
- 减少电缆量，水平布线空间要求较低，降低了安装成本；
- 适合高密度服务器（刀片服务器）；
- 服务器可以轻松地添加。

缺点：
- 使用的交换机端口 LAN 端口没有优化分配，效率较低；
- 有时，运行中存在不必要的许多交换机（材料和能源浪费）；
- 访问和聚合层之间的固定关系，很难提高服务器性能和使 100 GbE 网路聚集成刀片服务器困难；
- 可扩充性和对未来需求的适应性差。

3.3.3.2 列（行）尾结构（EoR）

列（行）尾结构（EoR）开辟了机柜列或机柜组成星形的模式，交换机安装在一个机柜，从该点路由数据线到相邻机柜的服务器（见图 3-26）。如上所述，每个服务器通常设置有三根电缆（LAN，SAN，KVM），以及在冗余连接配置的情况下两根附加的电缆（LAN 和 SAN），这导致至少 96 电缆从一个 32 服务器所在的机柜连接到交换机机柜。

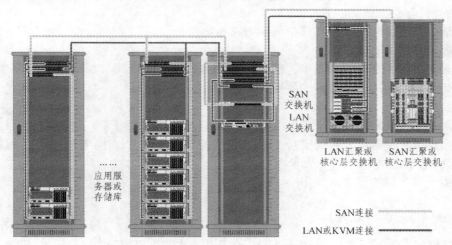

图 3-26 列（行）尾结构（EoR）

EoR 架构代表一种可以替代 ToR 的架构。它的优点和缺点如下。

优点：
- 灵活的，可扩展的，可以随着未来的需求增长；
- 局域网端口的有效分配；
- 接入交换机的密集程度可以简单的通过移动/添加/更改实现；
- 优化机架利用率，服务器扩展的回旋余地更大。

缺点：
- 在水平布线通道上需要更大的电缆容量；
- 在列尾机柜中需要许多的支持 EoR 交换机的电缆配线架（用于服务器和上行链路的端口）。

3.3.3.3　双列（行）尾（D-EoR）模式

双列（行）尾是 EoR 的一个变种，当冗余需要时，提供了更大的潜力（见图 3-27）。接入交换机是分布在机柜列的两端，他们的电缆走线是分开的。

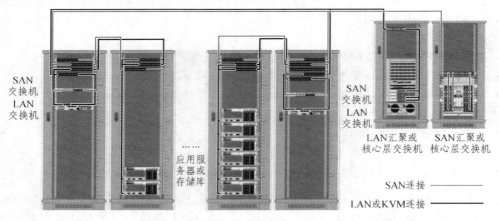

图 3-27　双列（行）尾结构（D-EoR）

优点：
- 可支持冗余；
- 灵活的，可扩展的，可以随未来的需求而增长；
- 局域网端口的有效分配；
- 接入交换机的 2 个位置集中，简化移动/添加/更改；
- 优化机架利用率，服务器扩展更大的回旋余地。

缺点：
- 在水平布线区域需要较大的电缆容量；
- 在列尾机柜中需要较多的支持 EoR 交换机的电缆配线架（用于服务器和上行链路的端口），虽然仅有 EoR 方式的一半需求。
- 可用于服务器的机架减少 1 个。

3.3.3.4　列中模式（MoR）

与列尾模式（EoR）一样，MoR 分配单一的集中点在整列机柜的中间位置，如图 3-28 所示。

优点：
- 与 EoR 类似；
- 布线距离比 EoR 短。

缺点：
- 与 EoR 类似；
- 需要更多的电缆（水平布线）；
- 需要许多用于 MoR 交换机的电缆配线架。

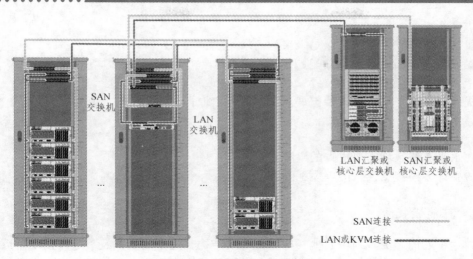

图 3-28 列中模式（MOR）

3.3.3.5 双行交换模式（TRS）

双行交换模型往往是在较小的数据中心选择的体系结构，网络组件和终端设备放置在单独的机柜行，这种架构类似于双列（行）尾（D-EoR）模式，如图 3-29 所示。

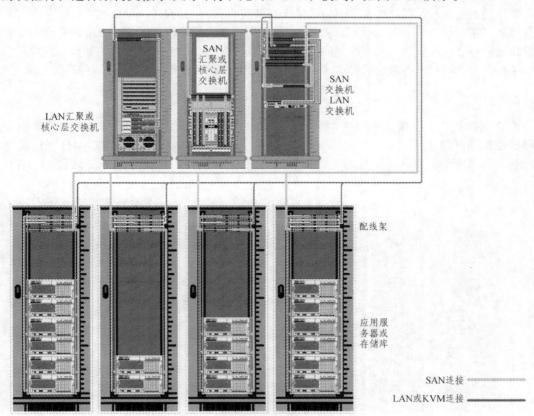

图 3-29 双行交换模式（TRS）

优点：
- 灵活的，可扩展的，可以与未来的需求增长；
- 局域网端口相对有效的分配；
- 接入交换机集中在 2 个位置，移动/添加/更改简化；
- 优化机架利用率，服务器扩展更大的回旋余地；
- 骨干距离短。

缺点：
- 在水平布线区域需要更大的电缆容量；
- 需要许多连接交换机的电缆配线架。

3.3.3.6　其他模式

在数据中心的相关规划中其他一些基础布线结构在这里简要提及。这些模块可以根据需要组合和调整。决定哪些模型、组合或适合的配置的因素应首选，包括数据中心必须履行任何特殊要求，任何参与该项目的特殊条件和操作员对未来系统的愿望。同样重要的是，由于还注意到介质的选择受制于解决方案（铜或玻璃纤维），只有通过综合规划与实施，才能为现一个可扩展、易迁移、有能力满足未来需要的数据中心奠定基础。

1. ToR/EoR 组合

ToR 的突出特点是提供了服务器有效的布线解决方案，但是有可能导致在上行链路方向的早期聚集和"超额预订"的可能性。ToR/MoR 对机箱（架）要求较高的端口密度，它作为所有服务器的控制中心。这些结构一个可能的配置组合将是：1 kMbit 连接在 ToR 的部分，然后都汇集到 10 Gbit/s 上联端口后再路由到 EoR 系统，这里 EoR 是直接以 10 Gbit/s 连接服务器的 EoR 系统。

2. 整合交换机

整合交换是基于交换卡和服务器卡被整合在单个外壳单元的刀片服务器。布线系统一般只限于在玻璃纤维主干连接。如图 3-30 所示显示了一个相当典型布线配置。整合交换机包括 I/O 组合，SAN 环境中这种配置的通信可以通过的 FCoE 的接口（以太网光纤通道）进行。

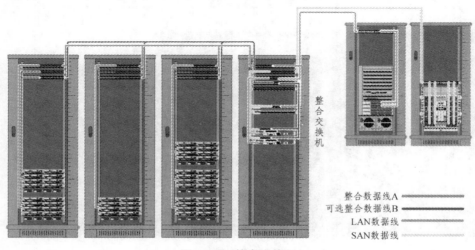

图 3-30　整合交换机

3. 机柜组（POD）系统

数据中心机房平面布局通常采用矩形结构，为了保证制冷效果，通常将 10～20 个机柜背靠背并排放置成一行，形成一个机柜组（又称为一个 POD）。POD 中的机柜都采用前后通风模式，冷空气从机柜前面板的吸入并从后部排出，由此在机柜背靠背摆放的 POD 中间形成"热通道"，相邻的两个 POD 之间形成"冷通道"，热通道正对 CRAC（机房空调），热空气通过热通道流回 CRAC，再开始新一次循环。

一个机柜组（POD）系统通常由 12～24 个巩固、独立机架系统组成一个单元。这些单元以最大模块化方式设计，可以快速、轻松地被复制。POD 系统可以在任意大小规模的数据中心中使用。

大型组织可以通过数个单元连接在一起，直到所需的性能表现。POD 系统具有能够灵活地响应能力，以满足商业和市场发展的需求，其性能可以以标准化的方式扩展。

该系统应实现系统和通信通道的冗余，防止"单点故障"的问题出现。

4. 上行链路

规划者必须确保上行链路提供足够的性能储备和发展潜力。交换机需要为特定的终端设备传输各种数据速率。例如，如果所有的设备使用一个 24 口交换机传输数据，同时以 1 Gbit/s 速率的传输数据，上行链路至少提供 24 Gbit/s 的传输能力。在实践中，在全双工模式下的 10 Gbit/s 连接可以传输 20 Gbit/s 的数据量。该示例仅用于表明上行链路受到很高的要求。

上行链路端口应当按照需求来选择。介质转换器也可以使用，以便在上行链路端口也可以用作铜和玻璃纤维电缆之间的接口。

上行链路也用于级联交换机。这些部件更易于串联连接。如图 3-31 所示显示了从接入层到聚合层级联方案。在左边是来自永久安装的电缆的连接，在右边的那些接插线通过一电缆管道路由。跳线可以在短距离时采用，因为这些需要较少的接线板和插头连接。

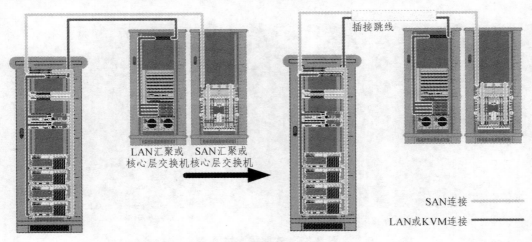

图 3-31 接入层到汇聚层级联方案

5. 配线架安装方式

规划布线架构的一个重要项目是配线架的安排。这些组件应该占用的空间越小越好，方便而提供有效的利用。下列选项可作为备选方案（见图 3-32）：

- 水平或垂直等级排列；
- 安装在双层高价地板内或在单独的位置。

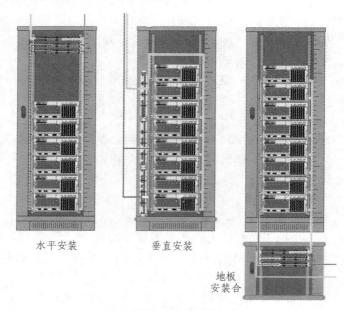

水平安装　　　垂直安装

地板
安装合

图 3-32　配线架安装方式

6．软跳线配线方案

小型数据中心往往可以在与网络设备同一机架或两个彼此相邻的机架内安装配线板。如图 3-33 所示，这些配置允许用于各种跳线电缆。

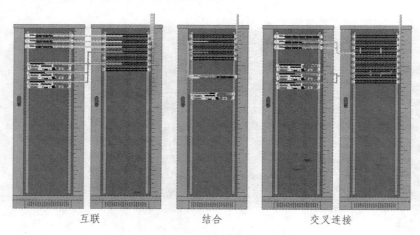

互联　　　　　结合　　　　　交叉连接

图 3-33　软跳线配线方案

左：组件分成了两个机架，机柜之间单独跳线。

中：在一个机架，不同高度单元之间简单的跳线电缆连接所有组件。

右：组件分成了两个机架，预制电缆被用在机柜或配线架和有源器件之间。

7. SAN

存储区域网络（SAN）是各种应用，如备份、邮件服务器、文件服务器或大型数据库所需要的。SAN 通信主要是光纤通道，而不是以太网。与 LAN 相比，SAN 允许直接硬盘访问（块 I/O）。

目前，服务器已经配备了以太网使用的网络接口卡（NIC）和光纤通道使用的光纤通道主机总线适配器（HBA），在未来，LAN 和 SAN 将会越来越多地提供到数据中心并趋于融合。

3.3.4 线缆管理

3.3.4.1 线缆走线和路由

数据中心在高架地板或天花板的空间布线时，布线空间须符合以下要求：

不能损害网络性能；

不得影响冷却气流流线；

考虑电磁兼容性，必须确保电力线与通信线缆间足够的距离；

能够进行线缆的升级，变更和维护。

采用高架双层地板布线方案，可能导致各类线缆迅速塞满地板下面空间，地板不能保持其通风和冷却的主要功能，加之综合布线系统是不断变化的，使得数据中心的冷却能力很难达到最佳效果。在这种情况下提供了一个占用更小体积的布线解决方案是采用光纤、多芯电缆或小外观轮廓电缆。建议在所有情况下都利用电缆布线系统的，如传统的桥架或网状电缆桥架等，由于以有序的方式规整电缆和它们的路由，从而有利于创建用于空气流通的空间。

1. 桥 架

电缆桥架提供了较好的机械保护，但往往没有较好的电磁防护。如电源线被封装到数据线缆桥架，将影响数据线缆的通信。

2. 网状桥架

网状电缆桥架对电缆的保护较少，尤其是电缆在桥架底部，这种风险可以通过将一金属板放置在网状桥架的底部的办法来降低。一个开放的网格桥架更容易造成电缆被拢出来。目前已有一些制造商提供了一个网状电缆桥架附加的罩子。布线桥架如图 3-34 所示。

图 3-34 布线桥架

3.4 布线系统设施管理

在我们生活的空间实际就是一个大的电信空间，不论是办公场地、工厂车间都涉及信息通信的需要。在数据中心布线系统主要涉及主机房和建筑电信间相关布线设施设备的管理，对这些设备设施的管理主要采用一套科学的标识来进行管理，该标识的主要目的是便于平时的维护，其标识的原则目前来看主要是通过一定的标识原则，比如设施设备的地理位置信息来对这类设施进行命名。

就规模来说，有大、中、小型等不同规模大小的数据中心，就其性质来说有用于互联网的公共服务数据中心，有供单位使用的数据中心等。所有涉及的实际电信空间大小，有的是若干楼宇组成，有的是单独一栋楼或楼宇的某一或几层组成，甚至有的只由一间或几间房间组成。

为了便于叙述，我们从大的电信空间到房间的最小设施进行叙述。在数据中心的布线系统中主要分为两大类设施管理：端接设备、设施和连接它们的线缆管理。

在数据中心端接、设备设施主要有：

电信空间：楼宇各层电信间、机柜、机架；

端接设备：配线架，终端配线模块；

连接线缆：主要是双绞铜缆和光纤。

3.4.1 楼宇电信间标识

在不少的地方采用数字编号，比如 1 栋、2 栋等，为此我们在管理中就采用人们习惯的称呼进行命名。当然也有不这样称呼的比如叫"艺术楼""美术楼"等以其主要的使用用途而被人们习惯称谓，那么对这类电信空间的命名，我们原则上最好使用人们习惯的称谓命名，主要是防止与用户交流时引起歧义。这样在使用管理系统时，可能我们就遇到一些麻烦，所以建议在设施管理系统中，对这类电信空间的管理对其管理属性中增加一个属性：（空间）别名，来满足实际管理的需要。

在 TIA606 中对电信空间管理中标识采用组合标识的办法表示。一般来说，电信空间（TS）具体到某个房间，所以要完全标识其物理位置，一般设计该空间所在园区（campus）、楼宇名称（building）、具体楼层（floor）和其在该层的序列编号（serial number），所有其格式为他们的组合，即格式为：

$$[[[c-]b-]f]s$$

有三部分组成分别为：

[[c-]b-]：本标识中可选部分，分别表示该电信间所在小区和楼宇名称。建议园区，楼宇和电信间三者之间用间隔符 " − " 分割。

f：由 1-n 个数字、字符等文字组成，标识电信空间（TS）占用的建筑物楼层。对于只有一个楼层的建筑，这部分的标识符是可选的。

s：1-n 个阿拉伯数字或字符表示的房间序列号，唯一的标识在 f 层的 TS 或计算机机房。对于采用非数字楼层的建筑物，文字（如数据中心单独一层楼时，可能在命名是用"数据中心"）可能被用来代替 f（楼层格式），这里应特别注意标识时应与建筑物内的楼层使用的命名约定相一致的字母、字符，以免引起混淆。如同样一间电信间可以有以下四种标识办法：

区域-楼宇-楼层-房间编号：XX 区-3-303 或 XX 区-综合楼-303（别名）；

楼宇-楼层-房间编号：3-303 或综合楼-303（别名）；

楼层-房间编号：303，3A，3B。

对于采取功能给电信空间命名的如"3TR"或"3 楼电信间"，在处理这类带有功能用途的标识时，建议在管理系统或表格中都采用别名的办法来解决。

电信间的标识应永久固定在其大门等显眼的位置。

3.4.2 机柜和机架标识符

3.4.2.1 电信间网格坐标

在有多行机柜或机架的电信空间，如在主机房和设备室内，确定房间内的设备机柜和机架有两种办法：网格坐标和网格兼容法，行/行内位置法。

网格坐标法：在电信间内有高架地板或地板砖的情况下，可以利用其自身形成的网格组成的平面坐标来标识机柜或机架的位置，并采用该位置坐标作为机柜的标识办法，如图 3-35 所示。

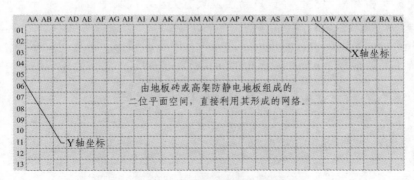

图 3-35 机柜安装坐标空间

房间里没有高架活动地板，如果存在天花板吊顶的网格，也应作为空间位置识别的基准。如果房间里有既没有地砖的网格也没有天花板网格，应设计一个网格应运用在该房间的建筑平面上。网格应足够密集，以确保两个机柜不占用相同的网格坐标——应考虑网格间距在500 mm 和 600 mm 之间。

沿着"X"和"Y"轴坐标使用的字符数将足以覆盖整个被网格分割的空间。

"X"和"Y"轴可以互换，但以最小化字符个数的要求，应考虑选择房间的长轴方向为"X"轴和短轴的方向为房间的"Y"轴。

坐标网格的起点可以是被覆盖空间的四个角落中任何一个。网格坐标的起点应该在房间的一个角落，远离任何以后可能空间扩张的位置，引起标识扩展后的改变。

3.4.2.2　网格坐标标识规范

1.　标识格式及说明

采用网格标注以上机柜或机架可以用如下标识：

$$[[[c-]b-][f]s.][x]y$$

[[[c-]b-][f]s.]：标识机柜所在电信间，解释如前叙。

x：一个或多个字母字符用于指定机柜或机架的 X 轴的坐标。用于网格覆盖在整个空间的 X 坐标的字符个数应是相同的。因此，如图 3-35 所示，一个空间沿着 X 轴方向需要 27 ～ 676 个坐标单位，X 轴标识序列应该是 AA 而不是 A。676（26×26）代表坐标 AA 和 ZZ 之间坐标单位数量。

y：一个或多个数字字符用于指定机柜或机架的 Y 轴的坐标。用于网格覆盖在整个空间的 Y 坐标的数字个数应是相同的。因此，如图 3-35 所示，一个空间，需要沿着 Y 轴在超过 9 但少于 100 坐标单位之间，使用的 Y 轴标识序列应该是 00 或 01 而不是 0 或 1。

2.　网格标识坐标取值约定

对于使用网格系统的房间，机柜和机架将占用多个网格位置是可能的。在这种情况下，每个机柜或机架中应采用相同的位置以确定其在网格的位置，这个位置可能是最接近网格角落的起点、左前角、右前角上或前部中心的起点，在整个机房只要使用相同的位置即可。根据这一约定允许机柜和框架被代替或重新放置具有大小不同其他设施，而不需要修改现有机柜和框架的标识。

如图 3-36 所示，采用机柜右前角占用的地板上的空间网格的位置决定它的标识符。因此，右前角在瓷砖（高架地板）AD02 的机柜的标识符为 AD02。

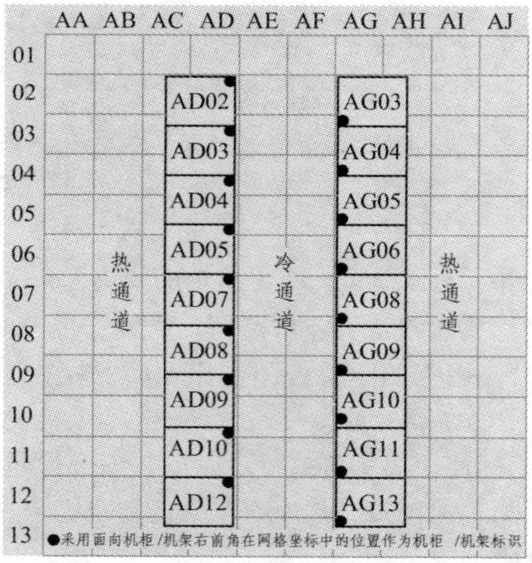

图 3-36　坐标位置标识机柜或机架

同样的办法，在电信室内仅仅采用壁挂式机柜/架系统（楼层小电信间有可能）使用的网格应使用墙壁空间的网格坐标。墙壁空间应该分成与每个网格坐标宽度相同的部分。因此，在墙壁网格 AJ01 上的壁挂式机架将有标识符 AJ01。

网格坐标系统也可以用来标识活动地板下面或天花板空间的机箱。

3.4.2.3 行/行内位置法

无网格坐标的电信机房、机柜和机架可通过行数和行内的位置被标识。这种方法建议只在符合以下条件的空间使用：

少数几行机柜或框架；

间隔均匀的或静态的设备行——行将不会用更多或更少的设备重新调整或更换；

宽度均匀的机柜，机架和框架等设施不会被不同宽度的这些设施取代。

整个空间使用的字符的数量应是相同的。

不使用网格坐标的情况下，位置标识符应具有的格式：

$$[[[c-]b-][f]s.][x]y$$

x：一个或多个字符指定机柜或机架的行标识符。在整个空间用于行标识符的字符的个数应该是一样的。如果只有一行在电信空间里，这个字符是可选的；如果超过 9 行，建议这些字符是字母而不是数字。

y：一个或多个字符指定机柜或框架在行中的位置。在整个空间所使用的字符的个数应该是一样的。位置标识符在行与行之间应该是一致的，使用在同一方向上增加的相同起始的数字代表。

如图 3-37 所示提供了机柜和机架位置标识符使用非网格方案的示例。每一行的两端应标示其行标识符，行内位置标识符应该是连续的，每行行内起始与序号相同；一个房间内的所有行标识应当是唯一的，并使用相同的格式。

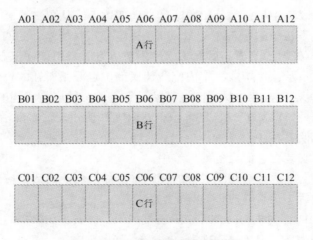

图 3-37　行/行内位置标识举例

3.4.2.4 机柜或机架标签

每个机柜和机架的前面和后面都应用前面定义的标识符制成的标签标记。标签的优选位置如

图 3-38 所示，在机柜或机架上的顶部和底部。标签上的文字应该是没有衬底的字体，并且大写，字号足够大，站在机柜或机架的附近可以很容易地阅读。标签上的文字应打印，标签颜色应与他们所贴机柜颜色有较大的颜色对比（例如，白色在深色表面上，浅色背景上贴黑色等）。

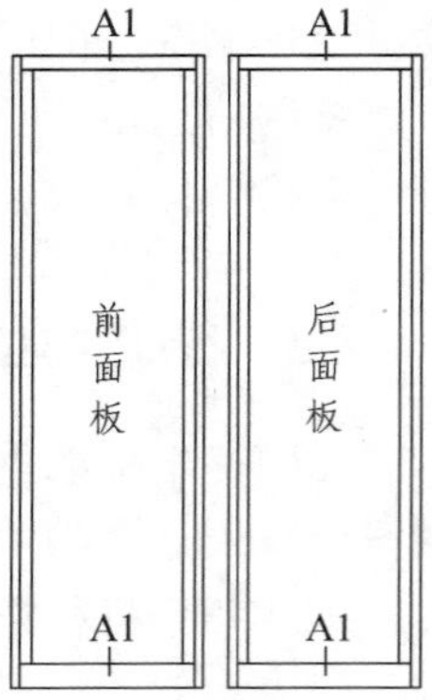

图 3-38　机柜标识

3.4.3　配线架及终端跳线板标识

3.4.3.1　概　述

被安装在机柜和机架的一个有标识的单一垂直柱上的配线架应采用如下格式标识：

fs.xy-r1

其中，fs.xy 是机柜、机架，按照前面建议定义的标识符，他们与配线架机柜内位置编号间用半字线 "-" 隔开。

对于 r1 而言，允许的格式是：

r1：指定的两个数字表明从机柜或框架底部开始向上的可用空间里，配线架上方所处位置的机架单元编号，采用 EIA/ECA-310-E/IEC60297-3-100 机架单位 U 标识。这是常见的推荐格式。为连续的配线架命名的一个例子如图 3-39 所示。

对于一个机架或机架等配线架安装在多面时可采用如下定义的位置标识。

r1：一个字母表示机柜或框架的一侧，然后由两个数字表明从机柜或框架底部开始向上的可用空间里，配线架上方所处位置的机架单元编号。这个可能是任何一组独特的字母字符表明正在使用基础设施的一侧，例如：

A，B，C，D 代表机柜从前面开始顺时针方向四边（当从顶部看）。

N、S、E、W 代表机柜的四条边（如果四条边刚好正对指南针的四个方位）。

F，R 代表机柜、机架的前面和后面（仅使用前后方时采用该标识方法）。

用 1 到 2 个字符指示从机柜或机架内配线架底部位置开始所在的机架单元编号（不包括水平电缆管理器），机柜或机架中所有配线架使用字符的个数应是相同的。如果 r1 混合使用字母和数字字符，字母 "I" "O" 和 "Q" 应被排除在外防止与数字混淆。

所有配线架应标明其标识符（如，fs.x1y1-r1）。为简洁起见，建筑物和房间名称通常不包括在机柜、机架和安装在它们设备的标签中。

配线架也应该贴上电缆远端的配线架的标识符。如果可能的话，应对每个子面板的每个端口、第 1 端口或最后 1 个端口应该被标记。

例子中，在房间 1DC 的机柜 AD02 中第三配线架，他安装在机柜的可用空间从底部计数为 35U 的地方将被命名为：1DC.AD02-35。

虽然配线架占据多个机架单元的位置，每个配线架采用配线架顶部的机架单元位置确定。

如果空间允许，配线架也应该有标签，以指定其远端标识符：

[f1s1.][x1y1-r1] Ports PN1 to [f2s2.]x2y2-r2 Ports PN2

式中，f1s1.x1y1-r1 和 f2s2.x2y2-r2 是本节定义的配线架标示符；

端口既可以用"P"标识，如果空间许可也可使用整个单词"Ports"标识。

PN1：配线架近端端口数范围；

PN2：配线架远端端口数范围；

近端电信室标识 f1s1 和近端配线架标识 X1Y1-R1 可以省略，因为这些信息根据机柜/机架和配线架所需的标签是隐含的、可推断的。

如果远端配线架是在同一房间内，则远端的房间名也可以省略。如果有可用空间，配线架上的端口也应贴上标签。如图 3-39，图 3-40，图 3-41 所示。

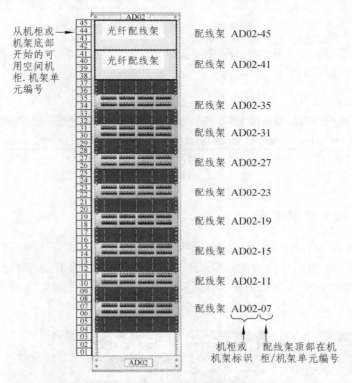

图 3-39　机柜/机架内配线架标识实例 1

对于配线架之间的不同路由的电缆，其标签颜色或其他的识别形式可以用来反映电缆路线的多样性。也可用于不同的颜色的标签、双绞线电缆、模块化插座和双绞线接插电缆，以表示不同的应用（例如，生产、测试和开发、互联网）、功能（例如，主链或水平布线）或目的［例如：不同的电信间（TR）、主配线区（MDA）、中间配线区（IDA）或水平配线区（HAD）］。

3.4.3.2　平衡双绞线标识实施

如图 3-40 所示显示了在机柜 AD02 从底部开始 35U 处的 1 个 48 端口的平衡双绞线配线架，用标识符 AD02-35 标识：

12UTP 电缆连接到 AG03 机柜从底部开始的 35U 处配线架，端口为 01-12；

12UTP 电缆连接到 AG04 机柜从底部开始的 31U 处配线架，端口为 01-12；

12UTP 电缆连接到 AG05 机柜从底部开始的 45U 处配线架，端口为 01-12；

12UTP 电缆连接到 AG06 机柜从底部开始的 41U 处配线架，端口为 01-12。

在图 3-40 中，各组的 6 个端口下面的标签包括本地和远端的配线架和端口的标识。

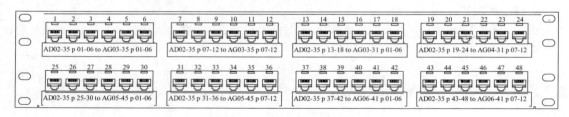

图 3-40   配线架标识实例 2

如图 3-41 所示提供了一个 UTP 配线架标识例子，该配线架没有一个由制造商提供的配线架标签粘贴的标签区域。

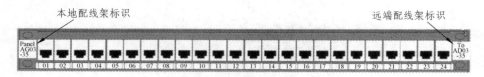

图 3-41   配线架标识实例 3

3.4.3.3   光纤配线架标识实施

在光纤配线架的标识中，有使用配线子板标识和不使用配线子板标识两种方式。由于光纤配线架端口比较密，所以往往会给每个配线架配备专门的标识卡，用以记录端口连接情况。如图 3-42 所示，图中有配线架子面板，但没有给他们专门标识，只是在每个子面板的最后端口进行整个端口编号。

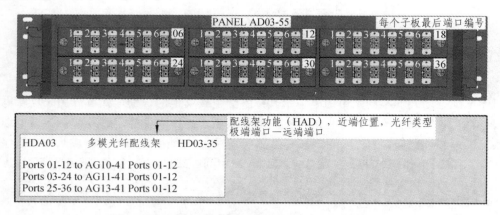

图 3-42   不标识配线子面板的光纤配线架标识举例

如图 3-43 所示的端口标识符包括子面板的名称（A、B…）。如图 3-42 和图 3-43 中所示，从机柜 AD03 底部开始 35U 处的配线架（AD03-35），它每 24 根多模光纤（多模光纤 12 对）分别到：

配线架 AG10-41 端口 01-12；

配线架 AG11-41 端口 01-12；

配线架 AG13-41 端口 01-12。

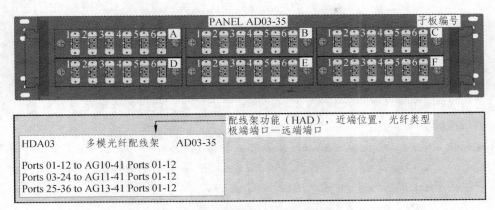

图 3-43 标识配线子面板的光纤配线架标识举例

配线架标签可包括附加信息，如电缆类型，近端电信空间的名称，远端电信空间的名称（例如，TR、MDA 或 HDA 的名字）。一个配线架标签包括这一额外信息的例子，如图 3-44 所示。封面上的标签标识的第一行，位于本地 MDA 配线架，单模光纤终端，配线架 ID 是 CZ54-45。图中所示第 2 至第 4 行配线架标签指定在配线架的每个端口上终止的电缆的 ID。第 2 至第 4 行也指定每个到达 HDA 的远端配线架的位置。

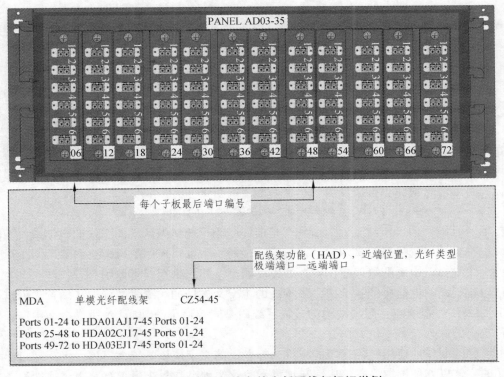

图 3-44 包含附加信息的光纤配线架标识举例

3.4.3.4　配线架端口位置标识

以下格式标识应使用配线架端口的连接器。在配线架和指定端口的字符之间使用字符冒号隔离（：）。

f1s1.x1y1-r1：P1

f1s1.x1y1-r1：为配线架或终端配线块的标识，如前详细说明。

P1：1~3 个指定字符用以指明配线架端口位置。

不包括子面板的配线架或端口被序列标记的子配线架，忽略存在的子面板标记，这个字段是一个单独的数字。

所有配线架的端口终止位置标识符位数的数量应是相同的。因此，在 1 个 24 端口的配线架上的第一个端口应该是"01"及在 144 口配线架的第 1 个端口应为"001"。

对于包括子板的配线架标签的采用以下 P1 的格式：

P1：pn

P：1 至 2 个字母字符标识配线架里的子面板位置，依次从"A"开始，但不包括"I""O"和"Q"。

n：1 个或 2 个数字字符对应在子面板的端口号。用于配线架上所有端口的端口标识符的位数应是相同的数量。因此，有 12 个端口的子面板上第 1 端口应该是"01"，而不是"1"。

在大多数情况下，端口标识符是线架上的连续端口号。所以配线架 AD02-35 的第 3 个端口将有标识符：

AD02-35：03

使用子面板的光纤配线架，端口名称将包含子面板的名称和端口号。因此，光纤配线架 AD02-41（第四子面板）D 子面板上的第 1 口将是：

AD02-41：D01

3.4.4　配线架间的线缆路由标识

在配线架或终端接线板被终结的电缆应由一个正斜杠"/"分隔电缆两端的端口的标识符来标识。如果电缆支持多个端口/终止位置，则电缆的每一端上的第一个和最后一个端口应设置在标识符上。这些标识符格式为

f1s1.x1y1-r1：P1[-P2]/f2s2.x2y2-r2：P3[-P4]

f1s1.x1y1-r1：P1 和 f2s2.x2y2-r2：P3 是前面已介绍的线缆两端的配线架或终端接线板的端口标识符。如果线缆终结多端口，线缆两端最后一个端口应用 P2 和 P4 标识。

关于线缆标识中两端端口标识设置的先后顺序，建议采用以下原则：

结构化层次的电信布线系统中，最接近的主交叉连接的线缆末端标识必须首先列出（前斜线）；如果该线缆末端在层次结构的布线系统内是同等地位的，则线缆末端命名中字母数字标识符较小的应列在第一位。

电缆标的制作须使用机器打印的标签，标签上的文字应该是统一字体，大写且足够大、无衬底的字体以方便读取。标签应明显地展示且永久地贴在每个电缆被路由到终端设备之前的两端。

电缆的路由标签，可以采用不同颜色和认可的样式来反映电缆路径多样性。

只包括一个单一的电信空间的一个管理系统中，空间标识符“f1s1”和“f2s2”可能不需要。

如果电缆不超出电信空间（即 f2s2 F1S1 相同），则第二空间的标识符“f2s2”可能被排除在标识符之外。此外，在此情况下，忽略电缆上的标签空间标识符“f1s1”，对于工作在房间里的人来说应该是显而易见的。

示例一：单根双绞电缆标识。

在图 3-40 中在配线架 AD02-35 第一端口到配线架 AG03-35 的第一端口的电缆，它应该包含以下的标签

AD0235:01/AG0335:01

在机柜 AG03 同样的电缆应该包含以下的标签，它包含同样的信息但是顺序是颠倒的

AG0335:01/AD0235:01

另外，这两等分的标识符可以出现两行文本中。例如，标签

AD0235:01/AG0335:01

如图 3-45 所示。

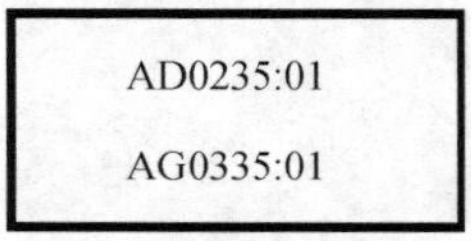

AD0235:01
AG0335:01

图 3-45　单电缆标签示例

示例二：带 MPO 和 LC 连接器的多光纤主干线路。

一端装配有 MPO 连接器的 12 股多芯中继光缆，另一端装配有 LC 连接器，如图 3-46 所示。在图 3-47 中描述的标签计划方案和在每个 LC 连接器的末端的标签应用情况如图 3-48 所示。

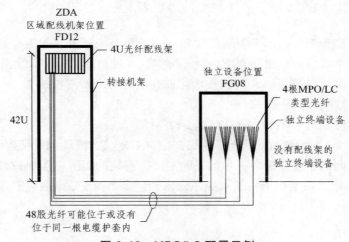

ZDA
区域配线机架位置
FD12
4U光纤配线架
转接机架
42U
独立设备位置
FG08
4根MPO/LC
类型光纤
独立终端设备
没有配线架的
独立终端设备
48股光纤可能位于或没有
位于同一根电缆护套内

图 3-46　MPO/LC 配置示例

端口01~06=1个MPO连接器
每个12股MPO/LC电缆
用连续2位数数字制定
MPO/LC电缆
有12股独立光纤
配线子板
配线架位置
机架网格坐标位置
FD12-42-B Ports 01-06/FG08-01 Ports 01-06
FD12-42-B Ports 07-12/FG08-02 Ports 01-06
FD12-42-C Ports 01-06/FG08-03 Ports 01-06
FD12-42-C Ports 07-12/FG08-04 Ports 01-06
机架
独立设备

图 3-47　MPO/LC 标签方案示例

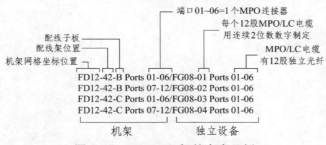

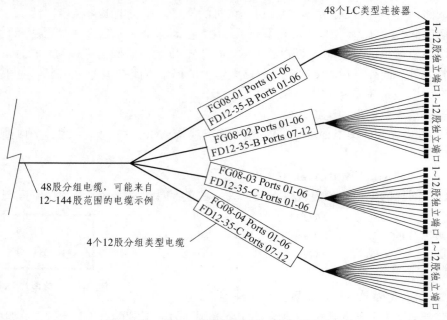

图 3-48   MPO/LC 线缆在 LC 端标签示例

3.4.5   同一护套下的线对、成股线或分组线缆的管理

该管理系统可以管理单独的平衡双绞线和一个或多个光纤束。作为一种选择，管理系统可以管理对应于一个端口的成组线对或光纤（例如，一对光纤，其线缆端接双工 LC 连接器，端接 MPO 连接器的 12 芯光纤，和端接模块化插孔的 4 对平衡双绞线）。

线缆的线缆对或端口的格式

$$f1s1.x1y1\text{-}r1\text{：}P1/f2s2.x2y2\text{-}r2\text{：}P2$$

这里 fs.x1y1-r1:p1 和 f2s2.x2y2-r2:p2 是在 3.4.3.4 节定义的线缆两端接配线架的端口标识。

结构化层次的电信布线系统中，最接近的主交叉连接的线缆末端标识必须首先列出（前斜线）。如果该线缆末端在层次结构的布线系统内是同等地位的，则线缆末端命名中字母数字标识符较小的应列在第一位。

环境设计与建设篇

    数据中心的各类服务都是基于设备的正常运行，作为电子设备的服务器、交换机、路由器、网络存储等都需要在合适的工作环境才能正常工作。本篇从设备需要的环境入手，对数据中心设备的电力环境和自然环境展开讨论。

4　数据中心配电系统

4.1　概　述

近年来，伴随着信息化建设的高速步伐，通信、传媒、网站、银行等各行业都在兴建大型数据中心，安全、稳定、可靠是大型数据中心运行的最基本原则。大型数据中心运行中主机停运将造成重大损失和社会混乱，据统计，全部计算机系统故障的 45% 是由电源问题引起的（电源包括市政电源、变配电装置、变电所到机房线路、UPS 等）。为了提高大型数据中心系统可靠性，业界对其配电系统提出了很高的要求。

数据中心的配电系统是数据中心的基础系统，是系统正常运行的必要条件，它涉及数据中心所有用电系统。对于数据中心来说，希望得到的电源永远是可靠、稳定、干净的电力资源，但是在实际运行中，往往不尽人意，为此在建立数据中心的过程中，数据中心的配电系统建设是整个工程建设中的重要一环。

传统上将电力系统划分为发电、输电和配电三大组成系统。发电系统发出的电能经由输电系统的输送，最后由配电系统分配给各个用户。一般地，将电力系统中从降压配电变电站（高压配电变电站）出口到用户端的这一段系统称为配电系统，配电系统是由多种配电设备（或元件）和配电设施所组成的变换电压和直接向终端用户分配电能的一个电力网络系统。电力系统与电力网如图 4-1 所示。

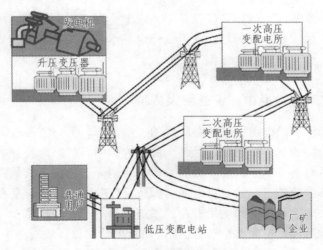

图 4-1　电力系统与电力网

在我国，配电系统可划分为高压配电系统、中压配电系统和低压配电系统三部分。由于配电系统作为电力系统的最后一个环节直接面向终端用户，它的完善与否直接关系着广大用户的用电可靠性和用电质量，因而在电力系统中具有重要的地位。我国配电系统的电压等级，根据《城市电网规划设计导则》的规定，220 kV 及其以上电压为输电系统，35 kV、63 kV、110 kV 为高压配电系统，10 kV、6 kV 为中压配电系统，380 V、220 V 为低压配电系统。对于数据中心的用户来说，一般都是低压配电系统。

本章主要对数据中心的配电系统进行阐述。由于涉及面广，作者从数据中心用户的角度简述对配电系统的认识和建设要求。

4.1.1　构建稳定的配电系统的必要性

目前的数据中心建设中，自行构建配电系统是解决电网可靠性和电网电压波动的唯一手段，是数据中心建设中不可缺少的子系统。

4.1.1.1　供电可靠性是威胁数据中心运行

数据中心离不开电，没有电能数据中心的任何设备都无法运转，而且数据中心对电能的需求是巨大的，一个中型数据中心运行一天就要消耗掉十几万度的电能。数据中心对信息服务企业来说就是企业的生命，作为当今信息服务的基础设施数据中心，不管是 IDC，还是企业自己的小型数据中心，供电可靠性都是非常重要的。

2014 年全国 10 kV 用户平均供电可靠率 RS1 为 99.940%，平均停电时间 5.22 h/户。其中，城市（市中心 + 市区 + 城镇）用户平均供电可靠率 RS1 为 99.971%，同比提高了 0.013%，相当于我国城市用户年平均停电时间由 2013 年的 3.66 h/户减少到 2.59 h/户；全国农村用户平均供电可靠率 RS1 为 99.935%，同比提高了 0.03%，相当于我国农村用户年平均停电时间由 2013 年的 8.30 h/户减少到 5.72 h/户。（来源：2014 年电力可靠性指标）

如表 1-5 所示，就是 10 千伏用户的平均供电可靠率 RS1 为 99.94%，对于数据中心来说仅仅达到最低要求，当然这个数据还仅仅是平均水平，对于发达地区，中心城市这些地区停电相对较少，对广大的农村、偏远地区来说，停电基本是常见的事情，如遇到极端天气，供电企业调试检修等，少则 1 ~ 2 h，多则 1 ~ 2 d。

4.1.1.2　电压的波动是数据中心设备巨大威胁

对于数据中心来说，供电的可靠性是问题的一个方面，另一方面是供电的质量也是数据中心供配电系统要解决的又一个问题。目前，关注数据中心的高能耗问题，想方设法减少数据中心电的使用量，对电力电压波动等因电力质量问题导致设备失效的关心程度不够。

数据中心里有不少的精密仪器，对电网运行质量较敏感，设备长期在这种质量不好的供电环境下运行，会大大缩短设备的使用寿命，增加数据中心设备故障率，有时供电的波动也会造成设备无法正常运行，或者业务中断。电源质量欠佳的重要表现为电压波动，其特点是：

（1）电压波动频繁。美国曾经做过的实验得出：一般低压配电线在 14 个月内在线发生超出原工作电压一倍以上的浪涌电压次数可达到 800 次，其中超过 1 000 V 的浪涌就有 300 多次，在我国由于电网质量本身就差，出现高浪涌的频率就更高了。

（2）波动范围大。现在城市里遇到大面积的停电很少了，但是电压的波动还是经常发生，比如家里空调启动，导致灯泡突然忽明忽暗。除了电网本身质量对数据中心供电造成了波动，数据中心供电波动也有相当一部分原因来自于雷电，我国也是一个雷电高发地区，数据中心设备的电力线路上很容易遭受到直击雷和感应雷的冲击，当雷击中高压电力线路后，经过变压器耦合到低压测，进而入侵到数据中心的供电设备上。常见电力波动源参如表 4-1 所示。

表 4-1　常见电力波动源及电压波动范围

干扰因素	电压变化
短暂的电压中断	0～1 000 V
谐波干扰电压波动	1 000～2 500 V
临时电压升高	2 500～4 000 V
开关浪涌	4 000～6 000 V
雷电浪涌	8 000～10 000 V

4.1.2　电力系统供配电系统简介

4.1.2.1　低压配电系统分类

正常情况下，一些电器设备（如电动机、家用电器等）的金属外壳是不带电的。但由于绝缘遭到破坏或老化失效导致外壳带电，这种情况下，人触及外壳就会触电。供配电系统中的"接地与接零"技术目的就是防止这类事故发生的有效保护措施。

在低压配电系统中，除了 A、B、C 三相电源及日常说的"火线"外，还有"PE"即英文"Protecting earthing"的缩写，意思是"保护导体、保护接地"，就是日常说的设备机壳"保护地"，与其链接的线缆就是"保护接地线"；还有用 N 标注的中性点，"N"即英文"Neutral point"意思"中性点，零压点"，与其连接的线缆就是常说的"零线"。在五根线中由于保护地和零线在电源端和用户端的保护接地线与零线的接地的方式不同，其命名方式也不同。业界为规范名称，规定配电方式名字的字母由 3 部分组成，分别表示电源端，负载端接地状态和中性线与保护线的共用情况共同组成（见表 4-2）。

表 4-2　低压配电系统型式符号的含义

第 1 个字母表示 电源端的接地状态		第 2 个字母表示 负载端接地状态		第 3、4 个字母表示 中性线与保护线是否合用	
T	I	T	N	C	S
直接接地	不直接接地	表示电气设备金属外壳的保护地与电源工作地相互独立	表示负载侧电器保护地与电源工作地作直接电气连接	表示中性线与保护线是合用的	表示中性线（N）与保护（PE）分开设置，为不同的导线

在低压配电系统常见的接地接零型式共有 5 种，如表 4-3 所示。

表 4-3 低压配电系统的分类

低压配电系统		意 义	适 用
TT 系统		电源端不接地或通过阻抗接地，电气设备的金属外壳直接接地	用电环境较差的场所和对不间断供电要求较高的电气设备的供电
IT 系统		电源端中性点直接接地，用电设备的金属外壳的接地与电源端的接地相互独立	不允许部分设备采用接地保护，同时部分设备采用接零保护
TN 系统	TN-C 系统	电源端中性点直接接地，中性线与保护线合为一根导线 PEN，用电设备的金属外壳与 PEN 线相连接	三相负荷基本平衡的工业企业建筑
	TN-S 系统	电源中性点直接接地，中性线与保护线分别设置，用电设备的金属外壳与保护线 PE 相连接	用于一般民用建筑以及施工现场的供电
	TN-C-S 系统	电源中性点直接接地，中性线与保护线部分合用，部分分开	在民用建筑中广泛采用

在前面所列的五种供配电类型中，在《电子信息系统机房设计规范》（GB50174-2008）中明确"电子信息系统机房内的低压配电系统不应采用 TN-C 系统。电子信息设备的配电应按设备要求确定"，也就是要求在配电系统中不能采取"电源端中性点直接接地，中性线与保护线合为一根导线 PEN，用电设备的金属外壳与 PEN 线相连接"的供配电模式。

4.1.2.2　电子信息系统机房供配电等级

GB50052-95 将工业企业电力负荷分为如下 3 级：1 级负荷，2 级负荷与 3 级负荷。数据中心的类型，仍应与工业企业负荷分级相一致，主要取决于其工作性质。针对计算机系统的工作性质及对供电可靠性的要求，严格区分其负荷性质是十分必要的。对于那些不允许停电的计算机系统，即使供电属于 2、3 级负荷的用户，也需要建立不停电供电系统或相应提高供电等级。同时，对于数据中心的电力负荷还有供电质量的要求。在 GB50174-2008 关于负荷分级说明如下：

A 级电子信息系统机房的供电电源应按 1 级负荷中特别重要的负荷考虑，除应由两个电源供电（1 个电源发生故障时，另 1 个电源不应同时受到损坏）外，还应配置柴油发电机作为备用电源；就是采取 1 级负荷供电，也就是要建立容错能力的供配电系统。A 级电子信息系统机房应配置后备柴油发电机系统，当市电发生故障时，后备柴油发电机能承担全部负荷的需要。

A 级电子信息系统机房一般包括：国家气象台、国家级信息中心、计算中心、重要的军事指挥部门、大中城市的机场、广播电台、电视台、应急指挥中心、银行总行、国家和区域电力调度中心等的电子信息系统机房和重要的控制室。

B 级电子信息系统机房的供电电源按 1 级负荷考虑，当不能满足两个电源供电时，应配置备用柴油发电机系统，也就是说对于 B 级数据中心要有冗余能力的供配电系统支持那些不能停电的设备设施。

B 级电子信息系统机房包括：地方气象台、地方信息中心、科研院所、高等院校、三级医院、大中城市的气象台、信息中心、疾病预防与控制中心、电力调度中心、交通指挥调度中心、邮电通信枢纽、国际会议中心、大型博物馆、档案馆、会展中心、国际体育比赛场馆、省部级以上政府办公楼，大型工矿企业等的电子信息系统机房和重要的控制室。

C 级电子信息系统机房的供电电源应按 2 级负荷考虑，要按照基本需求配置系统，在场地设施正常的情况下，保证电子设备的不中断运行。

以上是根据国标分类进行的对电源系统的负荷分级，当然，行业内有不同的分类标准，所以其负荷冗余要求的高低上有一定的变化，但总的趋势是，机房的关键性等级越高，为了保证其正常运行的主要保障措施——冗余的程度也就越高，当然其建设的费用也就越高，系统实现的复杂程度越高，对于管理、维护的要求就越高。

同时我们也得承认，一个高等级的数据中心，并不是所有设施都是需要那么高的供配电等级，在实际的建设中建议根据具体的情况进行分析，可以使供配电系统的建设资金效率更高，同时也保证数据中心的关键设施设备不中断运行。

4.1.2.3　供配电系统建设的其他注意事项

供配电系统应为电子信息系统的可扩展性预留备用容量。

户外供电线路不宜采用架空方式敷设。当户外供电线路采用具有金属外护套电缆时，在电缆进出建筑物处应将金属外护套接地。

电子信息系统机房应由专用配电变压器或专用回路供电，变压器宜采用干式变压器。

电子信息设备的电源连接点应与其他设备的电源连接点严格区别，并应有明显标识。

配电线路的中性线截面积不应小于相线截面积，单相负荷应均匀地分配在三相线路上。

敷设在隐蔽通风空间的低压配电线路应采用阻燃铜芯电缆，电缆应沿线槽、桥架或局部穿管敷设；当电缆线槽与通信线槽并列或交叉敷设时，配电电缆线槽应敷设在通信线槽的下方。活动地板下作为空调静压箱时，电缆线槽（桥架）的布置不应阻断气流通路。

4.1.2.4　数据中心供配电系统基本组成

数据中心的供电是保障其设备正常安全运行的基础系统，与设备运行的其他环境系统一样重要，是其他系统运行的基础，必须有足够的健壮性。

一般来说，单位的数据中心供配电系统主要包括：高（中）/低压变配电系统、备用发电机系统、自动转换开关系统（ATSE，Automatic Transfer Switching Equipment）、低压配电系统、不间断电源系统（UPS，Uninterruptible Power System）系统、机房 IT 设备配电系统、列头配电系统和机柜（架）配电系统、计算机空调（CRAC）、电气照明。框图如图 4-2 所示。

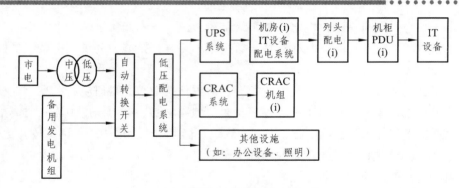

图 4-2　数据中心供配电系统示意图

高（中）压/低压变配电系统：主要是将市电（6 kV/10 kV/35 kV，3 相）通过该变压器转换成（380 V/400 V，3 相），通过配电系统分配给后级低压设备使用。

备用发电机系统：主要是作为数据中心的后备电源，一般采用柴油发电机，一旦市电失电，后备发电机检测到后迅速启动为后级低压设备提供备用电源；当市电恢复正常，发电机检测到其稳定后（以市电供电一定时间）停机。

自动转换开关系统：主要是自动完成市电与市电或者市电与备用发电机之间的供电切换。

低压配电系统：主要作用是电能分配，将前级的电能按照要求、标准与规范分配给各种类型的用电设备，如 UPS、空调、照明设备等。

UPS 系统：主要作用是电能净化、电能后备，为 IT 负载提供纯净、可靠的用电保护。

机房 IT 设备配电系统：是对各个主机房内的所有 IT 设备进行电能分配，若机房规模小，可由一个列头机柜担任。

列头配电系统（可选）：主要作用是将 UPS 输出电能按照要求与标准分配给本机柜列内的各个机柜（架），供各种类 IT 设备使用；当本机柜列内机柜数量不多，可采用机房 IT 设备配电系统直接给各个机柜（架）供电。

机柜（架）PDU 配电系统：主要作用是机架内的电能分配，一般由两路单独供电线路分别输入一个 PDU 设备。

图 4-2 中仅表示了数据中心的基本供电组成，没有涉及电源的冗余问题，在实际的工作中，根据本地供电的可靠性、数据中心机房的关键性和负荷等级、资金支持等情况，可能有多路市电、多套中压/低压变压器、自动转换开关、UPS 系统等，需要专业人员设计具体的供配电系统。

根据国家标准要求在数据中心的配电系统中：用于电子信息系统机房内的动力设备与电子信息设备的不间断电源系统应由不同的回路配电；电子信息设备的配电应采用专用配电箱（柜），专用配电箱（柜）应靠近用电设备安装；电子信息设备专用配电箱（柜）宜配备浪涌保护器（SPD）电源监控和报警装置，并提供远程通信接口；当输出端中性线与 PE 线之间的电位差不能满足设备使用要求时，宜配备隔离变压器。

此外，数据中心的低压配电系统负责为数据中心空调系统、照明（包括一般和应急照明）系统及安防系统提供电能的分配，从而保证数据中心正常运营。同时在数据中心的配电方案中，电源的防雷及接地必须作为一个重点工作，以保证设备设施不会受到雷电等威胁。

4.1.3 数据中心内部配电要求

4.1.3.1 供配电系统建设目标

数据中心的电力基本要求是：频率 50 Hz，电压 380/220 V。

在数据中心的供配电相关标准要求中，可以看出不同关键性等级的机房，对 IT 电子设备、供电系统有不同的要求，总的来说，数据中心 IT 设备对供配电系统输出的电力质量的总体目标为：连续与稳定。

1. 连　续

就是指数据中心供配电系统采取各种措施，确保中心关键设备设施的电力不中断。

由于先有的所有市电供电均不能达到这样的要求，即使能够达到对于整个供电系统来说没有其应有的经济价值，所以，在各个数据中心的供配电系统中，合适的不间断电源（UPS）与组网方式保证数据中心面对毫秒级至分钟级的市电异常时不会有任何中断，对于大时间尺度（如小时级，天级）的市电异常，则需要备用市电系统或者柴油发电机系统的保护；通过以上措施的使用能够保证数据中心的电力不会中断。

2. 稳　定

主要指数据中心的供配电系统输出的电能的电压、频率稳定。

要求供电电源的质量稳定的原因是为了保证数据和设备的安全。要达到国家标准的电能稳定的指标要求（包括瞬时断电），就意味着所有的数据中心机房必须配置 UPS，因为市电电网无法长时间处于上述指标之内，只有 UPS 的输出才会如此稳定，由此可见 UPS 系统是数据中心必备的电源设备之一。

由于数据中心只能使用电网提供的电能，而电网的质量只能满足大多数用户的要求，若不能达到数据中心 IT 设备的电力质量要求，就只能从自身的供配电系统入手，减少电网质量对设备的伤害：

首先，数据中心的设备一定要接地，使设备上滤波电路能有效的滤除电网干扰。

其次，数据中心选址时要考虑远离载有大电流的导体，产生强电磁场的设备；在供配电设计中一定要和那些大功率的非线性负载设备在电能供给环节隔离。

再次，数据中心设备要增加前级配电保护装置，增加电能净化设备，比如调压器、滤波器、电涌抑制器、UPS 不间断电源。

通过这些电能净化设备消除电网质量对数据中心设备的损害。电网质量对设备的影响往往是潜移默化的，平时很难观察到，往往都是在设备已经发生了故障后才注意到，所以一定要增加防护措施，让数据中心设备用上安全的电。

4.1.3.2 配电要求

在数据中心要达到 IT 的电能要求，配电系统要求：平衡和分类配电。

1. 平 衡

是指三相电源平衡，即相角平衡、电压平衡和电流平衡。要求负载在三相之间分配基本平衡，在一个配电系统中合理分配感性和容性负载，保证相角平衡；基本均衡各相负载，维持电压和电流基本平衡，这样做主要是为了保护供电设备（如 UPS）和负载。

要达到这样的"理想"平衡，一个简单的做法是平衡负载配电，即在各级配电中均三相均衡搭载各类设备，这样不管是感性还是容性设备均能比较均衡分配，同时也达到了各相负载均衡。

2. 分 类

基本要求是对 IT 设备及外围辅助设备按照重要性分开处理供配电。分类的实质源于各负荷可靠性要求的不一致。为不同可靠性要求的负荷配置不同的供配电系统，能够在保证安全的前提之下有效地节约成本。

比如数据中心最为重要的机房，在配电时必须考虑 UPS 供电，但是对于空调等设备若采用 UPS 供电，则用户成本就太高，但是 UPS 又是特别重要的辅助设备，所以在数据中心的分类配电中，一般将 UPS 的供电单独配送和管理，将其与普通的办公、照明分开。

其次对分类的理解还有另一方面的内涵，在前面分类的供电系统的基础上，对于不同重要性质的设备还要采取专门线路的做法，使其相互不产生干扰。

比如在数据中心内部，有以下的机械设备就需要专门考虑：集中供冷机房、小型数据中心的计算机房空调等大电流设施。

4.1.3.3 IT 设备对电能瞬态质量的要求

由于电网接入的设备繁多，种类各异，设备设施在接入或断开电网时，导致电网的波动是很正常的事，由于电网电压波动产生的暂态电能质量也会对 IT 设备造成影响，电网暂态指标在国家标准 GB/T18481-2001 对电力系统的暂时过电压和瞬时过电压作了相应规定。对于具体的设备而言，对其瞬态电源质量描述中，业界对比较有影响的是 ITIC 电压容限曲线（见图 4-3）。

ITIC 电压容限曲线是在 CBEMA 曲线的基础上发展起来的，是在大量试验数据的支持下，根据计算机等信息工业设备对暂态电能质量（主要是电压跌落、上升、短时中断）的抗扰度水平形成的。该曲线是目前评估暂态电能质量事件影响的一个重要依据，被 IEEE 引用为美国标准（IEEE446）。纵轴显示的是 IT 设备的电源装置（PSU）的输入电压与额定电压的百分比，横轴表示输入电压出问题的时间（可达 10 000 个交流电周期，约 28 min），ITIC 曲线（其实更像是阶梯而非曲线）显示 IT 设备用的一种典型 IT 设备的电源装置（PSU）设计的可接受的输入电压范围。

该曲线包括了 6 类典型事件，划分为三个电压区域：

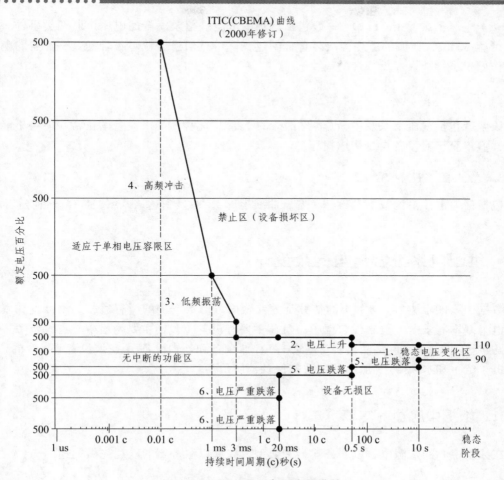

图 4-3   ITIC-1100 电压容限曲线

1. 容限区

在下述七类事件包围的区域内，设备一般运行性能均能正常发挥的区域。

（1）稳态电压变化区。该区域内，电压有效值在 ±10% 范围内波动或维持恒定，不至于对设备的运行性能产生任何危害，属于正常的电压变化范围。

（2）电压上升（swell）。设备可忍受的条件为：电压有效值上升到额定值的 120%，持续 0.5 s 事件。一般在大负荷切除或其他新电源供电时出现。

（3）低频衰减振荡（Low frequency decaying ring wave）。当功率因数校正电容投入系统时发生。振荡频率范围一般为 200 Hz ~ 5 kHz（与交流配电系统的谐振频率有关），其暂态幅度一般表示为额定电压峰值的百分数，该暂态过程一般在电压峰值附近发生，出现后半个周波衰减结束。幅值从 200 Hz 时的 140% 振荡到 5 kHz 时的 200%，变化基本与频率成正比。

（4）高频冲击。一般由雷电引起。

（5）电压跌落（sag）。曲线描述了两种电压跌落事件，跌落幅度以有效值表示。一般由电力系统不同节点大负荷的投入、故障等引起；下跌到 80%RMS 典型持续时间为 10 s，下跌到 70%RMS 典型持续时间为 0.5 s。

（6）电压消失（dropout），一般包括严重的电压跌落及完全的电压中断两类事件。持续时间可达 20 ms，典型的原因为故障重合闸过程。可见信息工业对重合闸这一经典的电力系统操作提出了挑战。

2. 设备无损坏区

该区域包括电压下跌及中断（容忍曲线的下部），此种情况下设备的正常功能将不能保证发挥，但不至于对设备自身构成损坏。

3. 禁止区（设备损坏区）

包括任何电压浪涌或上升事件（容忍曲线上部），一旦到达该区域，ITE 设备将被损坏。

4.2 供配电系统容量与冗余设计

数据中心的电力容量（N）的估算是需要全面考虑数据中的所有负载，累计其功率后得出的电力基本需求。一般来说数据中心负荷主要有设备（包括主要网络中心三大资源：计算——服务器、网络——网络交换机、存储——存储设备和外围设备）、空调设备［制冷机（组）、空调机（组）和水泵等］、照明负荷及安保及消防负荷。

4.2.1 数据中心负荷估算方法

在数据中心的资源中，以服务器最为典型，在此以服务器的能耗先做阐述。

4.2.1.1 设备热量及风量报告估算设备电力容量

我们知道服务器对于同样的型号，有其配置的不同，理所当然其运行消耗的能量就有所不同，ASHRAE 推荐 ITE 厂商提供给最终用户的用于在空气处理过程中更准确地规划数据中心中的热释放和气流值的设备热报告，该报告对于最终用户来说在数据中心热管理中具有重要的参考意义。该报告详细说明其产品在标准（要求）工况下，需要的散热量和风量值。如表 4-4 和表 4-5 所示就是典型的有设备制造商出具的热量计风量报告值。

表 4-4 ASHRAE 推荐的某型号服务器热报告表

种类	工况					重量		设备尺寸（宽×深×高）	
	典型散热量（@110 V）	正常风量值		最大风量值					
	W	cfm	m³/h	cfm	m³/h	lbs	kg	in.	mm
最低配置	1 765	400	680	600	1 020	896	406	30×42×72	762×1 016×1 828
最高配置	10 740	750	1 275	1 125	1 913	1 528	693	61×40×72	1 549×1 016×1 828
典型配置	5 040	555	943	833	1 415	1 040	472	30×40×72	762×1 016×1 828

注：风量值基于空气密度为 1.2 kg/m³（对应于空气在 18 ℃，101.3 Pa，相对湿度 50%）

表 4-5　ASHRAE 推荐的某型号服务器热报告表

Ashrae 等级	冷却方案气流图	配置情况	
A1，A2	由前至后（F-R）	最小配置	1 CPU-A，1 GB，2 I/O
		最大配置	8 CPU-B，16 GB，64 I/O（2 GB 内存图形卡，2 frames 缓冲）
		典型配置	4 CPU-A，8 GB，32 I/O（2 GB 内存图形卡，1 frame 缓冲）

若有设备制造商提供这样的热报告对于最终用户在构建数据中心的热环境时可以较为准确的估算 IT 设备功耗。

4.2.1.2　根据设备铭牌估算

在目前每个服务器出厂随身都有一个电源铭牌，如图 4-4 所示为某服务器电源铭牌。

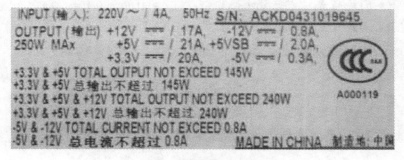

图 4-4　某服务器电源铭牌

INPUT（输入）220 V/4 A 50 Hz：服务器电源额定输入交流电压为 220 V，4 A 指的是最大额定输入电流能力，表征电源在最低输入工作电压时的最大输入电流能力，因此，直接用输入额定电压×输入额定最大电流来表征额定输入功率是不正确的；50 Hz 是电源频率。

OUTPUT（输出）250 WMAX：如前所示，在服务器的生产中，一般一个型号下有多种配置比如 CPU、内存、配置硬盘的数量不同或导致其需要的功率有所差异。铭牌上这个参数仅仅是该服务器电源最大输出功率，这个参数通常只有在服务器电源铭牌上才能看到，因此这个参数也被称为铭牌功率（Nameplate Rating），这个参数应该是服务器满配时的最大功率参数。这个参数对数据中心负荷设计才具有确实的意义。负载的容量并不直接等同于服务器电源的最大输出功率。

如图 4-5 所示从右至左有三根垂直的直线，分别对应服务器的三种工况下的电源效率情况。

铭牌功率：指的是服务器电源铭牌功率，实际是电源的最大功率额定功率（电源铭牌上以额定功率标识）。

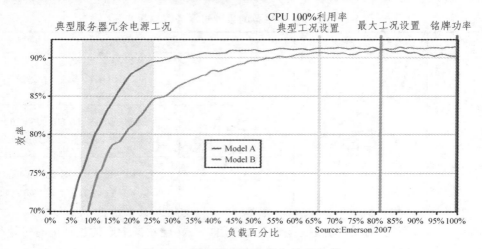

图 4-5　服务器电源容量与效率曲线

最大工况设置：指的是服务器系统工作在最大用电负荷时耗电功率。

CPU100%利用率典型工况：CPU 工作在 100% 利用率时耗电功率。

如图 4-6 所示，可以注意到服务器最大的功率消耗是铭牌额定值的 80%，这是因为服务器厂家在选择电源时也放宽了大致 20% 的裕量。而 CPU100% 利用率典型工况是铭牌额定值的 67%。事实上服务器正常工作时的能耗还小于该值。

图 4-6　某计算机电源铭牌

因此，在具体的设计工作中，这种电源功率裕量和工况差异也建议数据中心设计者纳入 IT 功耗考虑之中。

4.2.1.3　根据功率趋势表估算

利用 ITE 设备功率趋势表（参考表 7-1，表 7-2），对服务器、网络设备和存储设备的功耗进行估算；该表也给出了以机柜为单位的能耗参考值，使用方便。

4.2.1.4　数据中心总能耗估算

1. IT 设备负荷估算

对于单台的 IT 设备的负荷，计算的办法虽有多种，但是基本都是将各类设备的功耗累计成一个计量单位［单个机柜能耗均值，或根据建设数据中心的面积能耗密度（W/M²）等］，对于已有设备可以根据其安装的机柜数量，根据前面介绍的计算办法累计后求取一个机柜能耗均值，对于未来升级、扩容等引起的设备能耗增量，建议采用 ASHRAE 的功率趋势表进行估算。

数据中心 ITE 能耗估算按照以下公式计算：

$$P_{IT} = K_1 \times K_2 \times K_3 \left(P \times C \right) / K_4$$

其中，K_1：负荷需求系数，取 0.67；K_2：负载动态变化系数，取 1.05；K_3：整流充电电路系数，取 1.2；P：机架负荷，用计算的机柜能耗均值，单位瓦特；C：机架数量；K_4：UPS 系统效率，取 0.88。

2. 空调负荷估算

对于空调的负荷，一般认为 ITE 的能耗基本全部转换为热能，所以数据中心的空调负荷可以计算为：

$$P_{HCAV} = K_5 \times P_{IT}$$

3. 照明负荷估算

$$P_{light} = K_6 \times S$$

其中，K_6：数据中心照明密度负荷指标，21.5 W/m^2；S：数据中心总面积。

4. 数据中心总负荷（N）

$$P = K_7 \times k_8 \left(P_{IT} + P_{HCAV} + P_{light} + P_{Fire} \right)$$

其中，K_7：同时系数，取 0.9；K_8：备用系数，根据数据中心发展扩容的可能性、临时电力需求的情况决定取值，比如取 1.3 等；P_{Fire}：消防负荷，所有消防设施（如：消防水泵、消防电梯、排烟风机等）的功率累计。

4.2.2 供配电系统冗余

为了增加供配电系统的可靠性，保证数据中心的设备在任何状况下对 IT 等设备的供电不受影响，所以在设计和建设数据中心供配电系统时需要考虑冗余备份。

冗余，指重复配置系统或系统的一些部件，当系统发生故障时，冗余配置的系统或部件介入并承担故障系统或部件的工作，由此减少系统的故障时间。

在数据中心的供配电系统中，由于不同的标准将数据中心分成不同数量的关键性等级，所以，不同标准的数据中心关键性等级分类的不同，其要求配置的冗余备份也不同。

1. 供电电源

在国标 A、B 级机房在国内标准都要求电源是双电源，来自不同区域的供电站，与 C 级机房的双回路来说，可靠性更高了，因为双电源有一种情况是这样的：两路进线连接来自不同的区域变电站；而对应双回路有一种情况是这样的：两路进线连接来自同一区域变电站的不同母线。所以"双回路"中的这个回路指的是区域变电站出来的回路。双电源是电源来源不同，相互独立，其中 1 个电源断电以后第 2 个电源不会同时断电，可以满足 1、2 级负荷的供电。而双回路一般指末端，一条线路故障后另一备用回路投入运行，为设备供电。两回路可能是同一电源也可能是不同电源。

2. 变压器

对于 A、B 级机房，标准要求采用"1+1"即一主一备模式，并且可实现多组冗余；对于 C 级机房要求变压器容量能满足基本容量要求"N"。

3. 后备柴油发电机

对于 A 级机房要求基本容量 N 采取 $N+X$ 冗余模式，也就是为了提高发电机的可用性，人们在减少投资又能提高其可用性，采取基本系统加上发电机组的模块（部件）级的冗余，特别是对关键部件的冗余将提高设备的可用性。

对于 B 级机房系统没有考虑其冗余，仅要求其保证基本容量 N。

容量要求：A、B 级后备发电机的容量都是包括了 UPS 系统基本容量 N、空调和制冷设备的基本容量，应急照明、消防等涉及生命安全带所有负载容量。

燃油后备要求：

A 级：72 h；B 级：24 h。

C 级机房在 UPS 能保证信息存储的前提下，不设置发电机组。

4. UPS 系统

UPS 系统直接对 IT 设备供电，其对各级机房都必须设置，不同的是 C 级数据中心的 UPS 系统只需基本容量 N；B 级数据中心在 C 级数据中心的基础上增加了部件（组件）级冗余；A 级数据中心的冗余是 $2N$ 或 $M(N+1)$（$M=2、3、4\cdots$），冗余是系统级的。

4.2.3 供配电系统接地

对于供配电系统而言，系统接地主要作用是保护人身安全和设备安全。基本的保护原理就是让人和设备处于电位相同的位置，其电位差为零，这样就没有电流通过人体或设备，从而保护了人员和设备。

在数据中心的电源系统接地中，根据电源系统在运用的过程中对设备和人员产生的威胁原因不同而采取不用的接地措施。接地目的之一是防止因设备设施漏电导致对人员的伤害，采取的主要措施是保护接地。数据中心设备接地的另一个目的在于防止雷电导致的过电压和过电流对设备和人员的威胁，主要采取的措施是沿电源线路设计防雷设备，对于数据中心的内部防雷主要是在电源线路上设置浪涌保护器（SPD）。下面就这两项措施对人员和设备的保护予以说明。

4.2.3.1 保护人身安全接地

在供电系统中，由于电力和雷击等原因，会导致数据中心的人员可能受到伤害，主要的伤害形式有以下两种原因：

（1）由于供电线路或设备自身（如漏电）等原因，导致设备外壳带电，若遇到人员站在与大地等电位的位置，人体作为电路的一部分时，导致人员触电危险。

（2）当供配电系统遭遇雷电直击，导致导体瞬时电压、电流骤然升高，形成过电压和过电流，由此给与供配电线缆连接的设备设施接触的人员带来严重威胁。

这两种情况相同的现象就是使人员接触的地方电位升高，与人员所站的位置有电势差，导致人员遭受电流通过身体而受到伤害，由于人员一般都是站在与大地等电位的地板等物体上，所以只要设法在大地与设备保护的机壳之间用小电阻导线（接地导线）相连，那么人体与接地导线的接地电阻进行并联时，由于人体电阻大，一般 1.5 kΩ，接地电阻小于 4 Ω，所以绝大部分的电流通过导线流入大地，保证人员安全。

如图 4-7 所示，让电源的某项电源与机壳连接（无论任何原因），这时若有保护接地线与接地电阻相连［见图 4-7（a）］，这时 i_b 远大于流过人体的电流 i_r，人员安全。相反，图 4-7（b）下半部分电流全部流过人体，人员受到伤害。

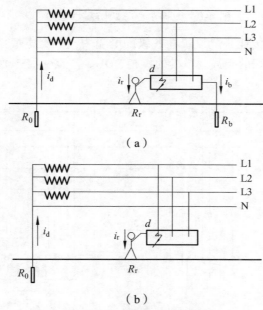

图 4-7　保护接地示意图

4.2.3.2　数据中心设备接地

对于数据中心设备、设施的接地，主要有两项措施需要落实：

1. 供配电系统防雷

在供配电系统中由于电力遭受到雷击而导致过电压、过电流通过电力传输线引入设备招致设备受损，这是设备防护接地的一个重点；在供配电系统的防雷接地处理，是设备免受过电压、过电流损害的主要手段。

目前，在数据中心，对于设备的防雷一般采用供配电系统三级防雷措施，将雷电流引入大地，减少雷击对设备的影响（见图 4-8）。数据中心机房的电源是从建筑物内的变配电室引来的，首先，要在变配电室设置第一级 SPD，一般是在低压侧主进开关附近装设。当从变配电室引出的电源电缆至信息系统机房时，全程经过了一定的距离，为了防止雷电电磁脉冲的影响，须在数据中心电源柜（箱）的进线处设置第二级 SPD。根据机房规模及距离第二级 SPD 的远近，有的在设备处还需要设置第三级 SPD。鉴于信息机房的重要性，建议 SPD 应选择全模式暂态电压浪涌保护，包括 L-N、L-L、L-G（N-G 依系统需要设置）。

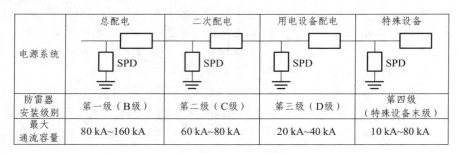

电源系统	总配电	二次配电	用电设备配电	特殊设备
防雷器安装级别	第一级（B级）	第二级（C级）	第三级（D级）	第四级（特殊设备末级）
最大通流容量	80 kA~160 kA	60 kA~80 kA	20 kA~40 kA	10 kA~80 kA

图 4-8　数据中心三级防雷示意图

浪涌保护器（SPD）接地一般设置在各级配电箱中，其与电源系统的连接方式如图 4-9 所示，随着人们对防雷意识的提高，不少的机柜 PDU，甚至一些普通用电插座都设置电源的防雷保护功能。

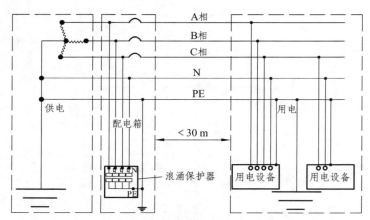

图 4-9　浪涌保护器防雷接线示意图

SPD 的选用应使其能够承受预期通过的雷电流，这是从 SPD 本身安全以及系统安全考虑。SPD 还应能限制线路的过电压，并且能熄灭雷电流通过后的工频续流。在选择 SPD 时，还应考虑 SPD 与被保护设备的保护配合。SPD 的电压保护值应始终小于被保护设备的冲击耐受电压值，只有这样才能起到保护作用，否则容易造成 SPD 还未动作，而被保护设备却遭受损害。另外究竟要装设多少级 SPD，这应根据被保护对象，即被保护的信息系统设备的雷电电磁脉冲防护等级来确定。在对 SPD 进行连接时，应按要求使连线尽量短，一般不超过 0.5 m。

如果进线端 SPD 的电压保护水平与被保护设备的冲击耐受电压相比过高的话，则须在设备处加装第二级 SPD。

为对电子信息系统机房设备提供最佳的保护，使得被保护设备既能承受更强的电流又有较小的残余电压，通常应用 SPD 作一级及二级保护。一级保护能承受高电压和大电流，并应能快速灭弧。二级保护用来减少系统端的残余电压，它应具有较高的斩波能力。两级 SPD 之间的最短距离为 10 m。

当进线端的 SPD 与被保护电气设备之间的距离大于 30 m 时，应在距离被保护设备尽可能近的地方安装另一个 SPD。反之，如果不增加一级保护，由于电缆距离较长，SPD 上的残压加上电缆感应电压仍可能损坏设备，不能起到保护作用。

2. 数据中心设备保护接地

在数据中心的所有设备和设施中，其保护接地必须严格执行，根据防雷的需要，所有的设备设施都采用等电位连接（见图 4-10），以确保可靠接地和人员的安全，为了保证其可靠接地，在机房内部设置接地网，将设备、机柜等设备需要接地的所有设备重复接入接地网中。

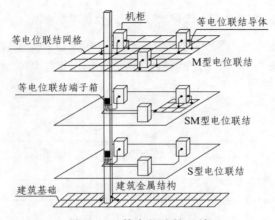

图 4-10 等电位连接系统

4.2.3.3 保护性线缆接地与接零

如前所述，除了如图 4-7 所示的保护直接接地的方式外。在实际工作中，不少地方采用保护接零（线），特别是所处的环境若不能直接接入本地接地网络时，这时利用电源工作零线在正常状况下是零电位的特点，将保护零与工作零连接，这就是保护接零方式，如图 4-11 所示。

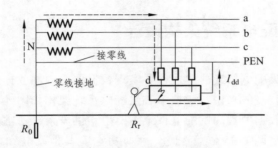

图 4-11 保护接零示意图

这种方式必须保证零线可靠接地否则可能导致人员安全事故的发生［见图 4-12（a）］，一般可采取零线重复接地的方式［见图 4-12（b）］，但是对于数据中心的 IT 设备来说，这种方式不适合。

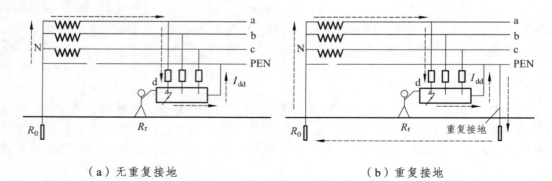

（a）无重复接地　　　　　　　　　　（b）重复接地

图 4-12　无重复与重复接地接零示意图

一般在数据中心的配电中建议采用 TN-S 系统：电源端中性点直接接地，中性线与保护线分别设置。推荐用电设备的金属外壳与保护线 PE 相连接并与本地接地网络实现等电位连接，如图 4-13 所示。

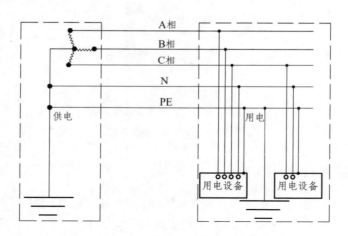

图 4-13　TN-S 接地系统重复接地示意图

4.3　数据中心供配电系统架构设计

根据前述数据中心供配电系统的组成，要实现数据中心内部的连续、稳定的供电目标和平衡、分类配电的要求，一般来说，数据中心供配电系统架构如图 4-14 所示。

从该架构图可见，数据中心的供配电系统主要由：供电系统、主配电柜、UPS 系统、机房配电柜、机柜配电、空调（HVAC）配电、照明办公及其他配电等共 7 部分组成。下面就各部分作简要说明。

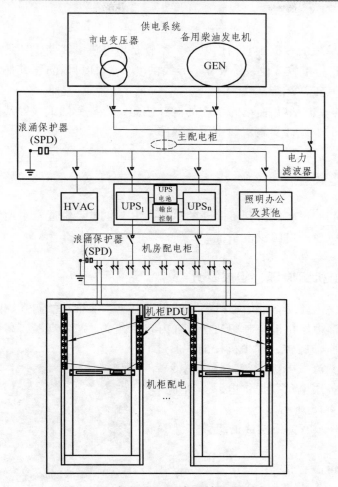

图 4-14　数据中心配电系统架构示意图

4.3.1　电源及线路

1. 供电系统方式选择

在数据中心的供配电系统的要求中，在国标中明确要求不能采用 TN-C 供电系统给数据中心供电，由于其电源工作零与机柜机箱直接连接，导致人员的安全威胁较大，所以不宜采用。在其余的各种供配电方式中，数据中心首推 TN-S 系统，在该方式中，工作零、保护地分离，将安全地与本地等电位接地网可靠连接，保证人员和设备并不受电源及其引入的雷电威胁。

2. 供电电源

用户根据自身所在的地理位置，单位配电的实际情况决定是否有多电源供电的可能性，一般来说不是特别关键的单位没有机会采用多电源供电的。那么在实际的建设中，往往需要考虑备用发电机确保数据中心的电力保障。

3. 供电线路

专线供电：在单位的数据中心的供电中，不管是市电供电线路，还是备用发电机供电线路，若有可能，将其与单位其他系统独立（专线供电），这样可以防止其他系统的电源故障波及数据中心，影响其正常运行。

线缆路由冗余：由于单路由电力线缆的健壮性差，容易受到工程等其他事故影响，所以建议在可能的情况下，设计实施双路由供电线路。

4.3.2 柴油发电机组

为确保数据中心的设备能得到不间断的电源供电，供电系统通常采用"市电供电 + 柴油发电机组备用"所组成的电源供电系统。

4.3.2.1 柴油发电机组原理、组成及分类

柴油发电机组，主要由柴油内燃机组、同步发电机、油箱、控制系统四个部分组成，利用柴油为燃料，柴油内燃机组控制柴油在汽缸内有序燃烧，产生高温、高压的燃气，当燃气膨胀时推动活塞使曲轴旋转，产生机械能，通过传动装置带动同步交流发电机旋转，将机械能转换为电能输出，给各用电负载提供电源。基本型柴油发电机组如图 4-15 所示。

柴油发电机组一般有如下构成的组件：

柴油发动机；

三相交流无刷同步发电机；

控制屏；

散热水箱；

燃油箱。

图 4-15 基本型柴油发电机组

在对柴油发电机组进行分类的方法有许多种，其中有根据其运行时间限制进行分类的。在数据中心使用的发电机组的运行时限的限制规定，其目的是确保动力发电机设备在连续方式下能够支持的数据中心的负载。在关键性等级要求使用的发电机能承受 ISO8528-1 中三个主要的等级（连续，主用，备用）之一的负载能力，根据具体的评级要求被认为是不同的。

（1）连续-评级：发电机可以为无限小时数目的额定千瓦运行。

（2）主用-评级：发电机可以在有限的时间内运行在额定功率下。这种能力不满足前节的意图。如 ISO8528-1 所述，主用-评级发电机的容量，以一个无限的方式运作必须降低到 70%（降额）。

（3）备用-评级：是指发电机具有年度的运行时间的限制。这种限制不符合数据中心对备用发电机的要求。

柴油发电机组还有多种分类方法，如：按柴油机的转速可分为高速机组（3 000 rpm）、中速机组（1 500 rpm）和低速机组（1 000 rpm 以下）；按柴油机的冷却方式可分为水冷和

风冷机组；按柴油机柴油调速方式可分为机械调速、电子调速、液压调速和电子喷油管理控制调速系统（简称电喷或 ECU）；按机组使用的连续性可分为常用机组和备用机组；柴油发电机组通常采用三相交流同步无刷励磁发电机，按发电机的励磁方式可分为自励式和他励式。

4.3.2.2　柴油发电机房设计

柴油发电机工作时需要产生较大的机械振动，发出较大的声音，产生柴油燃烧的烟，另外要使用燃油，还需要一定的储备等。虽然柴油燃点较高，发生火灾危险性相对较小，但将柴油发电机组设置在建筑物主体内，从理论上来说肯定还是有危险性的；其次，考虑到机组运行过程中通风、噪音、振动等问题，所以，柴油发电机房一定要充分考虑这些因素，合理设计该机房。以下是发电机机房设计注意事项汇总。

1．发电机房位置的选择

考虑到发电机房的进风、排风、排烟等情况，根据《民用建筑电气设计规范》的要求，柴油发电机房宜布置在首层或地下室，由于设备出入地下室不易，自然通风条件差都是机房设计需要特别设计的，机房选址时应注意以下几点：

所用房间须为热风管道和排烟管道的安装创造条件；排风、排烟不能对建筑出入口，正立面等部位造成影响；注意噪音对环境的影响，最好设置静音箱；不应设置在有积水的场所下方；宜靠近建筑物的变电所便于接线，减少电能的损耗，便于管理；机房内设储油间，在条件可能的情况下最好单独设计独立建筑房间，满足其工作需求。

2．进风、排风口

进风与排风口宜分别布置在机组的两端，以免形成气流短路，影响散热效果。进风口面积至少应为发动机散热器出口面积的 1.8 倍，排风口面积至少应为散热器出口面积的 1.5 倍。当条件受限制进风井、排风井并排布置时，进风、排风口水平距离应尽量大一些；当进风、排风口水平距离较近，排风口必须高出进风口，并不小于 6 m。进风口应尽量设在排风口的上风侧且应低于排风口。

进、排风口通常都配有百叶窗，孔口尺寸必须考虑百叶窗片所占有的无效面积，一般百叶风口的遮挡率可取 50%，条件许可最好采用防盗钢丝网，减少对进、排风的阻挡。

3．排烟管道

根据《民用建筑电气设计规范》JGJ16-2008 第 6.1.3～4 条规定：机房排烟应避开居民敏感区，排烟口宜内置排烟道至屋顶。当排烟口设置在裙房屋顶时，宜将烟气处理后再行排放。

排烟管敷设方式常用的有两种：

（1）水平架空敷设，优点是转弯少、阻力小，缺点是增加室内散热量，使机房温度升高。

（2）地沟内敷设，优点是室内散热量小，缺点是排烟管转弯多，阻力相对较大。

烟管与发电机排烟管的连接时，需要特别注意：由于发电机排烟管道内压力、速度较大，与其连接的排烟管道需要专业设计、实施，否则可能会导致排烟管道脱落的危险。

4. 隔音设计

柴油发电机房的主要噪声源均为柴油机产生，包括排气噪声、机械噪声和燃烧噪声、冷却风扇和排风噪声、进风噪声、地基振动的传递所产生的噪声等，柴油发电机组运行时，通常会产生 95～128 dB（a）的噪声。降噪处理的原则是在确保柴油发电机组通风条件即不降低输出功率的前提下，采用高效吸音材料和降噪消声装置对进、排风通道和排气系统进行降噪处理，使之噪声排放达到国家标准（85 dB（a）），条件许可的情况下可为发电机组安装静音箱，保证其对环境噪声的最小音响，若不能则应在机房的墙壁和门等部位做吸音处理，尽量减小其产生的噪音。其主要方式为：

（1）机房隔声。采用隔声墙，使发电机房作为一个相对密封的环境与外界隔开。除必要的与观察室相连接的内墙观察窗之外，其余均采用隔声墙，墙体的隔声量要求要 40 dB（a）以上。门窗采用防火隔声门窗。

（2）吸音处理。机房四周及天面可作吸音处理。

（3）进风和排风。进风口应与发电机组、排风口设置在同一直线上。

（4）通风隔声降噪。进风采用低噪声轴流风机强制进风，排风通过机组自带散热风扇进行排风。

（5）机组隔振。发电机组放在特殊的减振基础上，用 200 mm 厚钢筋混凝土作基础，与机房地面隔开，机组与基础之间加橡胶减振垫。

5. 燃料及储备

根据《民用建筑电气设计规范》的规定按柴油发电机运行 3～8 h 设置燃油箱，而民用建筑防火规范要求更严格，应在机房内设置专用的储油间，内设日用油箱，其总储存量不应超过 8 h 的需要量，而根据建筑设计防火规范规定中间储油罐容积不超过 1 m^3。

储油间应采用防火墙与发电机间隔开，若必须在防火墙上开门时，应设置能自行关闭的甲级防火门，并向发电机间开启。油箱间内灯具采用防爆型，并设置日常通风；对于不同等级的数据中心对燃油储备的规定各异，可参照相关标准执行。

6. 自动转换柜 ATS

ATS 具备检测状态，自动实现启动、切换和保护功能。接收到启动指令后应能立即启动，若延迟启动，延迟时间不超过 15 min；检测到异常情况如输出短路或超载，应断电停机自动保护，同时记录检测信息，供维护人员使用；具有远程通信功能，实现远程状态查询和接收远程指令。

7. 机房接地

柴油发电机房一般应用 3 种接地：

（1）工作接地：按照《民规》的要求，当采用一台发电机组时需中性点直接接地，当两台机组并机时在不存在环流的可能下采用中性点经刀开关接地或采用加装限流电抗器接地。

（2）保护接地：柴油发电机组的正常不带电的金属外壳需接地。

（3）防静电接地：燃油系统的设备及管道需要接地。

以上各种接地与建筑物的其他接地共用接地装置，即采用公共接地方式。

4.3.3 常见配电设备设施

4.3.3.1 自动转换开关（ATSE）

自动转换开关电器（ATSE，Automatic Transfer Switching Equipment），由一个（或几个）转换开关电器和其他必需的电器组成，用于监测电源电路，并将一个或几个负载电路从一个电源转换至另一个电源的电器。

1. 结　构

ATSE 一般由三部分组成：开关本体、驱动/保持机构、控制器。

（1）开关本体：指主触头的结构、材料、动静触头连接方式、触头压力、同步性、超程、动触头开启速度、灭弧方式等构成。

（2）驱动/保持机构：使触头完成闭合、开启的传动机构。有三种方式，电磁直接驱动/保持（例如接触器），励磁 + 连杠传动驱动/机械保持，减速电机 + 传动机构驱动/机械保持。

（3）控制器：从仅有单相缺相控制功能到具有超过 ATSE 预设定的参数要求的参数检测、现场设定、显示、带通信接口等功能，差别很大。

一个真正技术先进、可靠性高的 ATSE，必须是以上三个部分都同步达到相应的水平。一个部分的缺陷，就是整个 ATSE 的缺陷。选择高可靠性的 ATSE，也必须从以上三个方面综合判断。

2. ATSE 分类

根据 GB/T14048.11，ATSE 可分为 PC 级或 CB 级两个级别。

PC 级：能够接通、承载，但不用于分断短路电流的 ATSE。

CB 级：配备过电流脱扣器的 ATSE，其主触头能够接通并用于分断短路电流。

这两个级别主要区别就是有无短路分断能力，但这样的分类相对简单，是欧美在制定标准时妥协的产物。按照转换元器件及控制方式的不同，又可以对 PC 级或 CB 级 ATSE 进行进一步划分。

（1）接触器型：如图 4-16（a）所示，是我国最早生产的双电源转换电器，它由两台接触器搭接，另外采用中间继电器或逻辑控制模块完成切换功能，优点是价格低，缺点是线圈长期通电，耗能且易烧毁，产品的接通分断能力低，易抖动，触头易熔焊，互锁结构简单，切换速度快，但灭弧距离不够，持续发出交流杂音，持续耗电，故障电流忍受能力低，触点易熔化、损坏。机械结构易故障，机械联锁不可靠，造成双边不供电或双边电源短路其产品可靠性很低，目前在国内数据中心应用较少。

（2）隔离/负荷开关型：如图 4-16（b）所示，开关本体为隔离/负荷开关，采用电机加齿轮或连杆传动模式，一般分两位式（常用、备用）和三位式（常用、0 位、备用）两种。用两台负荷开关或隔离开关组成的 ATSE，有中间位置，机械结构较为复杂。负荷开关只是作为线路隔离/分断使用，当满载切换时容易造成开关本身的损坏，故障电流忍受能力低，灭弧功能较弱。

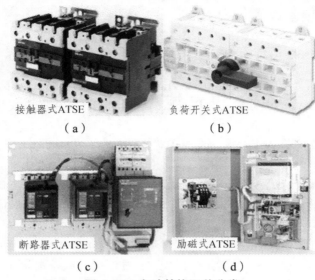

接触器式ATSE　　　　　　　负荷开关式ATSE
（a）　　　　　　　　　　（b）

断路器式ATSE　　　　　　　励磁式ATSE
（c）　　　　　　　　　　（d）

图 4-16　自动转换开关分类

（3）断路器型：如图 4-16（c）所示，属于 CB 级 ATSE，此类自动转换开关电器以断路器为切换部件，切换功能用 ATSE 自动控制单元完成，有机械和电气连锁。带载切换时将造成灭弧不完整，容易造成双边电源并接短路，故障电流忍受能力低，断路器存在快速脱扣的情况。断路器型 ATSE 的操作机构有单电机操作和双电机操作两种，相对而言，单电机操作系统内部电路相对复杂，元器件较多，可靠性较低。在重要的场合如果采用断路器型 ATSE，优先推荐采用电路简单、可靠性高的双电机操作 ATSE。

（4）励磁式专用转换开关型（双投式 ATSE）：如图 4-16（d）所示。属于 PC 级 ATSE，整个开关采用一体式结构设计，包括触头材料、灭弧材料、传动机构等。采用励磁驱动方式，励磁是最简单可靠的驱动机构，分离速度快。缺点是大容量 PC 级 ATS 一般需要专门配置上下游的线路保护设备，且价格较贵。国内大型数据中心中，此类 ATSE 是目前应用的主流产品之一。

3．ATSE 单点故障问题

ATSE 作为重要的转换开关设备，对可靠性要求极高，一旦 ATSE 故障，可能产生较大范围的影响。

为解决 ATSE 故障可能造成的风险，首先在供电方案上，可以采用系统冗余方案，保证任意一个故障，系统依然可以安全运行；其次，在 ATSE 部分，提高产品可靠性，在大型数据中心的电源切换部分，推荐采用带旁路隔离开关型 ATSE，在 ATSE 故障情况下，临时利用隔离旁路给负载供电，而故障 ATSE 本体则可以维修，系统不会断电。GB50174-2008 8.1.16规定："市电与柴油发电机的切换应采用具有旁路功能的自动转换开关。自动转换开关检修时，不应影响电源的切换。"

旁路型自动转换开关至少需要具备如下功能：

（1）旁路隔离开关能在用电负荷不停电的情况状态下，旁通电源至负载。旁路开关的容量不小于自动转换开关的额定容量。

（2）旁通电源时能安全隔离自动转换开关及相关控制电源，保证自动转换开关的检修及维护能够安全进行。

（3）应该设置明确的旁路隔离标志，显示系统状态。

（4）应该设置安全可靠的电子和机械联锁，防止误操作。

4. 带旁路隔离自动转换开关

作为主要电路的断路器一般采用大型自动断路器，这种设备往往是智能的，实现在主供和备用电源之间的切换。大型自动断路器一般是用于切断主电源回路的，可以自动保护的智能配电设备。如图 4-17 所示为带旁路隔离自动转换开关。

它在不同的应用模式下有不同的功能：如在市电-发电机应用中，自动转换开关将提供一组发电机的启停控制触点，可实现依照常用电源-市电的状况对发电机进行控制器。自动转换开关工作模式如下：

1：检测常用电源（故障）；　2：发送发电机的启动信号；

3：自动转换至备用电源；　4：检测常用电源（恢复正常）；

图 4-17　旁路隔离自动转换开关

5：自动转换至常用电源；　6：发送发电机停止信号；

开关在自动操作时，会检测常用电源和备用电源欠压、过压、异常频率、三相电压不平衡、相序和断相故障，在发生上述故障时电力命令控制器自动转换电源到可用电源给负载供电，可见该类开关是非常智能的。

4.3.3.2　断路器

低压断路器也俗称自动空气开关，用来接通和分断负载电路，具有过载和短路保护等功能，是电网中一种重要的保护电器，是数据中心低压配电系统重要的组成部分。断路器的作用是切断和接通负荷电路，以及切断故障电路，防止事故扩大，保证安全运行。常见断路器如图 4-18 所示。

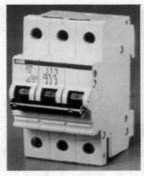

图 4-18　常见断路器

1. 工作原理

断路器实现过载及短路保护，主要是靠断路器内部的脱扣器来完成上述功能的。目前应用的断路器脱扣器主要有两种：热磁脱扣器和电子脱扣器。

热磁脱扣器包含热脱扣、电磁脱扣两个功能。热脱扣是通过双金属片过电流延时发热变形推动脱扣传动机构，主要完成断路器的过载保护；电磁脱扣是通过电磁线圈的短路电流瞬时推动衔铁带动脱扣，用来完成断路器的短路保护。

电子脱扣器也包含过载及短路保护功能，并可以方便地进行整定。电子脱扣器就是用电子元件构成的电路，用来检测主电路电流，放大并推动脱扣机构动作来实现保护。

热磁脱扣器性能稳定且不受电压波动影响、寿命长、灵敏度低、不易整定，一般用于 200 A 以下小容量断路器。电子脱扣器功能完善、灵敏度高、整定方便，但是相对容易受到受电源影响，主要用于大容量断路器。

2. 分　类

按照结构构造不同，将断路器分为如下几种类型：微型断路器、塑壳断路器、框架断路器。

微型断路器：Miniature Circuit Breaker，简称 MCB。容量以 1 ~ 63 A 为主。

塑壳断路器：Moulded Case Circuit Breaker，简称 MCCB，容量以 80 ~ 800 A 为主。

框架式断路器：Air Circuit Breaker，简称 ACB，容量以 800 A ~ 3 200 A 为主。

3. 使用选择原则

低压断路器的主要参数有：额定电压、额定电流、极数、脱扣器类型及其额定电流、整定范围、电磁脱扣器整定范围、主触点分断能力等。在选择低压断路器的时候，应遵从以下原则：

（1）断路器额定工作电压应大于或等于线路、设备的正常工作电压。低压配电系统中，我们一般采用交流断路器工作电压一般满足 220 V 低压配电线路，需要注意的是，某些交直流两用断路器用于直流电路中时，电压等级往往不满足要求，比如 ABB 微型断路器，交流工作电压 230 V，直流工作电压 60 V，就不能用于超过 60 V 的直流回路中，如 UPS 与蓄电池连接的开关，UPS 蓄电池组电压一般超过 100 V。

（2）断路器脱扣器整定电流应大于或等于线路的最大负载电流。通常设计原则是，断路器按照最大负载电流的 1.15 ~ 1.2 倍选取，当然，还需要考虑其他因素，如断路器在不同环境温度和安装方式下的容量降额问题。

（3）断路器的短路整定电流应躲过线路的正常工作启动电流。数据中心中，如服务器设备启动冲击电流可能达到额定电流 5 ~ 8 倍，如果断路器选择不当，断路器有可能因为大的冲击电流而引起误动作，造成不必要损失。

（4）根据断路器短路通断能力 Icu 选择断路器。低压断路器的分断能力应大于或等于电路最大短路电流，另外，需要关注的是，在满足短路分断能力前提下，断路器短路整定电流也不是越大越好，根据《低压配电设计规范》GB50054 - 95 规定，断路器灵敏度应不小于 1.3，即线路最小短路电流应不小于断路器短路整定电流的 1.3 倍，以此来校验断路器动作的灵敏性。

使用注意事项：在数据中心慎用漏电保护特性的断路器，断路器要能适合 UPS、IT 设备的启动电流的需求。

4.3.3.3　电力滤波器

由于电力系统中某些设备和负荷的非线性特性，即所加的电压与产生的电流不成线性关系而造成的波形畸变。当电力系统向非线性设备及负荷供电时，这些设备或负荷在传递（如变压器）、变换（如交直流换流器）、吸收（如电弧炉）系统发电机所供给的基波能量的同时，又把部分基波能量转换为谐波能量，向系统反向传送大量的高次谐波，使电力系统的正弦波形畸变，电能质量降低。

电力滤波器分为有源电力滤波器和无源电力滤波器。

有源电力滤波器（APF：Active Power Filter）是一种用于动态抑制谐波、补偿无功的新型电力电子装置，它能够对不同大小和频率的谐波进行快速跟踪补偿。之所以称为有源，是相对于无源 LC 滤波器只能被动吸收固定频率与大小的谐波而言，APF 可以通过采样负载电流并进行各次谐波和无功的分离，控制并主动输出电流的大小、频率和相位，并且快速响应、抵消负载中相应电流，实现了动态跟踪补偿，而且可以既补谐波又补无功和不平衡，如图 4-19 所示。

图 4-19　有源电力滤波器

无源滤波器，又称 LC 滤波器，是利用电感、电容和电阻的组合设计构成的滤波电路，可滤除某一次或多次谐波，最普通易于采用的无源滤波器结构是将电感与电容串联，可对主要次谐波（3、5、7）构成低阻抗旁路。单调谐滤波器、双调谐滤波器、高通滤波器都属于无源滤波器。

4.3.3.4　母　排

母线就是一些铜做的铜排。上面有绝缘层，用于连接柜内各元件、因为电源控制柜内各个断路器的电流大小不同，所以，母排的大小也各异。如图 4-20 所示展示了在电力配电箱内的各类母排。

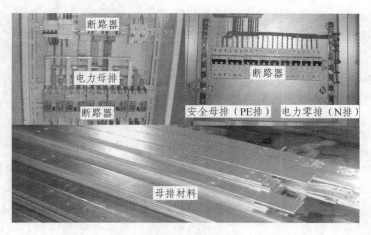

图 4-20　配电母排

电力母排：根据功能不同有断路器之间连接用的电力母排，若电力母排需要连接多个断路器，则可使用汇流母排；

N 排：电源工作零点配置母排，在配电柜内因需要连接电源工作地的断路器较多，于是在机柜内一般设置专门的母排，需要工作地的断路器与之连接，从而实现前后各级之间的工作地一致。

PE 排：电力系统中的各类机壳的保护连接，可实现本地重复接地，有时也是其他设备保护接地到本地地网的途径之一。

浪涌保护器用于电力系统防雷，不论数据中心采用哪种 UPS 设计，建议在市电入口处采取浪涌保护措施，以保护 UPS 输入监控电路，并向 UPS 旁路供电的电路上提供浪涌保护。

在配电柜的配置中电力状况指示是其基本功能，显示电力的状况（电压、电流、功率）。在配电柜内有时需要安装互感器、电功率表等设备实现电力计量，保险（熔断器）用以保护控制柜电源过压或短路等。

4.3.4　数据中心配电柜

在数据中心所使用的配电柜属于电力系统的末级配电设施，一般都采用智能一体化配电柜。其主要作用是：在数据中心的 UPS 系统前实现数据中心的整体各部分电能分配，在 UPS 系统后实现 IT 设备的最终电能的分配。根据数据中心的规模大小，可能存在多级配电柜进行电能的分配，主要根据配电的规模和管理的方便需要。在实际的设计中要注意防止供配电线路的单点故障引起的系统电力中断，也要在关键配电设备上设置旁路开关，以备紧急情况和维修之用。

配电柜的组成有：各种规格的自动转换开关、断路器，连接开关、断路器简单电力母排，浪涌保护器（SPD），电力滤波器，保护地——PE 排，电源工作地——N 排等设施，视具体情况会可能会有保险、互感器、电度表等。如图4-21 所示。

图 4-21　数据中心总配电柜

4.3.4.1　主配电柜

数据中心主配电柜主要是实现市电在数据中心的整体分配。如图 4-14 所示，一般来说数据中心主配电柜将电力分为 UPS 输入、机房空调电力输入、其余辅助电力输入。其电力的输入是市电和柴油发电机备用电源，在他们之间应配有自动、手动倒换装置，有电器连锁和机械连锁装置，在两种电源的倒换中，市电具有优先功能。一般设置在电力总控室。数据中心的主配电柜主要是实现主供电源的选择和数据中心电能的分配。

该配电柜的逻辑控制要求：

（1）当市电中断或电压超过规定范围时，自动切断市电；同时，柴油发电机启动开始计时，达到设计启动设计时限后，柴油发电机启动；当柴油发电机启动后输出稳定后再转由柴油发电机给 UPS 系统供电。

（2）当市电来电或恢复正常后且正常状态达到设计时限后，自动转换开关转换到市电供电，同时柴油发电机启动停机操作。

（3）一般情况下，在市电或柴油发电机无输出电力时，均有 UPS 输出供电。当其输入电力恢复后又输入电力供电。

4.3.4.2 机房配电柜

在 UPS 的输出配电中由于数据中心规模大小和各个机房数量规模的不同，可能有如下两种 UPS 供电方式——集中与分散方式。机房配电柜要实现配电到单个的主机房及其内部各个列头配电机柜。机房配电柜如图 4-22 所示。

图 4-22 机房配电柜

数据中心机房较多、规模较大的情况下，可以集中考虑由统一的 UPS 系统集中供电，在其机房内设置集中控制各个机房的 UPS 总配电柜，在其分配后再由各个机房自行分配。这种配置方式，如图 4-23 所示，设计合理可以节省冗余设施的设备数量，其机房级的配电柜由 UPS 总控柜和各个主机房的配电柜组成。

数据中心规模较小或为管理等原因采取的方式如图 4-24 所示。在这种方式下，各个机房单独设置 UPS 系统分别管理，对于规模小、管理人员少的数据中心比较适合。该方式的机房级的配电柜既担任 UPS 输出配电，又担任该机房的配电工作，不管是采取哪种配电方式，机房级的配电柜在各个机房至少设置一个。

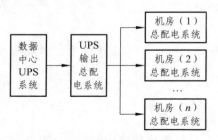

图 4-23　机房集中配电方式

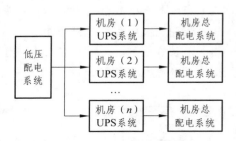

图 4-24　机房分散配电方式

4.3.4.3　机柜级配电柜

这里阐述的机柜级的配电柜，是指实现机房级配电到各个机柜间的电力配送，一般来说也有集中配送和分散配送两种方式供选择，选择的原则是对于机房规模较大时，最好采用分散的方式来配送电力，如图 4-25 所示。从图中可见，电力先由机房级配电柜配送到机房内各个列头柜，再由列头柜向本列各个机柜进行配送。

这种方式下，机柜级的配电柜由列头配电柜和机柜 PDU 实现。

在机柜集中配电方式中，去掉了列头配电机柜，由机房级配电柜担任了列头配电柜的功能，改用机房配电柜直接向各个机柜配电，该配电方式对于机房内机柜特别多的情况下是适用的。其实现方式如图 4-26 所示。

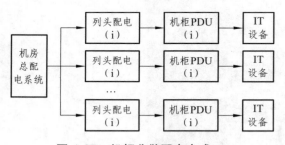

图 4-25　机柜分散配电方式

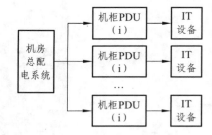

图 4-26　机柜集中配电方式

4.3.4.4　平衡负载配电

目前的数据中心一般都是三相供电，所以在各级配电柜的配电中必须考虑负载平衡问题。由于在建设之初，并不知道数据中心的负载分布情况，为此，需要在各级配电柜上注意平衡配电工作。平衡负载配电示意如图 4-27 所示。

设备机柜的设备现在一般为 2 路电源输入，考虑到电源负载的平衡问题，建议各个设备机柜配送 2 相电源，以满足设备的需要。若设备有 3 路及以上电源输入的设备，可考虑在给机柜引入 3 相电源。

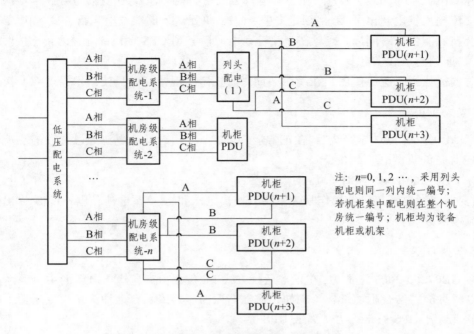

图 4-27　平衡负载配电示意图

4.3.5　数据中心的 UPS 系统

UPS 是一种利用电池化学能作为后备能量，在市电断电或发生异常等电网故障时，不间断地为用户设备提供（交流）电能的一种能量转换装置，正式名称为不间断供电系统（Uninterruptible Power System）。UPS 的设计和选型对于数据中心供电系统的建设具有核心的意义。

从最基本的层面看，UPS 执行两个基本功能：

（1）调整输入电源，消除公共电网和其他主要电源上最常见的电压骤降和尖峰；

（2）通过动态地选择从公共电网、电池、备用发电机和其他可用电源上汲取电力，为电压骤降和短时断电（5 min 到 1 h）提供过渡电源。

4.3.5.1　UPS 分类

国家标准《不间断电源设备第 3 部分：确定性能的方法和试验要求》GB07260-2003 的附录 B 定义，将 UPS 运行分为：双变换运行、互动运行、后备运行等三类运行方式，即 UPS 行业广为熟悉的双变换 UPS、互动 UPS、后备 UPS 等三种。我国的国标 GB7260 等同国际电联标准 IEC62040 Uninterruptible Power System（UPS），也等同欧洲标准 EN62040-2001。

1. 双变换 UPS

国标 GB07260-2003 定义为"在正常运行方式下,由整流器/逆变器组合连续地向负载供电。当交流输入供电超出了 UPS 预定允差,UPS 单元转入储能供电运行方式,由蓄电池/逆变器组合在储能供电时间内,或者在交流输入电源恢复到 UPS 设计的允差之前(按两者之较短时间),连续向负载供电"。

同时国标强调,避免使用"在线"一词,防止定义混淆,而只使用术语"双变换"。

2. 互动 UPS

国标 GB07260-2003 定义为:"在正常运行方式下,由合适的电源通过并联的交流输入和 UPS 逆变器向负载供电。"

国标 GB07260-2003 特别强调:

"逆变器或者电源接口的操作是为了调节输出电压和/或给蓄电池充电;UPS 输出频率取决于交流输入频率。"

3. 后备 UPS

国标 GB07260-2003 定义为:在正常运行方式下,负载由交流输入电源的主电源经由 UPS 开关供电。可能需结合附加设备(例如,铁磁谐振变压器或者自动抽头切换变压器)对供电进行调节,这种 UPS 通常称为"离线 UPS"。

4.3.5.2　基本原理

1. 后备式 UPS

如国标、IEC、EN 等标准所言,后备式 UPS 电源的功率变换主回路的构成比较简单,如图 4-28 所示。市电正常时,UPS 一方面通过滤波电路向用电设备供电,另一方面通过充电回路给后备电池充电。当电池充满时,充电回路停止工作,在这种情况下,UPS 的逆变电路不工作。当市电发生故障,逆变电路开始工作,后备电池放电,在一定时间内维持 UPS 的输出。主要由电池充电器、逆变器、输出转换开关和自动电压调压等部分构成。

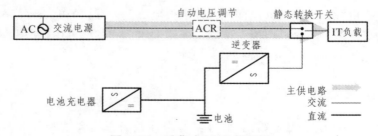

图 4-28　后背式 UPS 原理图

充电器:市电存在时,对蓄电池充电,如果是长延时 UPS,就要求它有较强的充电能力,或者外加相应容量的附加充电器。

逆变器:市电存在时,逆变器不工作;市电掉电时,由它将直流电压(电池供给)变成符合负载要求的交流电压,电压波形有方波、准方波、正弦波三种形式。

输出转换开关：市电存在时，接通输入电源向负载供电；市电掉电时，断开电网，接通逆变器，继续向负载供电。

自动电压调压（可选）：实质上是一个变压器装置，可自动进行升压和降压的设置。因此可以拓宽 UPS 在市电状态下的工作范围，通常以可选件的形式存在。

2. 双变换式 UPS

市电正常供电时，交流输入经 AC/DC 变换 100%转换成直流，一方面给蓄电池充电，另一方面给逆变器供电；逆变器自始至终都处于工作状态，将直流电压经 DC/AC 逆变成交流电压给用电设备供电，如图 4-29 所示。

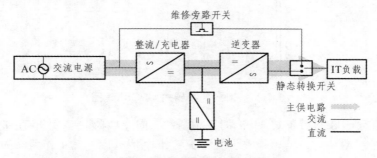

图 4-29 双变换式 UPS 原理图

整流器：交流市电输入经过整流器转换为直流电，给电池充电，并通过逆变器向负载供电。

逆变器：该逆变器为 DC-AC 单向逆变，当市电存在时，它由整流器取得功率后再送到输出端，并保证向负载提供高质量的电源；当市电掉电时，由电池通过该逆变器向负载供电。

静态开关：正常时处在旁路侧断开，逆变侧导通状态；当逆变电路发生故障，或者当负载受冲击或故障过载时，逆变器停止输出，静态开关逆变侧关闭，旁路侧接通，由电网直接向负载供电。

3. 交互式 UPS

交互式 UPS，输入电压范围通常比后备式系统的宽，不使用电池就可通过电源接口将电压调整到可接受的限制范围内。在电源正常情况下由电源直接供电，当电源范围超过某一范围后，电压调节模块运行将电压调整到正常范围。交互式 UPS 原理如图 4-30 所示，交互式 UPS 有多种实现方式，如双向变换器式 UPS、Dalta 变换式 UPS 等。下面结合双向变换器式 UPS 介绍交互式 UPS 的工作原理。

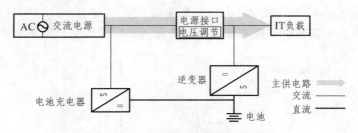

图 4-30 交互式 UPS 原理图

双向变换器式 UPS（见图 4-31）：市电正常，交流电通过工频变压器直接输送给负载；当市电超出上述范围，在 150～276 V 之间时，UPS 通过逻辑控制，驱动继电器动作，使工频变压器抽头升压或降压，然后向负载供电。若市电低于 150 V 或高于 276 V，UPS 将启动逆变器工作，由电池逆变向负载供电。在市电在 150～276 V 之间时，身兼充电器/逆变器的变换器同时还给电池充电，处于热备份状态，一旦市电异常，马上就转换为逆变状态，为负载供电。

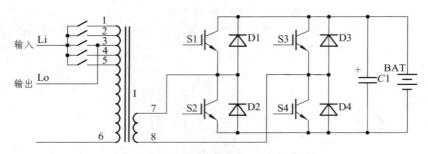

图 4-31 双向变换器式 UPS 原理图

双向变换器式 UPS 与后备式 UPS 的区别是"双向变换器"：当市电存在时，"双向变换器"的工作状态是 AC-DC，给电池充电并浮充；市电掉电后，其工作状态为 DC-AC，由电池供电，保持 UPS 继续向负载供电。变换器时刻处于热备份状态，市电/逆变切换时间比后备式要短，同时兼顾了对电池充电的功能，提高了后备式 UPS 的功率容量，减小了市电掉电时的转换时间，提高了对输出电压的滤波作用。

4.3.5.3 UPS 供电方案

为了保证 UPS 系统的可靠供电，根据数据中心的关键性级别不同，可以采取多种供电方案。

1．单机基本供电方式

单机工作供电方案为 UPS 供电方案中结构最简单的一种，就是单台 UPS 输出直接接入用电负荷。一般使用于小型网络、单独服务器、办公区等场合；系统由 UPS 主机和电池系统组成，不需要专门的配电设计和工程施工，安装快捷；缺点是可靠性较低。

2．串联供电方式

一种比较早期、简单而成熟的技术，它被广泛地应用于各个领域，UPS 串联备份的定义是：备机 UPS 的逆变器输出直接接到主机的旁路输入端，在运行中一旦主机逆变器故障时能够快速切换到旁路，由备机的逆变器输出供电，保证负载不停电，如图 4-32 所示。

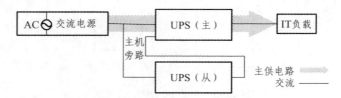

图 4-32 UPS 串联供电方式

组成串联系统的 UPS 必须具有如下技术条件：在线式 UPS 电源，这样逆变器才能保持和旁路的同步；UPS 具有整流器和旁路双重输入端；UPS 能够承受 100% 的负载跳变。

3. 并联供电方式

直接并机供电方案是将多台同型号、同功率的 UPS，通过并机柜、并机模块或并机板，把输出端并接而成。目的是为了共同分担负载功率，如图 4-33 所示。其基本原理是：正常情况下，多台 UPS 均由逆变器输出，平分负载和电流，当一台 UPS 故障时，由剩下的 UPS 承担全部负载。并联冗余的本质是 UPS 均分负载。实现组网形式多有 $N+1$（N 台工作，1 台冗余）或者 $M+N$（M 台工作，N 台冗余）。

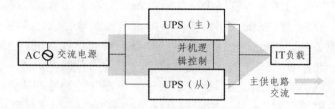

图 4-33　UPS 并联供电方式

要实现并联冗余，必须解决以下技术问题：各 UPS 逆变器输出波形保持同相位、同频率；各 UPS 逆变器输出电压一致；各 UPS 必须均分负载；UPS 故障时能快速脱机。

4. 模块并联供电方案

所谓模块并联供电方案实质上就是直接并机供电的解决方案的一种，只不过其具体的实现方式和传统的直接并机供电方案有所不同：模块化 UPS 包括机架、可并联功率模块、可并联电池模块、充电模块等，如图 4-34 所示。

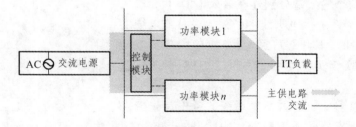

图 4-34　UPS 模块并联供电方式

5. 双总线供电方式

为保证机房 UPS 供电系统可靠性，$2N$ 或 $2(N+1)$ 的系统开始在中大型数据中心中得到了规模化的应用，在业界经常也被称之为双总线或者双母线供电系统。$2N$ 供电方案由两套独立工作的 UPS、负载母线同步跟踪控制器（LBS，Load Bus Synchronization）、一至多台静态切换开关系统（STS，Static Transfer Switch）、输入、输出配电屏组成，如图 4-35 所示。

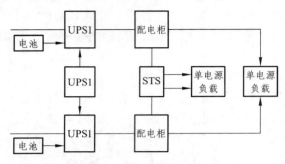

图 4-35　UPS 双总线供电方式

（1）考虑到系统实现的成本，数据中心的负载被分为两类：单电源/三电源负载，双电源负载。正常工作时，两套母线系统共同负荷所有的双电源负载；通过 STS 的设置，各自负荷一半的关键的单电源负载。因此，正常工作时两套母线系统会各自带有 50% 的负载。

（2）将其中的一套单机系统作为双总线系统的一根输出母线，另外一套单机系统作为双总线的另一根输出母线，将两套母线系统输出通过同步跟踪控制器同步起来。

负载母线同步跟踪控制器（LBS）用于双总线 UPS 系统中，用来保证两套 UPS 输出系统的同步。如双总线系统图 4-35 所示，先设定任意一套 UPS 并机系统为主机（Master），LBS 同时监视两条母线上的 UPS 输出频率及相位。一旦发现它们超出同步跟踪范围（例如 10°，该参数可调）时，LBS 激活，内部控制对预先定义为 Master 的 UPS 继续跟踪市电，而另一条母线上的 UPS 将通过 LBS 的控制，对 Master 进行跟踪，从而实现两套系统同步。

（3）即使是一套系统完全失效或者需要检修，双电源负载因为有一根输出母线仍然有电所以会继续正常工作，而关键的单电源负载会通过 STS 零切换到另外一根输出母线也会正常工作。

静态切换开关系统（STS）用来为单路电源负载供电切换时使用，单电源负载接在 STS 输出端上，STS 两个输入端分别连在输入电源 1 和输入电源 2，当其中一个系统供电母线上的任何设备或电缆发生故障或需要维护时，其负载可经转换时间为 1/4 周波的静态转换开关切换至另一个系统供电。STS 原理如图 4-36 所示。

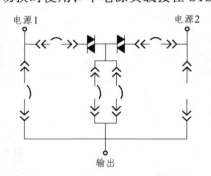

图 4-36　STS 原理图

（4）区别于以前的供电方案，系统的备份首先带来的是负载用电的可靠性的显著提升。除此之外，该方案具有优秀的开放性和良好的前瞻性，系统以后的扩容升级和维护也会显得十分方便。因为任何时候我们均可将其中的一套系统完全关闭以处理维护或者扩容的问题。

双总线系统真正实现了系统的在线维护、在线扩容、在线升级，提供了更大的配电灵活性，满足了服务器的双电源输入要求。解决了供电回路中的"单点故障"问题，做到了点对点的冗余，极大增加了整个系统的可靠安全性，提高了输出电源供电系统的"容错"能力。

（5）该方案建设成本相对较高，在实际建设过程中，需要注意可靠性和经济性的适当权衡。

6. 三总线配电方式

三总线系统是双总线供电系统的一种变异形式，系统最大安全带载率可由双总线系统的 50% 提升至 66%，同时仍具备双总线系统的可靠性等级。这样基本不损失可靠性的前提之下有效地降低建设成本，如图 4-37 所示。

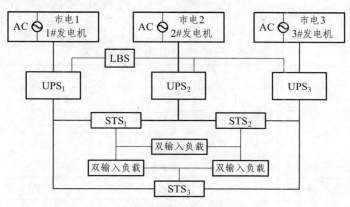

图 4-37　UPS 三总线供电方式

7. Catcher Bus 供电方案

Catcher Bus 无需复杂的开关装置，由 STS 负责供电切换，最大负荷（N-1）/N 带载率从双总线 50% 提高到 75% ~ 90%，可实现系统节能减排。但相比于双总线/三总线系统，可靠性有所下降，如图 4-38 所示。

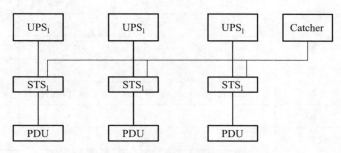

图 4-38　UPS catcher 总线供电方式

4.3.5.4　UPS 系统参考参数

数据中心所有的电子信息设备应由不间断电源系统供电。不间断电源系统应有自动和手动旁路装置。确定不间断电源系统的基本容量时应留有余量，不间断电源系统的基本容量可按下式计算：

$$E \geqslant 1.2P$$

式中，E：不间断电源系统的基本容量（不包含备份不间断电源系统设备）（KW/KVA）；P：电子信息设备的计算负荷（N）（kW/kVA）。

UPS 应具有在市电停电和不稳或负载变换较大的条件下正常运行的能力，设备平均无故障时间应大于或等于 10 000 h；机内静态旁路模块电路和机外热备份机器均应能够可靠自动切换；具有自检测诊断，用户操作界面及设备通信功能；能够实现多级协作共同供电功能；输入掉电和超出规定范围（ – 15% ~ 10% ）时发出警告信息。通过一定的途径通知维护人员及时检查处理；根据设计要求具有一定的可持续供电时间（根据系统设计和负载情况而定）。UPS 的电器性能可参考《通信用不间断电源 – UPS》YD/Tl095-2008 中有关电源质量的指标（见表 4-6 ）。

表 4-6　在线式 UPS 电气性能要求

序号	指标项目	技术要求			备注
		I	II	III	
1	输入电压可变范围	165 V ~ 275 V	176 V ~ 264 V	187 V ~ 242 V	相电压
		285 V ~ 475 V	304 V ~ 456 V	323 V ~ 418 V	线电压
2	输入功率因数	≥0.95	≥0.90	—	
3	输入电流谐波成分	<5%	<15%	—	规定 3 ~ 39 次 THDA
4	输入频率	50 Hz ± 4%			
5	频率跟踪范围	50 Hz ± 4% 可调			
6	频率跟踪速率	（0.5-2）Hz/s			
7	输出电压稳压精度	±1%	±2%	±3%	
8	输出频率	（50±0.5）Hz			电池逆变工作方式
9	输出波形失真度	≤2%	≤3%	≤5%	组性负载
		≤4%	≤6%	≤8%	非线性负载
10	输出电压不平衡度	≤5%			
11	动态电压瞬变范围	±5%			
12	瞬变响应恢复时间	≤20 ms	≤40 ms	≤60 ms	电池逆变工作方式
13	输出电压相位偏差	≤2°			
14	市电电池切换时间	0 ms			
15	旁路逆变切换时间	<1 ms	<2 ms	<4 ms	>3 kVA
		<1 ms	<4 ms	<8 ms	≤3 kVA
16	电源效率	≤10 kVA ≥82%		>10 kVA ≥90%	额定输出功率
		≥60 KVA ≥88%			50%输出功率
17	输出有功功率	≥额定容量×0.7 KW/KVA			
18	输出电流峰值系数	≥3			
19	过载能力（125%）	10 min	1 min	30 s	
20	音频噪声	<55 dB（A）	<60 dB（A）	<70 dB（A）	
21	并机负载电流不均衡度	≤5%			对有并机功能的 UPS

4.3.6　机柜 PDU

这里 PDU 是机架式电源分配单元,也叫电源分配管理器,应具备三大功能:(1)电源分配和管理功能;(2)多重保护功能;(3)基于基础数据的附加功能。

电源的分配是指电流及电压和接口的分配;电源管理是指开关控制(包括远程控制)、电路中的各种参数监视、线路切换、承载的限制、电源插口匹配安装、线缆的整理、空间的管理及电涌防护和极性检测。

支持远程控制,方便管理;可接入局域网或互联网,用户可远程通过电脑对 PDU 进行控制,并对其下联端口的各设备的供电进行查询、连通、断开或重启,彻底打破了距离和地域的束缚。

具有方便可靠的安装性能,多重电路保护功能;雷击、电涌防护;最大耐冲击电流为 20 KA 或更高;限制电压≤500 V 或更低;报警保护:LED 数字式电流显示与带报警功能的全程电流监控;滤波保护:带有精细滤波保护,输出超稳定的纯净电源;过载防护:提供两极超负荷保护,可有效防止过载所产生的问题;防误操作:PDU 主控开关 ON/OFF 带保护栅,可防止意外关闭;来电 PDU 启动顺序和延时管理,防止大规模机房启动瞬时电流。

4.3.6.1　PDU 输出接口的相关制式标准

PDU 从根本上讲,还是插头/插座的一种,我国和 IEC 关于插座的基本制式情况如表 4-7 所示。

表 4-7　我国关于插座的基本制式

GB1002-1996《家用和类似用途单相插头插座型式基本参数和尺寸》(注:采用原澳大利亚标准制式)		10 A,250 V 交流 16 A,250 V 交流
GB1003-1999《家用和类似用途三相插头插座型式、基本参数与尺寸》		额定电压:440 VAC 额定电流:16 A、25 A、32 A
GB2099-1997《家用和类似用途插头插座第二部分:转换器的特殊要求》		10 A,250 V 交流
GB17465.1-1998《家用和类似用途的器具耦合器第一部分:通用技术要求等效采用 IEC60320-1:1994 标准		IEC320C13(用于输出)10 A,250 V 交流(15 A,125 V 交流) IEC320C19(用于输出)16 A,250 V 交流(125 V 交流)

4.3.6.2　PDU 与普通插座的区别

PDU 和普通插座的区别如表 4-8 所示。

表 4-8　PDU 和普通插座的区别

对比项目	普通插座特点	PDU 产品特点
产品结构	简单、普通、固定式结构	模块化结构，可按客户需求量身定制
技术性能	功能单一	控制、保护、监测、分配等功能强大，输出可任意组合
内部连接	一般多为简单焊接	端子插接、螺纹端子固定、特殊焊接、环行接线等形式
输出方式	直接、平均输出	可奇/偶位、分组、特定分配等方式输出；
负载能力	负载功率较小，远小于 16 A	负载功率大，最大可达 3×32 A 以上；
功率分配	功率平均分配	可按照技术需求逐位/组的进行负载功率分配；
机械性能	机械强度一般，长度受限	机械强度高，不宜变形，长度可达 2 M 以上；
安装方式	普通摆放或挂孔式	安装方式、方法及固定方向灵活、多样；

当前 PDU 迅速的朝着智能化、网络化的方向发展，着重实现数据中心用电安全管理和运营管理的功能，通过使用设备的数据情况可以拓展实现电能使用情况分析，资产管理实现精确到机架，随时跟踪设备使用，可用电能、机柜空间分析，实现机柜微环境管理与分析等等。通过对各种电气参数的个性化，精确化的计量，不但可以实现对现有用电设备的实时管理，也可以清楚地知道现有机柜电源体系的安全边界在哪里，从而可以实现对机架用电的安全管理。此外，通过侦测每台 IT 设备的实时耗电，就可以得到数据中心的基于每一个细节的电能数据，从而可以实现对于机架乃至数据中心用电的运营管理。数据中心常见 PDU 如图 4-39 所示。

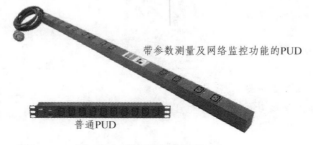

带参数测量及网络监控功能的PUD

普通PUD

图 4-39　数据中心常见 PDU

4.3.7　数据中心的电缆布线

数据中心的电缆布线主要涉及线缆容量、机房内部走向、平衡负载。

4.3.7.1　电缆承载能力

1. 一般导线载流量

导线的安全载流量是根据所允许的线芯最高温度、冷却条件、敷设条件来确定的。一般铜导线的安全载流量为 5 ~ 8 A/mm^2，铝导线的安全载流量为 3 ~ 5 A/mm^2。

如：2.5 mm^{2}BVV 铜导线安全载流量的推荐值 2.5 × 8 A/mm^2 = 20 A；

4 mm^{2}BVV 铜导线安全载流量的推荐值 4 × 8 A/mm^2 = 32 A。

2．计算铜导线截面积

利用铜导线的安全载流量的推荐值 5 ~ 8 A/mm^2，计算出所选取铜导线截面积 S 的上下范围：

$$S = <I/(5 \sim 8)> = 0.125I \sim 0.2I（mm^2）$$

S：铜导线截面积（mm^2）；

I：负载电流（A）。

3．功率计算

一般负载（也可以成为用电器，如点灯、冰箱等等）分为两种，一种式电阻性负载，一种是电感性负载。

对于电阻性负载的计算公式：$P = UI$

对于日光灯负载的计算公式：$P = UI\cos\phi$，其中日光灯负载的功率因数 $\cos\phi = 0.5$。

不同电感性负载功率因数不同，统一计算家庭用电器时可以将功率因数 $\cos\phi$ 取 0.8。也就是说如果一个家庭所有用电器加上总功率为 6 000 W，则最大电流是 $I = P/U\cos\phi$，整个家庭所有用电器的总电流为 34（A）。

但是，一般情况下，家里的电器不可能同时使用，所以加上一个公用系数，公用系数一般 0.5。所以，上面的计算应该改写成

$$I = P × 公用系数/U\cos\phi = 6 000 × 0.5/220 × 0.8 = 17（A）$$

也就是说，这个家庭总的电流值为 17 A。则总闸空气开关不能使用 16 A，应该用大于 17 A 的。

4．数据中心机柜电力估算

数据中心机房中绝大多数的 IT 设备的输入功率因数已从原来的 0.7 ~ 0.8（滞后）变为当今的 0.91 ~ 0.98（超前），而在数据中心的共用系数基本大都是接近 1。参照第 7 章表 7-1 和表 7-2 空气冷却的趋势可知，若按照表中所列趋势，数据中心单个机柜的供电将是一个巨大的挑战。

42U 机柜最低 13 860 W，最高 42 000 W（假如共用系数、功率因素取 1）则计算电流最低的在 63 ± 12.6 A；最高为 190 ± 19 A。

目前，一般的 PDU 最高的电流为 32 A，所以我们将根据机柜所安装设备的种类、密度合理规划每个机柜的最终电力需求，由于电力线路使用时间较长，所以建议采用容量规划一次到位进行部署。

4.3.7.2　机房机柜的电缆部署

一般来说机柜电力都是由机房配电柜或列配电柜分配后，沿机柜列顶部或底部的高架地板空间进行部署，数据中心机柜电源配电可以使用的配线空间有两个，在机房的垂直方向如

图 4-40 所示，一个在高架地板之下，另一个在机柜和网络布线区的上面。上下这两种布线可根据自己以后方便维护进行选择，一般来说我们建议用上走线的方式，方便日常维护。

如图 4-41 所示的机房，由于这个机房内共计 30 个机柜，数量偏小，所以采取设置一个机房配电柜负责多个机柜配电，没有设置配电列头柜。为减少布线长度，考虑到机房中心有一根柱子，加上电力配线柜一次部署到位，以后维护机会少，确实需要维修可考虑从侧面或前面进入，所以最后决定设置在如图 4-41 所示的机柜位置，将其配置为机房配电柜。

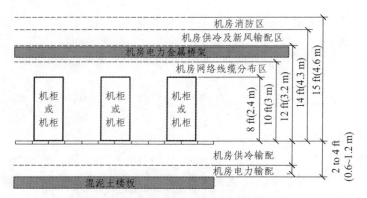

图 4-40　电力电缆桥架垂直方向位置示意图

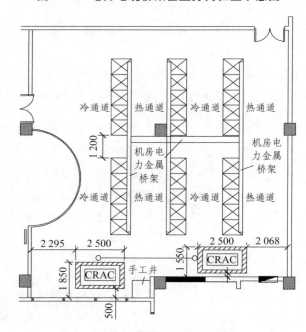

图 4-41　机房电力电缆部署实例

由于机房净空高度足够及机房以后管理方便，采用上走线部署电力线缆，将地板下空间尽量留给空调静压箱。上走线电缆桥架采用金属材质，考虑屏蔽作用，桥架安装位置，如图 4-42 所示。

图 4-42 机房电缆桥架

不管采取哪种方式，要求注意：

（1）采用金属桥接容纳布线机柜列的电缆，且做好桥架的接地连接；

（2）若与网络布线交叉或平行走向，则至少间隔 30 cm。

（3）各个机柜至少分配两路（相）电力，整个机房各相负载要尽量平衡分配。

（4）各个机柜的 PDU 采用工业连接器良好连接，防止接触不良；

（5）连接各个 PDU 在配电机柜都要设置断路器，并标识清楚，标识原则按管理人员常用叫法标注。

（6）机柜内部 PDU 建议采用竖直走向安装在机柜后门两侧、适当高度的位置；

（7）若遇电缆布线与机房气流相遇，则应注意布线不能引起内部气流不畅，或引起气流紊乱。

（8）机房电源配电机柜，列头配电柜应考虑减少电源布线长度为宜。

4.4 数据中心的照明

根据 ASHRAE 在 2007 年对 12 个典型数据中心的统计，在数据中心的能耗中，照明占4%，如图 4-43 所示。根据推测，未来的数据中心仍将是第一能耗大户，所以科学合理的设计数据中心的照明也是一件重要的事。

1. 规划设计与协调

由于头顶上方涉及的系统有多个，所以为了规划头顶的照明、电信电缆架空桥架等，建议建筑师、机械工程师和照明、水暖、通风管道、电力和消防保护系统设计的电气工程师们应一道参与协调。照明灯具和喷头应放置电缆桥架之间，而不是电缆桥架的正上方；电缆桥架应位于机柜和机架的上方，而不是过道上面；照明灯具应位于机柜之间的过道上面，而不是直接在机柜或架空电缆路径系统以上。

同时，在规划电信电缆路由时，一个非

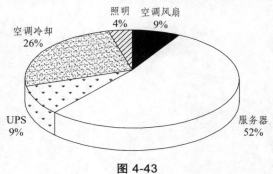

图 4-43

屏蔽双绞电缆与荧光灯之间应保证最小隔离距离达 125 mm。

2. 照明设计建议

根据 TIA-942-2014 标准推荐在数据中心的照明：

首先，应急照明和标志应正确放置遵从主管机构（AHJ）的要求，这样当缺乏基本的照明不会妨碍紧急出口。

其次，根据适宜人居的环境，建议在数据中心采用三级照明协议：

1 级：应用于数据中心空置区域。照明应足以让视频监控设备的有效利用。

2 级：应用于初始进入数据中心。动作传感器应立即用激活进入的区域灯，并程序化的来照亮或关闭走廊、通道内的灯具。同时应提供足够的照明，以允许通过安全通道的空间和允许过道摄像头识别。

3 级：应用于被占领的空间。当数据中心用于设备维护或交互的目的被占用的水平面，照明为 500 lux（勒克斯）；在机柜之间的过道中间位置距最终地板高 1 m 的位置处应达到 200 lux；当数据中心大于 230 m² 时宜采用分区照明，建议在直接工作区提供 3 级照明，其他所有区域提供 2 级照明。

当然所有区域安装 3 级照明设置也是一个选择。

最后，允许提高的能源效率和控制，采用高效节能照明（例如 LED）应被视为根据人居和数据中心的功能实现三级照明协议的一个选项；为了节能，在对灯具的控制中根据需要合理设计时间与"光控 + 人体感应"等传感器件相结合的控制机制，努力向绿色环保数据中心方向建设。

5 数据中心的机械环境

5.1 概 述

5.1.1 电子设备的环境定义与 MICE 表格

在北美，TIATR42.9 工作组承担了发展用于严酷环境中的以太网部署的工业标准，并在 2009 年 4 月正式发布 TIA-1005 规范-工业系统的电信基础布线规范，定义了当允许使用相对广泛的商业环境下支持工业应用的电信布线（如语音、数据、文字、视频、工业和建筑控制、安防、火灾报警、图像等）。事实上，1005 是基于 568-B 系列的标准的补充，适用除了商业环境以外的工业环境，同时也参考了 ISO/IEC11801 和 24702，环境规范 IEC60721-X 和 IEC60654-X 等。

TIA-1005 的目的是驱动和确保工业建筑内部及建筑物之间的电信线缆基础设施的规划和安装，为工业建筑、机构和园区内的除办公网络标准以外的电信基础网络提供指导，工业建筑、机构和园区可能是大规模的、多灰尘的、腐蚀性的和包含爆炸物与苛刻条件的环境，比如极端温度、电磁/射频干扰和危险气体等。相比 TIA-568-B，将信息终端扩展至自动化孤岛是最大的变化，这部分系统包括了自动化孤岛、自动化信息终端和线缆、自动化孤岛的设备跳线、环境定义以及 MICE 表格。

与楼宇布线系统类似，在欧洲和国际标准化组织，即 ISO/IEC11801（2002）和 EN50173-1（2003）中，工作区布线都是被特别定义的。对于工业环境的规范，被 ISO/IEC 详细制定并命名为 ISO/IEC24702-"信息技术-通用布线-工业系统布线"，在欧洲也被定义为 EN50173-3，除了通道性能以外，也详细规定了 MICE。

ISO/IEC24702 定义的环境级别的影响，即所谓 MICE 表格，是指线缆需要面对的 4 种可能的环境问题：机械问题（振动/撞击/冲击），准入等级（与 IP 或者 NEMA 要求类似），化学和环境问题以及电磁问题，如表 5-1 所示。根据 MICE 的限制，具有复杂环境的 3 种基本工业区域被划分了等级（分别是 1、2 和 3），MICE 的建立有助于更好的理解自动化孤岛、线缆设计以及工厂车间网络系统性能要求。

表 5-1 MICE 环境分类

		级别		
		1	2	3
要求	机械问题	M_1	M_2	M_3
	准入等级	I_1	I_2	I_3
	化学/环境	C_1	C_2	C_3
	电磁问题	E_1	E_2	E_3

$M_1I_1C_1E_1$ 描述的是最坏情形下的办公环境;

$M_2I_2C_2E_2$ 描述的是最坏情形下的轻型工业环境;

$M_3I_3C_3E_3$ 描述的是最坏情形下的工业环境;

由于工业环境布线的规范较好地定义了线缆系统、自动化孤岛、自动化出口和线缆、线缆等级、环境需要考虑的因素、MICE 等,成为更适用工厂环境和更具指导意义的标准。

鉴于对数据中心的设备设施的环境建设的需要,《数据中心电信基础设施标准》(TIA-942-A 标准)中以参考信息的方式推荐了数据中心基本环境条件为 $M_1I_1C_1E_1$ 的环境标准。MICE 包括 4 个大类,3 个级别,100 余个参数,详细内容参看附表 1。

5.1.2 数据中心的机械环境

高性能数据中心设施中存在大量的应对内外冲击和振动能力很弱且非常敏感的功能复杂的数据通信设备。正因为如此,数据中心设备机械环境要求至少满足 MICE 方法中 M1 的要求。在附表 1 中主要涉及数据中心的设施在遭受冲击、碰撞以及机械振动时的最高加速度、振幅限制,以及设备设施抗外力作用时的抗压、抗弯折、弯曲和扭曲的限制要求。在数据中心的设施中,冲击主要有主动和被动的冲击源,被动的如这些设施设备受到的地震、爆炸的冲击波的危害,而主动的主要是设备设施自身因固定等原因导致的跌落、倾覆等给临近的设备造成的冲击。

冲击与振动源是大多数数据通信设施中一定程度存在的一种不希望有的力,若此力施加的时间过长,会损害设施与设备。数据通信设备和基础设施设备本身是数据中心的内部振动源,数据通信设备制造商通过减小传递到周围环境中的内部振动,从而控制这些振动源。外部振动源如:机场、火车、附近采矿作业(采石场爆破)、施工活动、地震及气候事件等均是有效应的外部冲击与振动源,这些冲击与振动源主要通过建筑物结构传递到数据中并最终传递到所有运行着的服务器及支撑性基础设施。所以,在数据中心的选址时,若有条件可以避免的就尽量远离其威胁。这些对 IT 及电信设备设施产生的干扰取决于设备自身的设计或稳定性,关于数据中心机械环境问题的解决主要从以下两个层次的途径:

(1)数据中心基础设施、IT 设备安装;

(2)数据中心基础设施、IT 设备防振。

第(1)条途径主要为数据中心基础设备构建满足该机械承重支撑和固定——防止自身主动或被动的成为冲击源。要求数据中心电信空间、基本建筑及其配套设施和 IT 的安装等工作中,都要采取相应的措施,防止因安装固定导致的冲击发生。

第(2)条途径主要是在数据中心设施和设备的安装中有意识的采取一些防止其遭受外部振源的危害和自身振动向外传播的措施。减小和防止这些冲击与振动源潜在性破坏的最好方法是避免冲击与振动(如远离地震区),或减小与控制冲击与振动的程度(人为采取隔振措施)。本章主要就这两方面进行讨论。

5.2 数据中心基础设施、IT 设备防震

对于数据中心的设施设备防止主动或被动成为冲击源,主要是要对这些设施设备提供一

个可靠的荷载安装位置和适当的固定方式。本节就这些问题进行一些探讨。

5.2.1 基础设施荷载

建筑基础设施包括电力系统、供冷系统、通信系统以及支持这些系统的结构，基础设施有内部基础设施和外部基础设施之分。内部基础设施可位于数据通信设备的上方（如吊在吊平顶空间内）、高架静电地板空间内、高架静电地板上、沟槽内、墙上或在结构楼板上。外部基础设施可位于地面上、高架平台上或建筑物自身的屋顶上。对此我们需要对安装他们的设施基础平台的承重能力予以考证。如表 5-2 所示提供了各种建筑基础设施组分及其相关重量的概况，表格中所指定的范围是一般范围，不是极限值。此表内容虽不全面，但它仍然表示了建筑物内有的许多组件和需要的许多结构荷载。表 5-2 中也提供了可能有的机械与电气设备的荷载。这张表中的荷载为通常范围值，真实荷载应依据每台设备来获得。此外，设备的"湿重"（例如管道及水力系统中设备充灌了水）也很重要。

表 5-2　数据中心常见设备

常见基础设施组件	
组件	重量范围 /（kN/m²）
机械	
HVAC 管道	0.48～2.39
雨水及卫生工程管道	0.48～0.72
冷热水管道	0.05～0.24
喷淋管道	0.10～0.48
风管	0.24～0.48
电气	
电缆及导线管	0.10～0.48
电缆与电缆桥架	0.48～2.39
母线槽	0.48～0.96
照明灯具	0.05～0.10
普通	
吊平顶	0.05～0.10
常见机械设备荷载	
组件	重量范围 /（kN/m²）
冷却塔	3.59～5.99
风冷型冷水机组	4.79～7.18
水冷型冷水机组	7.18～9.58
换热器	9.58～19.15
泵	4.79～10.77
计算机房空调机组	3.59～4.79
屋顶型空调机组	2.39～3.5
储水罐	23.9～47.88

续表

常见电气设备荷载	
组件	重量范围 / (kN/m^2)
变电站	4.79 ~ 9.58
变压器	7.18 ~ 10.77
转换开关	4.79 ~ 9.58
发电机	11.97 ~ 19.15
荷载排	1.20 ~ 2.39
电力输配装置	7.18 ~ 11.97
开关柜	3.59 ~ 5.99
开关盘	3.59 ~ 5.99
配电箱	1.20 ~ 2.39
电机控制中心	2.39 ~ 3.59

5.2.2 基础设施安装的最佳做法

支撑数据通信设备的建筑基础设施，可位于数据中心建筑物内或其周围。很重的设备最好置于地面层或在室外设备场地上。荷载位于二楼或屋面结构上将产生不必要的特殊侧向荷载问题。

支撑数据通信设备的架空地板系统起着第二个结构楼板的作用，它必须支撑设备的重量，并在侧向荷载情况下行使职责。

位于建筑物内的机械设备应与结构隔离，以避免振动传递到结构上。

（1）将重设备及基础设施系统置于地面层。

（2）如有可能，将较大的系统置于在建筑物外邻近的设备场地内。

（3）高架地板系统的能力应有余量。

（4）考虑将高架地板的支座紧固在结构楼板上。

（5）考虑将高架地板的地板块旋紧在地极支撑系统上。

（6）安装高架地板系统时的温度应非常接近运行温度。

（7）为有旋转部件的设备提供隔振。

（8）将头部上方所有电缆托盘安全地固定在坚实的框架上，以将荷载传递到屋面结构上或楼板上。

（9）组织建筑基础设施输配系统的结构支承。

（10）为基础设施提供伸缩节。

5.2.3 内部基础设施

内部建筑基础设施可位于数据通信设备间内或辅助房间内，如集中供冷机房、直流电站房或电池房、集中交流电站房、发电机房或燃油储存间。但在工程规划阶段，应该根据这些设施的结构要求和预期的活荷载进行设计和建设。应注意的是，在集中的设备站房区域内，通常有很重的管道和电源线管等荷载，它们需悬吊在结构的上方。如图 5-1 所示提供了可能需要结构支撑的内部建筑基础设施组件。

图 5-1　部分数据中心内部基础设施

5.2.4　外部基础设施

外部建筑基础设施包括设备和供给建筑物的一种供冷、配电手段。该基础设施通常与配电及供冷系统有关，还包括如备用发电机、变压器、开关柜、冷却塔、风冷型冷水机组、屋顶型空调机组、空调器、泵及储水罐等设备。

如前所述，外部基础设施可位于地面（设备场地）、高架平台或建筑物自身的屋面上。建筑基础设施与建筑物的接合须加注意，包括对地面上安装的设备与建筑物之间沉降差异潜在性的评估。基础设施（管道、导线管等）穿过建筑物外墙或屋面。了解建筑物偏离及其造成的相互作用同样非常重要。如果设计不正确，这些接合处可能会出现渗水甚至有形损坏。

从结构的观点看，除地面储水罐之外，大多数容易处置，与建筑基础设施有关的荷载要求是可以通过标准的土壤处理技术很容易获得。例如，大多数土壤在改善后有 47.88 ~ 71.82 kN/m^2 的承载力，但立式储水罐传递的荷载可能会超过此值，于是可能需要深基础（桩、台座等）。

只要基础设施位于既有建筑的屋面上，则必须对既有结构进行评估，确定既有结构件是否有足够的剩余承载能力，或是否需设计和施工新的梁、柱和基座。如图 5-2 所示为可能需进行结构支撑的外部建筑基础设施。

图 5-2　数据中心常见外部设施

　　就像建筑物自身一样，所有外部设备会遭受不同大小、不同方向的风荷载。在不同地区，龙卷风和飓风等强风或暴风雨事件发生的可能性较高。在此情况下，应对结构系统与建筑基础设施的接合进行仔细评估，并考虑加强结构系统，使其超过最低规范要求。同样对设备自身也应评估，确保其足够坚实；也常按最大风速设计特殊的设备部件（例如发电机隔声罩、冷却塔填料等）。

5.2.5　基础设施的安全固定

　　对于数据中心而言，其设备设施的固定主要有支撑和锚固两种方式，在设施管线与建筑接洽处还涉及基础设施膨胀与收缩处理。

　　（1）支撑。在数据通信设备间内，可能以螺杆、缆索和支柱形式出现的基础设施支撑系统的设计与安装有偶然性。每个分包商基本上是有什么用什么来紧固和支撑基础设施，这样常导致不可预见的点荷载和复杂的反作用力。设施位于地震区时，支撑系统甚至更复杂。

　　附属荷载对建筑基础结构的安装尤为重要，因为要求各分包商相互协调结构上的悬吊荷载，且需确保不超过结构的承载能力，电缆桥架系统的允许荷载已引起了最大关注。电缆桥架可悬吊在头部上方结构上，被支撑在数据通信设备的机架上或被支撑在支柱系统上，而立柱安装在高架地板上，并将产生的荷载传到下面的结构楼板。电缆桥架主要用于通信系统的传输（双绞电缆或光纤电缆）和直流电源布线（它一般远比交流配电系统布线重）。由于桥架在使用过程中内部放置的线缆可能多次变更或添加，导致最终荷载是设计的 2～4 倍是常有的事。所以再考虑支撑系统时需要留有足够的余量。

　　（2）锚固。由混凝土板直接替代支撑悬吊或位于底面的建筑基础设施锚固是十分简单明了的做法。一般来说所有大于 180 kg 的设备都应牢固地锚固在地面上。位于数据设备房间内并需要锚固的设备有：计算机房空调（CRAC）机组、电力输配装置（PDU）与不间断电源（UPS）。一般来说，此类重型固定设备不会有倾倒问题。

　　锚固主要关注水平荷载问题，采用直接紧固的混凝土锚固系统是最直接的方法。根据不同的紧固要求，有数种形式与长度不一的锚固件。射入式锚固通常也称为"电动紧固件"，是通过电动工具钻入砖石结构或混凝土的硬化钢销，在抗震场合下性能较差，故不应采用。如果数据中心的配置会随时间而变更，则需采用可更换和可拆除的螺栓锚固（如混凝土螺栓锚固）。

（3）基础设施膨胀与收缩。系统中温度变化导致管道系统的膨胀和收缩。实际膨胀量是多个变量的函数，它包括管道材料的热胀系数及已知管路的长度。从热膨胀的角度看，"浮着"（如那些未锚固的系统）的管道系统可认为是较理想的，因为热膨胀应力通常仅在锚固与其他相当刚性的连接处（例如导向装置或穿墙处）之间才发生。然而，几乎所有管道系统都有设备接口和其他约束，因此了解这些点处的最大位移与应力非常重要。据此，大多数系统一般需加锚固，以提供一个不允许移动的参照点。

5.2.6　高架地板的防震措施

数据中心内通常安装高架地板。高架地板直接支撑着数据通信设备的所有机架和一些建筑基础设施组件。此外，它还能保护地板下的所有公用设施，并提供可近性。高架地板倒塌或有大的毛病将会严重损害数据通信设备和建筑物基础设施，也会妨碍试图离开机房的人员。所以，高架地板是任何数据通信设施中最重要的组分之一。

支撑数据通信设备的架空地板系统起着第二个结构楼板的作用，它必须支撑设备的重量，并在有侧向荷载情况下也能保证其可靠固定。所以地板的承重、支架顶板、立柱、横梁等必须牢固地结合在一起，在有地震波来临之时能保持不坍塌，从而防止机架倒塌给安装在其内部的 IT 设备造成冲击。下面是改善高架地板系统抗震性能建议（见图 5-3）。

图 5-3　支架顶板可靠固定地面

（1）支座底板应钻孔锚固或用现浇混凝土固定在楼板上；水平力不应用摩擦、短锚栓或胶粘剂传递。

（2）避免采用无横梁系统，因为它们没有可靠的荷载途径。

（3）地板横梁的设计应承载轴向地震荷载（至少一个面板），应机械固定基座的底板（见图 5-3）。

（4）支撑（如有）的设计应避免其弯曲受损，应采用结构型材或用管道支撑，不应采用导线管。

（5）支座立柱如采用钢材制作，则应正规焊接在支座底板上，而不采用抗脆性焊接。用户应考虑对基座立柱进行最小水平荷载物理测试的要求。

（6）应在有设备直接依附、承受剪力的所有地板块的角上，用螺栓将其固定在支座顶板上。

（7）直接有设备依附，且由设备传递倾倒力至地板系统（即设备自身无系统阻止倒向混凝土板上）的地板块，不应采用滑动的支座顶板，而应有机构传递上举力至支座底板上。

（8）支座应有最大变形限值。

（9）在设备出入的通道上，应考虑在所有地板块的角上加螺栓，用于锁定。

这些建议是直接为了确保坐落并依附在高架地板上的设备所产生的水平力，能通过可验证、足够的荷载途径传递到混凝土楼板上。应注意，以上建议甚至在中度或低度地震区也是很好的做法。

5.3　基础设施的隔振

位于建筑物内外的机械设备都应与结构隔离，以避免振动传递到结构上。在数据中心的建筑基础设施主要包括电力、供冷、通信系统以及支撑这些系统的结构，要防止这些基础设施的振动或发生冲击等问题，防止这些设施的固有振动通过建筑结构传递给其他设施和数据中心的设备。

5.3.1　数据中心的振源及其危害

不管运行、改造或设计一个数据中心设施，考虑冲击与振动荷载对其组分的影响很重要。如今，大多数数据通信设备与基础设施设备制造商设计的产品能承受数据中心内发生的正常环境振动。在许多情况下，若设备有良好的防护，它便能经受住更严酷的工况。未经安全防护的设备的最大损坏风险来自数据通信设备的倾覆和移动，尤其是位于地震区的数据通信设施。

水平力、倾覆荷载和冲击、振动荷载不仅是像地震或风荷载等自然界引发的后果，而且也来自人为原因。例如，在建筑物内机械装置和施工活动成为振源，到达数据通信设备的冲击及振动荷载通常途经建筑物的地面传递到设备。地面可能会被建筑物外数英里远或建筑物内仅几英尺之遥的振源引发振动，一些代表性振源包括发电机组、往复式压缩机、大型不平衡风机机组、冷液分配单元（CDU）、计算机房空调机组（CRAC）、主要道路、街道车辆或跨轨火车、叉车、附近的服务器等。这些类型的振源可能会持续使建筑物地面发生振动。以下一些间歇性和临时性运行振源也可能有损害设备的危险：来自建筑物内或附近工地施工或拆除工程中产生的间歇性冲击与振动、旧建筑爆破引起的冲击、附近修建工地的打桩作业、用于混凝土材料的电钻作业、用大型运土车平整土地等。这类活动中的任何一项活动都会使地面产生干扰性移动，且以很远的距离进行传递和被感觉到。

如果地板在设备或建筑物的共振频率下受到激励，则通过建筑物地板传递的振动影响后果可能更严重。例如，引起振动的打桩机每秒振动 1 600 次，非常有可能激励附近的建筑物。建筑物的地板振幅会大到使数据通信设备在地板上移动，设备会振动到使焊接处裂开，部件从支架上脱开，较重的电气部件发生故障。

严重的振动除了导致设备零件受损外，其他设备还会有风险。机架设备移位会使电缆连接断掉或与设备脱离连接。架空地板上的数据通信设备会沿地板移动，并导致机架脚卡住或陷入电缆孔内，甚至倾覆。在持续振动情况下，即使是最重的数据通信设备和基础设施设备也可能会发生移动。

5.3.2 数据中心隔振基础知识

我们建设数据中心时，若能避开由于外界原因导致的振动源，建议尽量避开。但是，在数据中心中也包括了一些无法避免的振源设备，典型的有备用发电机、冷却塔、空调器和计算机房间空调等基础设施设备。实际上含有旋转部件的设备如压缩机、风机等均为潜在的振源。这些潜在的振动会传递到数据中心房间内，由于大多数的数据通信设备能够适应这种环境，但是一些未受控制的振动对设备本身及其直接相连的系统有较大的影响，可能导致数据中心的严重停机，因此对这类基础设施的隔振是非常重要。

隔振分为主动和被动隔振。限制振源产生的不平衡力进入结构的隔振称为主动隔振，限制结构将振动能量传递给敏感部件的隔振称为被动隔振。在数据中心的基础设施中基本都采用了主动隔振。数据中心设备隔振如图 5-4 所示。

图 5-4 数据中心设备隔振

隔振器可以分为两大类：一类为衰减高干扰频率、限制变形的隔振器，另一类为衰减较低干扰频率、较大形变的隔振器两类。

第一类隔振器往往由不同的化合物模压而成，变形特性为 6.25～12.5 mm，能回弹的圆锥形弹性体。用于地面以上位置时能够有效衰减来自被隔振部件 1 200 rpm（转/分钟）或更高的干扰频率。第二类如弹簧隔震器，在转速较低或旋转部件转速受变频驱动装置控制时采用，有较大的弹簧形变（25～150 mm），能恢复适当的空间关系或部件干扰频率与隔振器共振频率之间的比率。

隔振器应采用的类型、形变情况及用于何处，常常与被隔振部件的运动特性以及建筑屋内的位置有很大关系。部件的位置——在地面或地面之上在室内或是室外都是隔振器选择的因素。隔振器的隔振能力随支撑它的块体的刚度或硬度而异，隔振器必须能很好隔离和限制设备，同时必须能够承受很大的瞬间动载荷，这种载荷可能是地震、风力或人为因素所引起。

5.3.3 数据中心设备间的内部隔振

如前所述，典型的数据通信设备房间内可能安装了许多作为供冷系统一部分的计算机房空调机组。这些机组常有许多压缩机，每台压缩机都是一个潜在振源。虽然大多数计算机房空调机组在限定变形的装置上进行了内部隔振，但采用这些装置是受到了机组自身内隔振器空间的限制和与压缩机进行内部柔性连接的管道的妨碍。例如：由于柔性接管总长度减去了末端套圈及接头，使一根 356 mm 长的柔性管只有 152 mm 长的可用活动长度，这种现象很常见。所以，接头更多地用作错位工具而非隔振器，如果存在这种情况，接管便不能减少激发于机组外壳并最终传至结构的压缩机产生的振动能量，该振动能量与未隔振风机和其产生的、通过机组有压箱体流动的气流的能量，会在数据通信设备房间内轻易呈现一个高振动运行环境。

（1）数据中心的结构地板在地面上时，类似计算机房空调机组的振动控制可相当简单地通过采用限制变形实现（可参考氯丁橡胶减振器）。

（2）数据中心结构楼板在地面以上的情况的隔振要复杂些。数据中心的柱距较大 12.19 m 是很典型的，因此结构地板系统会有一定量的绕度。例如，绕度限定为跨度（L）除以 360，则 12.19 m 的跨度在荷载下将产生 33 mm 的挠度。

在此情况下，为了有效地控制振动传递，隔离器的自弹或变形必须克服结构地板的变形和计算机房空调机组产生的不平衡力。当设备置于地面以上时，弹簧固有的大变形量使它成为隔振器的一种选择。在许多场合弹簧的变形范围适合于 50.8 mm 以内，这适当考虑了地板的影响和部件产生的振动能量的影响。

5.3.4 临近数据中心的隔振

临近数据中心的隔振是指位于数据通信设备间外面，但又邻近它的建筑基础设施的隔振。

如前所述，含有压缩机或风机的任何设备均为潜在的振源。为有效地为这类设备隔振，设备下方必须安装隔振器，接至输配设施（如风管、道及导线管）的所有连接应采用柔性接管进行隔振。如数据中心位于明确的地震区，则应考虑所有建筑基础设施组分，包括承受地震荷载的隔振器，需符合建筑规范，还应建立现场核查质量保证规程。

（1）振源位于建筑基础设备与数据通信设备所在的同一块地面结构板上。对于所有这类情况，振动能量可看作作用在数据中心地板上的一个因数。因此，位于此区域内的所有振动组分采用 2.5 mm 变形的隔振器是合适的，不必去考虑影响隔振器性能的地板变形。

安装在基础上的水泵也应有灌有混凝土的惯性基础，以限制水泵的起动振幅。

（2）建筑基础设备直接位于数据通信设备间的上方。在此情况下，应考虑建筑楼板像弹簧一样的变形。为了防止振动能量传递到下层楼板，对于锅炉以外的所有组分，一般推荐选用 51 mm 的静态变形隔振器。如锅炉，采用 25 mm 静态变形隔振器就足够了。

（3）振源位于屋面上。此情况是建筑基础设备直接位于数据通信设备间上方的屋面上。由风荷载施加在屋面安装的组分上，故除了进行竖向约束外，还需在水平方向限制。

一些沿海地区与岛屿，安装在终高度低于 18.3 m 上的基础设施组分，所受到的风荷载，包括力矩与剪力约为其重量的两倍。这些动态力对隔离器、其安装表面及被隔振组分有很大影响。所以，隔振器应有能力来处置两倍于组分重量的动荷载，即 2G（2X 组分重量）。还需计算组分加安装、结构的总高度，有可能比倾倒荷载大。

含有压缩机与小直径风机的设备，如风冷冷凝器及风冷冷水机组，通常采用 51 mm 静态变形隔振器就可得到满意的隔振效果，因为它足以克服屋面刚度不足。

大多数冷却塔，包括相对较大的变速风机，由于它们总是暴露在室外环境中，故不平衡性随时间而增大，因此需有较大的隔振器变形范围，一般为 76 ~ 127 mm。

由于靠边安装的 HVAC 机组要在有限的空间内输送大量空气，有很大的振动能量传递至结构中，故采用 76 mm 的静态变形弹簧隔振器构架，可提供有效的隔振。

6 数据中心污染物的入侵防护

类似 MICE 方法中电子设备的入侵防护一样，在数据中心的入侵防护主要是防止大气中的污染物进入数据中心，引起内部设备工作异常或损坏。所以在一般的数据中心必须能够对可能进入数据中心的污染物进行防护，在数据中心的管理中应把环境污染的内容作为标准操作程序的一部分。由于目前的数据中心业主和经营者，他们的大部分注意力集中在数据通信的基础设施环境（例如电源、冷却和高架活动地板）的物理结构和性能。然而，今天的复杂和敏感的 IT 设备的运行环境，需要对气态和颗粒污染进行一定程度的控制。数据中心污染经常被忽视，如果不进行必要的控制，IT 设备的可靠性和关键任务的连续运行将受到挑战。

为了保持 IT 设备的高可靠和可用性水平，关键是要以整体的方式查看污染。在数据中心有许多维护工作，基础设施升级和 IT 设备变更等活动经常发生，危害敏感的电子设备的空气污染物可以在各种操作活动中被引入到其运行的环境中。

关注环境的重点领域是以考察室外设施周围的环境空气污染物情况开始。进入数据中心空气主要有自然冷却、数据中心正压或人员进入的新风等途径，室外空气必须经过过滤和可能的调节。数据中心的工作人员的头发、衣服、鞋、袜等沾有的污染物都会被带入数据中心。通过适当的规划和控制，可以最大限度地减少数据中心的污染和在数据中心潜在的负面影响。

污染和硬件故障之间的联系往往被忽视。偶尔成本削减或知识的缺乏导致没有控制污染的措施。粒子和气体污染可导致设备的间歇性故障或由于意外停机往往导致关键性业务系统和财务的重大损失。

为了最大限度地提高 IT 设备的可靠性和可用性，一般认为 IT 设备必须安装在符合某些防污染准则的数据处理设备环境中。以下各节内容主要讨论的污染物认识，污染对数据中心的 IT 设备的危害、污染防护的标准指南和数据中心的设计和建设中对污染的防护、控制，以尽量减少污染物对数据中心设备的危害。

6.1 概　述

在一般情况下，污染物可以通过侵入设备和以环境来干扰设备间的相互作用而导致 IT 设备故障。通信设备的电气、机械、化学、材料、绝热和热力等故障可能都归因于污染。目前从污染物整体上分为三大类：固体、气体、液体。为了帮助了解数据中心的污染物，先对各类污染物作简要介绍。

6.1.1 污染物的一般知识

1. 固体污染物

固态的污染颗粒物（PM）是指具有不同空中生存期能够升空的固体或液体微粒。为了便于描述，术语微粒、颗粒、烟雾和灰尘将被视为等同颗粒物。PM 的大小跨越一个巨大的范围，从 0.001 μm 到直径超过 100 μm。为了建立对大气污染物直观概念，请参看图 6-1 所示。

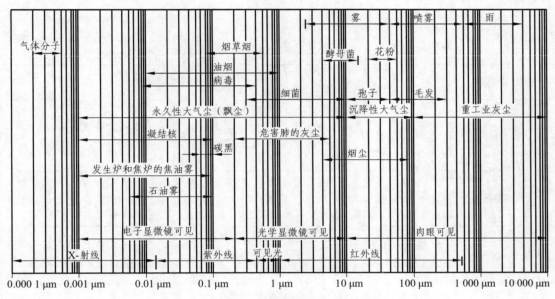

图 6-1 大气污染物的大小和范围

美国环境保护署（EPA），从健康的角度出发负责监测 PM，分别监控 PM2.5 和 PM10 粒子的浓度，代表粒径小于 2.5 μm 和 10 μm 的污染物浓度。其中 PM2.5 对人类的健康的影响巨大，各国的气象部门现在都在对其监控并发布监控结果，提供人们从事户外活动的参考。

2. 气体污染物

气体污染是空气中的杂质，它对计算机硬件有不利影响。气体可以自然产生的，也可以是制造或工业过程产生的副产品。在房间的标准压力和温度下，气体污染物往往均匀分布在整个空间体积中。气体可以单独或与其他气体或 PM 一起形成某种化合物，可能导致对金属材料的氧化。氧化是一种化学反应，将导致不可逆转地腐蚀电路板的表面、连接器的引线或集成电路引脚。气体污染物的外在形式（例如，烟雾）中，尤其是当以硫、溴和氯的化合物形式存在，可以腐蚀电源和冷却设备、电子线路板和数据通信连接，随着时间的推移会降低整体数据通信设备的可靠性。

气体污染物主要有两类：腐蚀性化合物和挥发性有机物。腐蚀是一个复杂的电化学过程，它往往发生在碱金属，其表面的电解质例如水和大气中的氧结合在其表面产生腐蚀。腐蚀通常依赖一定的水分存在，在温度和相对湿度高，且大气污染化合物有足够浓度，腐蚀可以发生在敏感金属（如铜或银）表面。腐蚀产物可能引起电气桥接或电路的短路、间歇漏电，在极端情况下可能引起开路。

室内环境中的腐蚀经常是由化合物或几个化合物的组合引起。通常在室内环境中包含有腐蚀作用又不易被发现的数以百计的化合物。如表 6-1 所示包含可能在室内的数据处理环境中发现的最常见和丰富的有腐蚀性的气体化合物。

表 6-1　常见腐蚀气体的特征

物质及其分子式	物理特性	典型腐蚀引发物	典型的工业来源
二氧化硫 SO_2	无色气体，刺激性刺鼻的气味	与水产生高度腐蚀性的硫酸反应	化石燃料燃烧和有机废物焚烧的产物，此外，发现在纸张、织物、食品保鲜、熏蒸剂和精炼中也含有
硫化氢 H_2S	无色气体，臭鸡蛋的气味	金属硫化物形式	化学合成中间体
氯 Cl_2	黄绿色气体，辛辣，刺激，窒息的气味	非常反应及产生腐蚀性的金属盐结合除了碳以外的所有元素，惰性气体	广泛应用在化学合成、漂白、氧化剂中
氯化氢 HCl	无色的腐蚀性气体，有刺鼻气味特征的空气中的烟雾	快速溶于水，形成盐酸反应，腐蚀产物为氯化铜和其他金属盐	氯化物和 HCl 都是煤和焚化炉燃烧的副产品；广泛应用在化学合成、聚合物、橡胶和医药中
二氧化氮 NO_2	红棕色气体，有令人窒息的气味	高活性，形成酸性水；腐蚀电子材料，形成高度腐蚀性硝酸	用于化学合成和炸药，是来自能源生产和车辆中燃烧的产物
臭氧 O_3	一种低浓度时令人具有舒适感的气体	在烟雾中可以发现，它是氧最具活性的形式	水和空气的消毒剂，纺织品、石蜡和油的漂白剂
氨 NH_3	无色的腐蚀性碱性气体，有刺激性气味	容易溶于水，容易与酸性气体相结合，产生腐蚀性盐	制冷、化肥、人造纤维和塑料，广泛应用于化学合成中

除了腐蚀性化合物，挥发性有机化合物（VOC）可存在于数据处理环境中。VOC 是一种基于碳的有机化合物，它存在于来自有生命的活体中。挥发性有机化合物在室温和标准大气压下会蒸发，虽然 VOC 容易使机械开关设备出问题，但是 IT 设备对挥发性有机化合物腐蚀还是非常耐用的。普通空气中有挥发性有机化合物的数量异常的多。

3. 液体污染物

在数据中心，最明显的液体污染来源是使用冷水的机房空调水，其他潜在的水源是来自加湿器、冷凝液（水蒸气冷凝成水）和基于水的灭火系统。液体（例如水）一般是优良导电体，因此，在所有的电源线互连、通信电缆互连、所有的电子元器件和安装在设备中子系统可能通过液体导致短路故障。在正常的水中被发现有许多杂质，其中包括但不限于许多污染物，如溶解的矿物质、细菌和二氧化硅。处理不当或未经处理的水可能引起不需要的空气污染物。液体蒸汽和烟雾也可能携带腐蚀性化学物质进入 IT 设备，例如在沿海地区的盐雾和悬浮的清洁剂。

6.1.2　PM 污染物如何停留在设备

在整个数据中心 PM 利用空气的流动进行输送，也被称为对流。在数据中心计算机机房空调（CRAC）单元或计算机房空气处理（CRAH）单元往往有空调，在那里无论是 CRAC 或 CRAH 都位于数据中心的地板上。数据中心可以是高架活动地板或无高架活动地板的环境。如图 6-2 所示显示气流在典型的高架活动地板的数据中心。外部空气，也称为新风，进入空气调节单元（AHU）一侧，在那里经过一系列的过滤器并调节，然后经调节的空气通过高架地板提供给服务器。在数据通信设备中的风扇将空气吸入机柜，变热的空气最终将返回到 CRAC 单元或 AHU，数据中心的空气在数据中心区内部形成环流。大多数数据中心的设计只有一小部分外部空气进入数据中心形成正压。一些数据中心不提供外部空气直接进入管道到达数据中心地区，相反，外面的空气仅渗入邻近区域如办公室空间或走廊。然而，越来越多的数据中心使用设计有空气侧节能器的空气调节器（类似于在商业建筑中使用），以充分利用大量室外空气冷却的节能效益。应该注意的是，传统的封闭式气流布局的结果是同一空气循环反复通过过滤器。这样大量吸入的外部空气以及随后从数据中心排出，导致对于给定容量的空气更少通过过滤系统。

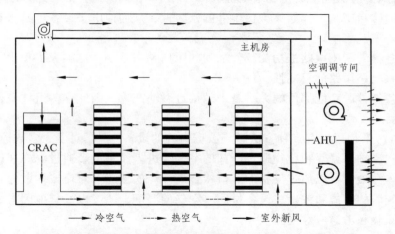

图 6-2　典型的高架活动地板的数据中心主机房气流示意图

PM 偏离气流通道和沉降到内表面主要通过三种不同的机制：重力沉降、扩散运动、静电吸引。

重力沉降是颗粒质量的函数，并且对大颗粒的影响最大。重力沉降作用对于直径小于约 $1\ \mu m$ 颗粒变得微不足道，而对大于 $10\ \mu m$ 颗粒有强重力，使颗粒迅速沉降到水平表面导致其空气停留时间短。强大的气流可以延长空中停留时间（即使是大颗粒）。

PM 的扩散运动由空气分子对空气中的颗粒的随机碰撞引起的。这些碰撞的结果使颗粒从较高颗粒浓度迁移来降低颗粒浓度。扩散对非常小的颗粒是显著，对直径大于 $0.1\ \mu m$ 的粒子影响最小。扩散粒子的影响在所有方向相同。而较大的颗粒主要沉积在水平表面，较小的颗粒沉积在水平或垂直表面上沉积有相等的几率。

静电吸引是相反电性的电荷之间的作用力将颗粒吸附在设备表面。一旦粒子通过重力沉降、扩散运动或静电引力与一个表面接触，一般情况下会保持沉积。因为颗粒与物体表面之间的粘附力的原因，空气中悬浮的颗粒预计是极少的。机械过程（如扫地板或天花板的运动）

或设备维修往往会造成颗粒的再次悬浮。

气态污染物扩散在空气中占据整个空间，但空气密度的差异可能引起分层。污染物的移动是相对于所述空气的运动。

6.2　空气污染物对数据中心设备影响

根据美国采暖、制冷与空调工程师协会（ASHRAE）技术委员会（TC）关于"针对数据中心的气体与颗粒污染物指南"指出：随着工艺水平的进步，于晶体管的尺寸不断缩小，而且电信号为完成指定任务而必须传递的距离也在日渐缩短，因此计算机的性能正在不断提高。于是便产生了这样的最终结果：所有电子组件都朝着小型化发展，而且它们的封装密度也越来越大，这对硬件可靠性造成了以下不利影响：

（1）单位体积的热负荷增大，因此需要更多气流，以使硬件温度保持在可接受的限值范围内。气流的增加使电子设备更易受到堆积粉尘的不利影响，同时还会带来更多的气体污染物。

（2）较大的装封密度不能始终确保组件的密封性，从而使电子设备更易受到湿气、粉尘和气体污染物的不利影响。

（3）电压各异的印刷电路板功能部件之间的距离越来越小，这加大了粉尘与气体引发离子迁移从而导致电路短路的可能性。

（4）由于各组件的功能部件的大小越来越接近腐蚀产物，因此这些组件变得更易受到腐蚀的不良影响。

PM 或气体污染物可以有多种方法影响数据中心的设备。但是对于大多数通信设备而言，主要有 2 种方式影响：悬浮颗粒物通过冷却的空气流进入设备或者通过沉降在设备表面影响设备工作。气体污染物可以通过设备的开口（金属外壳的接缝）对流或扩散的方式进入整个设备或设施，气体的组成和浓度、设备材质、空气的湿度、温度以及其他因素的综合产生的潜在影响必须知晓和考虑应对措施。

6.2.1　颗粒污染物的特性

PM 可以由有机物、无机物合成的，也可能是纯净或混合状态金属材料。PM 可以有多种形式：颗粒状、纤维状、板状或不规则。PM 可以增大摩擦、腐蚀金属、导电或导热、隔离电力或隔热以及吸湿性能等；PM 也可以干扰气流和光信号。PM 的积累也有损设备美观。颗粒污染物无处不在，即便采取最好的过滤措施，数据中心内还是会有颗粒，这些颗粒会落在电子硬件上。幸运的是，大多数粉尘都是无害的，只有在少数情况下，粉尘才会侵蚀电子硬件。

由颗粒引起的故障一般包括以下几种：

机械影响：这些影响包括阻碍冷却气流、干扰移动部件、磨损、光干涉、互联干扰、表面变形（例如，磁性媒体）以及其他的类似影响。

化学影响：落在印刷电路板上的粉尘会导致组件腐蚀和/或临近的相隔功能部件短路。

电学影响：这些影响包括阻抗变化和电子电路导体发生桥接。

颗粒污染的影响可能是其中一种也可能是几种影响综合作用的结果。有的影响仅仅发生在空气污染物本身带来的，但也有些需要与设备的材质结合才能产生某种影响。

6.2.2　设备易受颗粒物质积累的区域

数据通信电子和基础设施设备功能被 PM 通过多种方式退化。几乎所有的前一节中列出的属性都可导致电子设备的操作困难。

一般来说，PM 积累量直接关系到通过设备交换空气的量。出于这个原因，比起液体冷却或自由对流冷却设备，强制风冷设备可能更易受 PM 堆积的影响。并非所有进入设备的颗粒将被设备捕获，一些颗粒将经过排气出口通过设备。

在风冷设备内的一些区域比其他区域更有可能收集 PM。以下是典型的聚集地点的例子：

小气流开口，如进气口和排气口，包括意外的空气泄漏区域，如铆钉孔，金属板接缝；

具有散热功能的小间距散热片；

气流旁通不可能的区域（特别引起注意的是用来迫使空气通过散热器的气流管道）；

气流经受突然减速或改变方向的区域；

尖锐，粗糙或有黏合剂的表面，包括因空气污染物变得粗糙或有黏性的表面。

1.　空气吸入和排出口

PM 积累可以限制进气和排气通风孔。这些开口的限制可能会增加通风孔压力降和通过系统导致气流减少或增加风机负载。

2.　风　扇

风扇本身并不特别容易受 PM 影响，然而，PM 往往会间接影响风扇。直接安装在散热器的风扇可能受到 PM 聚集在散热器的影响，可以最终阻止风扇旋转。进/出风口的限制可以改变数据通信设备压力曲线，造成更大的风扇负载。阻止散热的结果是改变处理器温度，从而在配备了风扇转速控制器的系统下可以触发风扇转速增加。这些污染问题可能会被误诊为风扇的问题。

3.　散热器和冷却机构

风冷设备显著的问题之一是 PM 影响散热效率和通过散热片的气流。现有的微处理器散热器设计通常采用密集堆叠薄金属板。这些散热片中的狭窄气流通道特别容易受到空气中的 PM 堵塞。纤维含量显著的 PM 具有特别的挑战性。纤维可以被困于散热器的前缘，桥接散热器的翼翅之间的间隙。当后来的纤维接触到初始纤维，他们往往纠缠在一起，这一过程最终结果为形成缠结纤维的一个网络，导致更小的颗粒的被黏接，这个过程导致形成一个意外迅速增长的"过滤器"，直到在散热通道内气流完全阻塞。这个过程显著降低了散热器的冷却效率。

4.　磁介质和光盘驱动机构

磁性介质驱动器很容易受到若干污染相关的失效机制的影响。PM 可以堆积在用于润滑定位和自动加载机构的润滑油脂上，这可能会导致运动部件的磨损或堵塞。有些磁介质可通过氧化薄片的脱落产生污染物颗粒，颗粒可以引起介质表面的变形或影响磁头与介质表面的接触或隔离。在极端的情况下，PM 可以磨损读/写磁头。固定磁盘（硬盘）驱动器通常使用过滤器以避免这些漏洞，光盘驱动器可能会遇到类似的磨损或运动部件的堵塞。此外，PM 可能会干扰用于光学介质上读取和写入数据的光信号。

5. 电信号和互连

PM 具有导电性，可以产生数据通信设备内意外导电路径。在极端的情况下，空气中的 PM 如锌晶须或其他导电材料可以形成数据通信设备内的低阻抗短路现象。其他效果可能不明显，如包含水分的吸湿颗粒物积累形成漏电通路。同样令人关注的是绝缘粒子，可能产生连接器触点干扰，绝缘粒子可能会引起接触电阻增大，甚至开路，这些效果可能是间歇性的，所以非常难以诊断。

水溶性离子盐组成的 PM 是数据通中心存在的一个值得关注的问题。如果这些盐从环境空气中吸收足够的水分，它们能产生导电的污染物。硫酸盐、硝酸盐和海盐（NaCl）颗粒是在环境空气中最常见的水溶性离子的盐。经验结果显示，在高湿度下，暴露于高浓度硫酸盐可引起电子设备发生故障。虽然颗粒堆积可能发生在若干年的时间范围内，但是电导率的变化可能突然发生。相对湿度突然飙升有可能导致设备故障。

如图 6-3 所示说明了在数据通信设备内的颗粒积累的例子。这些例子是从极端条件下的加速试验产生的，但污染数据中心设施中也观察到了类似现象。

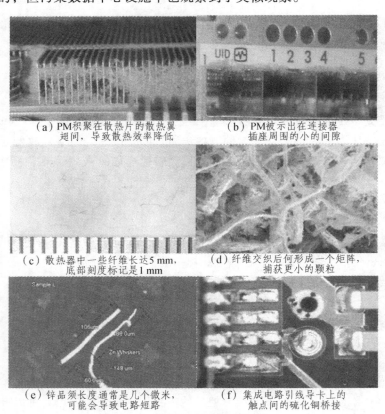

(a) PM积聚在散热片的散热翼翅间，导致散热效率降低　　(b) PM被示出在连接器插座周围的小的间隙

(c) 散热器中一些纤维长达5 mm，底部刻度标记是1 mm　　(d) 纤维交织后何形成一个矩阵，捕获更小的颗粒

(e) 锌品须长度通常是几个微米，可能会导致电路短路　　(f) 集成电路引线导卡上的触点间的硫化铜桥接

图 6-3　数据中心颗粒积累例子

6.2.3 气体污染物带来的腐蚀风险

在数据中心中含有硫气体，如二氧化硫（SO_2）和硫化氢（H_2S）是最常见的造成硬件腐蚀气体。由火山活动所产生的含硫气体产生后果——一个元件失效的例子如图 6-4 所示。图6-4 中的装置失效是因为含硫气体腐蚀金属银。图中的下半部分显示硫化银花从绝缘介电质挤压而出。含硫气体进入和攻击封装元件，导致硫化银的形成银（Ag_2S）。由 Ag_2S 产生形成机械压力致使内部机械包装的完整性受损，并造成设备失效。

图 6-4 含硫气体腐蚀金属银

固体 PM 积累也会引起数据通信设备的腐蚀。累积 PM 由化学活性物质组成，如水溶性离子盐，可能与数据通信设备组件产生化学反应。许多 PM 化合物从周围空气中吸收水分和当达到饱和时可能产生腐蚀性化合物。所需要的饱和湿度随化合物而异。

总之，空气 PM 和气体污染会导致一系列不必要的数据中心的环境，该环境可以影响数据通信设备的可靠性，这将取决于设备的位置和污染物的化学性质、数量和组成。设备的问题起因于机械，化学或电气性能下降，这些问题往往是间歇性和难以诊断。这是由于在某种程度上，对多重因素如微粒，气体，湿度等环境条件相结合来，触发了明显的影响作用。

左上角和右上角的显微照片显示了低倍率的电阻。左下方和右下方显微照片显示硫化银的花朵从绝缘电介质下伸出。该电阻器终端是由电硫化银的形成而被破坏。

在一定程度上，在数据中心空气污染是不可避免的。尽管如此，应该用一切努力减少空气污染，包括气体和颗粒污染物。

6.2.4 污染物影响的特点

前面分析可见数据中心环境的空气污染是信息技术（IT）设备的可靠性和可用性的潜在

威胁。它们对设备的影响显示如下特点：

（1）影响原因多变。空气携带的可沉积的污染物的数量、分布、浓度会因为许多原因发生变化，如地理位置、天气、季节、室外污染物水平、人口的影响以及数据中心的过滤系统及其维护情况和环境中使用的材料等。

（2）污染物的相互作用特别明显。设施内的污染物，浓度，成分，湿度，热环境的变化都会相互作用。一个污染物本身可能不是一个大问题，当它的原子与其他环境污染物或水分结合，可能会导致数据通信设备故障。

（3）设备自身原因可能决定对污染敏感的程度。数据通信设备产品的材料、气流路径和机箱类型（例如，液体冷却柜或独立备柜）等都可以确定 PM 和气态污染物的敏感程度。

（4）内部设施可能是污染的来源。如对污染物"锌晶须"产生和认识，使人们对设施自身的设计认识得到提高。

6.3　污染物质的限制规定

本节总结了典型的污染物洁净指南和用于商业和工业环境的可以承受的颗粒物（PM）和气态污染物的限制。有几个已发表和接受了的商业和工业环境标准，扩展到数据中心领域。多个标准的使用很难建立一套单一的数据通信产业的污染限制标准。为了更好的理解和确定信息技术（IT）设备的安装环境，本节总结了现有的工业工程领域内的 PM 极限。包括：

GR-63-CORE（2002 年的 Telcordia）；

IEC607213-3（2002 年 IEC）；

ISO14644-1（ISO1999）。

除了这些标准的出版物，在学术界还需更多的研究去确定 PM 和气体污染物对设备的影响。

6.3.1　颗粒污染限制规定

6.3.1.1　GR-63-CORE

GR-63-CORE 网络设备构建系统（NEBS）要求：物理保护（Telcordia 2006）是为网络交换中心开发的一组物理要求和测试标准。NEBS 的指南是由在上世纪 70 年代，最初由贝尔实验室开发，后被贝尔通信研究所（Bellcore）扩展。贝尔后来更名为卓讯科技有限公司（Telcordia Technologies Inc.）。NEBS 是为了确保网络设施设备运行的温度、湿度、振动和空气污染水平控制在有效的范围内。事实上，电信公司一般要求他们的数据通信设备供应商提供符合 NEBS 的标准设备。GR-63-CORE 的室内污染物年平均水平如表 6-2 所示。

表 6-2 GR-63-CORE 的室内污染物年平均水平

污染物	浓度
空气中总悬浮颗粒物（TSP）	20 μg/m³
粗颗粒	< 10 μg/m³
细颗粒物	15 μg/m³
水溶性盐	10 μg/m³ 最大总计
硫酸	10 μg/m³
亚硝酸盐	5 μg/m³

6.3.1.2 IEC60721-3-3

IEC60721-3-3（2002 IEC）由多个部分组成，分别定义了在各种条件下设备可以暴露其中的典型的环境。该标准还对环境参数组分类及产品固定使用（永久或暂时）在特定的使用条件下的气候防护场所受到严酷程度分级，包括在安装、工作、停机、保养及维修期间。该标准是基于来自世界各地的实际实地测量获得的信息。IEC60721-3-3 的环境参数如表 6-3 所示。

表 6-3 IEC60721-3-3 的环境参数（IEC2002 年）

代码	参数	覆盖
K	气候条件	温度、湿度、温度变化率、气压、太阳辐射、热辐射、空气流动、凝结、风吹的降水，除雨水以外的其他来源的水，冰的形成
Z	特殊的气候条件	修改特定类组合的气候条件
B	具有生物活性的条件	菌群（如：霉菌和真菌），动物（例如：啮齿动物和白蚁）
C	化学活动性条件	海盐和污染物（二氧化硫、硫化氢、氯气、氯化氢、氟化氢、氨氮、臭氧和氮氧化物）
S	机械活动条件	沙和灰尘
M	机械条件	稳态振动和非平稳振动

6.3.1.3 标准空气洁净度分级 ISO14644-1 标准

ISO14644-1（ISO1999）目前已成为空气的洁净度分类的全球性主导标准。标准给出了尘埃粒子对洁净室（如数据中心）和相关受控环境专门在大气颗粒物浓度方面进行分级限制。受控环境的例子不仅包括洁净室，而且包括数据中心，电信/数据通信机柜，电信/数据通信交换中心、电缆头端和蜂窝通信棚屋和集线器。如表 6-4 所示为每个 ISO 等级提供了最大的浓度。对于给定的颗粒大小而言，与以前一类相比每个连续的较高分类允许大约十倍的粒子大小。表 6-4 中还显示了给定大小的颗粒浓度保持大致恒定的所有分类。

表 6-4　ISO 空气洁净度分类与最大颗粒物浓度允许　　　　颗粒/m³

ISO 分类	空气中粒子的最大数量					
	单位体积等于或大于指定大小/m³					
	颗粒大小					
	> 0.1 μm	> 0.2 μm	> 0.3 μm	> 0.5 μm	> 1 μm	> 5 μm
Class1	10	2				
Class2	100	24	10	4		
Class3	1 000	237	102	35	8	
Class4	10 000	2 370	1 020	352	83	
Class5	100 000	23 700	10 200	3 520	832	29
Class6	1 000 000	237 000	102 000	35 200	8 320	293
Class7				352 000	83 200	2 930
Class8				3 520 000	832 000	29 300
Class9					8 320 000	293 000

注：在测量过程中相关的不确定性要求不超过三位有效数的数据被用来确定分类等级。

6.3.2　气态污染物的限制

已出版的标准如 IEC60721-3-3（IEC2002）和 GR-63-CORE（telecordia2006）建立了气体的环境限制（见表 6-7），被开发用于电话交换中心和设备制造商的内部标准。最适用于数据中心中的空气污染标准是国际自动化协会的 ANSI/ISA s71.04-2013，过程测量和控制系统的环境条件：空气中的污染物（ISA 2013）。虽然 ANSI/ISAS71.04-2013 是用于电子设备安全运行的空中的污染物水平进行分类，它也包括空气的气态污染物。标准规定了环境腐蚀水平采用铜带测量腐蚀积累率［即随着时间的推移，腐蚀厚度测量（用埃表示）］，然后以数量标识，量化程度为以下四类之一：G1，G2，G3 或 GX（见表 6-5），同时给出了 ISA 各分类的其他污染物的含量，如表 6-6 所示。

表 6-5　ISA 腐蚀分类（ANSI/ISA-S71.04-2013）

ISA分类	腐蚀水平	铜/银反应（30 天）	说　明
G1	轻度	< 300 Å < 200 Å	一个足够良好控制的环境，腐蚀不是确定设备的可靠性的一个因素
G2	中度	< 1 000 Å	一个腐蚀的影响是可测量的环境，腐蚀或许是确定设备的可靠性的一个因素
G3	恶劣	<2 000 Å	在这一环境将很有可能发生腐蚀性攻击；这一严厉的水平应该提示进一步评估结果在环境控制或特别设计和设备包装等方面
GX	严重	> 2 000 Å	在这一环境内只有专门设计与包装的设备方能预测设备使用寿命；这类环境中使用设备技术规范是在用户和供应商之间进行协商的问题

表6-6　ISA污染气体浓度限制（ISAS71.04-2013）

气体	ISA分类G1	ISA分类G2	ISA分类G3	ISA分类GX
H₂S	≤3	≤10	≤50	>50
SO₂，SO₃	≤10	≤100	≤300	>300
Cl₂	≤1	≤2	≤10	>10
NOx	≤50	≤125	≤1250	>1250
HF	≤1	≤2	≤10	>10
NH₃	≤500	≤10 000	≤25 000	>25 000
O₃	≤2	≤25	≤100	>100
气体浓度为按体积的十亿分之以上表中浓度值				

表6-7　ISA发布IT设备的气体污染物

气　体	IEC60721-3-3（IEC2002）	GR-63-CORE（Telecordia2006）	制造商的内部标准
硫化氢（H₂S）	10 μg/m³，7 ppb	55 μg/m³，40 ppb	3.2 μg/m³，2.3 ppb
二氧化硫（SO₂）	100 μg/m³，38 ppb	131 μg/m³，50 ppb	100 μg/m³，38 ppb
氯化氢（HCl）	100 μg/m³，67 ppb	7 μg/m³，5 ppb*	1.5 μg/m³，1 ppb
氯（Cl₂）	100 μg/m³，34 ppb	14 μg/m³，5 ppb*	—
氮氧化物（NOX）	—	700 ppb	140 μg/m³
臭氧（O3）	10 μg/m³，5 ppb	245 μg/m³，125 ppb	98 μg/m³，50 ppb
氨（NH3）	300 μg/m³，430 ppb	348 μg/m³，500 ppb	115 μg/m³，165 ppb
挥发性有机物（CXHX）	—	5 000 μg/m³，1 200 ppb	—

注：ppb = 10^{-9}

6.4　数据中心的污染防控

　　本节提出通过预防和控制措施的办法来限制颗粒物和气态污染物的影响。在任何建筑物、构筑物或数据中心到处都存在潜在的污染来源，这是不可避免的。如果没有充分考虑和管理，气体，固体和液体等潜在形式的污染物可能会危害到IT设备的运行，预防和最大限度减少污染物对设备的威胁是保持数据通信设备长期可靠性和可用性基本的方法。虽然有许多要考虑的事项可以建立有效的策略来有效地减少大部分污染物的威胁。

　　设计与建设之前，选址是数据中心中的IT设备的长期生存的关键。有些数据中心场站可能需要额外的设备和系统来管理环境的危害。例如，靠近海洋的地点空气中含盐量较高，它含有高浓度的氯离子，是海岸线附近的金属腐蚀的主要诱因。

　　数据中心的设计和施工阶段期间，从高架地板系统到天花板的一切选材应尽量选择减少污染的材料。在决定为数据中心加压，引入外部空气，表面处理等项目中，必须仔细考虑以减少污染物的环境威胁为目的。基础设施一旦投入运行，设备选型、安装、维护和IT设备的物理位置都具有对数据中心的长期洁净度的影响。对所有数据通信人员和服务供应商在限制数据中心中的污染物的控制策略和规定必须明确，并能准确理解和严格遵守。如果这些规定是不包括在该设施的标准操作程序中，即使是最好的设计和建造的设施都将降低其运用的等级。

6.4.1 污染预防的措施

控制环境和设备污染最好的方法是预防。防止污染进入数据中心减少污染管理成本。当污染物被引入数据中心，消除它的难度急剧增加。污染能迅速渗透数据通信设备环境中，并且一旦渗入，要彻底移除需要耗费很大的劳动成本，可能需要更换硬件，甚至后果严重到设备停机时间和运营的收入损失。

有许多潜在的污染物可能对数据通信设备会产生影响。需要注意的是并不是所有的数据中心环境同样容易受到各种污染。只是由于不同的地理位置，两个相同的设计与施工的设施可能有不同的影响。相反地，在相同的地理位置的两个设施可因设施设计差异导致污染物对其影响的不同。

6.4.1.1 机房设计

数据中心应位于建筑物内且远离潜在的局部威胁，并在物理上与可能被人类活动不断被占用的空间隔离。例如，在数据中心的上方有如自助食堂和厕所，下方有锅炉房、蒸汽管道或停车场附近，都会对数据中心污染等级产生负面影响。

处理污染物的最有效的方法是保持它们在数据中心之外。因此，严格的数据中心应该建立，以减少日常生活污染物。食物或饮料在任何时候都应绝对不允许存在于数据中心环境内，因为这样存在来自食物碎屑或液体洒在数据通信设备的风险。纸板箱和设备手册应保持在数据中心外的一个指定位置，纸张是另一个颗粒物源，在发生火灾发生时也是一种燃料源。必须指定一个设备开箱和中转区，以支持移入/出 IT 设备，对保护数据中心环境是必要的。粘尘垫或污染控制垫应安装在数据中心的入口，用来清除鞋上杂物，且应该保持并即时更换。

1. 相邻的暂存区

设备在被安装在数据中心之前，数据中心区域应提供设备的交接、开箱和暂存。这样一个区域允许设备进行清洗和准备。这也使包装箱和包装材料移除不能污染数据中心。这个区域应该是物理上独立于数据通信的环境，并防止空气交换。

2. 相邻的存储区

在数据中心以外的区域应提供备件、设备和用品存储。控制如旧电脑、电缆卷筒、纸箱、纸等阐述的颗粒污染进入数据中心。

3. 交通流

数据中心设计时，应能适应步行和手推车推行。设备进入数据中心机房之前较长路径会增加污垢拾取。如果设备在运输过程中布满塑料，设备到数据中心机房之前应考虑去除塑料。进入数据中心机房前，运输设备的轮子应该滚过粘尘垫。数据中心位置应设计为设施结构内的终点位置，因为那里没有提供人员和材料达到其他位置的通路或捷径。

6.4.1.2 机房建设

机房建设主要考虑机房的墙壁、天花板、地面等地方的污染控制。

1. 地板密封或涂层

混凝土材料（即，混合水泥）是现代建筑的主材，几乎用于所有通信环境的基础。混凝土材料也是一个污染物源，不断暴露的混凝土材料的氧化和表面分解，其存在潜在的危险。

2. 墙面涂料

大多数数据中心环境中使用的是假干墙（又称石膏板或墙板）隔墙构造。需要确保其表面不会被粉笔书写或擦掉，确保所有切割石膏板边缘完全覆盖或密封（如插座周围等表面穿透的地方）。

3. 天花板

天花板可能是数据中心污染又一个重要的来源。大多数嵌入式顶棚板都不适合在数据中心环境中使用，因为它们是由压缩纤维素构成并且极易破碎，即纤维素容易破碎成小块。可接受的面板是那些已包裹或封装边缘的光滑表面。这些类型的面板通常用于食品服务的厨房和准备区。

4. 锌晶须

除了金属屑和铁锈的颗粒，最常见的导电污染物是在数据中心环境中的高架地板上发现的锌晶须。

5. 锡晶须

类似的锌晶须，锡晶须是微小的，导电的，纯金属，毛发状的结晶，从已电镀锡的组件和光滑表面产生。丰富的锡晶须生长将导致导体之间的桥接，这与组件端子之间短接一样。

6.4.1.3　安装和装修处理

不当的内部安装和装修系统加速数据中心的污染。如空气通过建筑物缝隙流动时，随着不必要的气流从建筑外的污染区进入建筑屋内带来污染物，这是数据中心往往增压的一个原因，这种裂缝及相关被调节的空气从数据中心泄漏渗透，降低数据中心的运营效率，因此需要关注的地方包括：

天花板：防止有缝隙导致气流泄漏，破碎或碎裂的扣板将允许建筑外部的空气渗透到数据中心。

干墙：应适当铆接到板坯（在基座）和相邻地板的屋顶。选择材料和填缝时应考虑到建筑运动和扩张，以及防火等级。

便利柱：因为烟囱效应，产生大量的气流。这种气流可以携带污染物进入数据中心。如图 6-5 所示显示了一个普遍的现象。

图 6-5　带大洞的便利柱

6.4.1.4　通风空调（HVAC）系统

数据中心暖通空调系统可以被视为数据中心机房建设的一部分。空调系统可以是一个

PM 和气体污染的重要来源。

1. 新 风

如果数据中心 HVAC 系统不正确过滤外部空气，数据通信设备将成为所有外面的空气污染物污染。如果外面的空气污染很严重，缺乏足够的过滤对于数据通信和基础设施设备可能是灾难性的。

2. 正 压

正压有助于防止受污染的空气进入数据中心环境。使用正压不仅保持微粒污染物移除的数据中心，它也可以用来控制腐蚀性气体和挥发性有机化合物。

3. 加湿系统

数据中心的湿度可以参考 ASHRAE 的环境参数，根据数据中心所处地理位置，若有需要则采用必要的加湿，要使用没有污染的水源。

4. 空气过滤

在有污染的地区要保证数据中心的空气满足污染控制的标准，空气过滤是有效的办法。建议采用 ANSI/ASHRAE 标准 52.2-2007 的滤器标准，参数如表 6-8 所示。

表 6-8　ASHRAE 的 52.2 标准的值 [ASHRAE52.2 (ASHRAE2007a)]

MERV	3~10 μm	1~3 μm	0.3~1 μm	集尘效率	比色法效率	容尘量
1	<20%	—	—	<65%	<20%	
2	<20%	—	—	65%~70%	<20%	>10 μm
3	<20%	—	—	70%~75%	<20%	
4	<20%	—	—	>75%	<20%	
5	20%~35%	—	—	80%~85%	<20%	
6	35%~50%	—	—	>90%	<20%	3~10 μm
7	50%~70%	—	—	>90%	20%~25%	
8	<70%	—	—	>95%	25%~30%	
9	<85%	<50%	—	>95%	40%~45%	
10	<85%	50%~65%	—	>95%	50%~55%	1~3 μm
11	<85%	65%~80%	—	>98%	60%~65%	
12	>90%	>80%	—	>98%	70%~75%	
13	>90%	>90%	<75%	>98%	80%~90%	
14	>90%	>90%	75%~85%	>98%	90%~95%	0.3~1 μm
15	>90%	>90%	85%~95%	>98%	~95%	
16	>95%	>95%	>95%	>98%	>95%	
17*	>99%	>99%	>99%	—	>99%	
18*	>99%	>99%	>99%	—	>99%	0.3~1 μm
19*	>99%	>99%	>99%	—	>99%	
20*	>99%	>99%	>99%	—	>99%	
*过滤病毒和碳粉。						

6.4.1.5　其　他

1. 数据中心选址

数据中心的选址，包括确定其内部和外部的危害，是一个重要的考虑因素。在考虑一个新的或重新定位数据中心的位置，选择过程应考虑到来自邻近的污染风险暴露的特性。这些风险可能包括农业、化学、生物、存储和废物处理业务等。

设施位置选择也需要考虑。避免易受洪水、龙卷风、火山爆发或其他自然灾害的地理位置。数据中心污染可能从所述设备附近商业运输导致，诸如重型卡车或火车的运输和可能与航线临近的机场。所有这些潜在的污染源可以带来数据中心风险。在现实中，一个完全无风险的数据通信设备的中心位置是很难找到的。选址通常需要妥协。

2. 机械故障

机械设备的磨损也可能导致数据中心的环境污染，如计算机房空气处理（CRAH）设备也可以在内部产生污染。正常运行过程中风扇单元、轴承和滑轮等可能因多种原因被退化或破碎。其机械运动产生的颗粒物也可能污染环境，所以要经常检查这类设备的运行状况。

6.4.2　污染控制的措施

6.4.2.1　定期维护计划

数据中心必须保持清洁。由于环境的敏感性质，所有清洁活动需要非常小心，不能因清洁活动反而引起污染或破坏。若是采用清洁承包商的方式，则它们的工作经验是一个重要的考虑因素，因为清洁作业的设备选型不当或使用不当会导致对地板系统、数据中心内的设备的严重损坏，大多数清洁有关的污染问题可能是由于缺乏培训导致的。

数据中心的洁净度可以通过建立一个稳定的清洁计划来维持。清洗频率应在施工期间或其他污染生产活动时增加。推荐的清洁的时间和时间间隔如下：

1. 地板下空间

最少每年一次：
手工去除无法清除的大型颗粒。
使用吸尘器打扫所有可触及表面。
擦除不能靠吸尘器去除的颗粒。

2. 地板表面

（1）最少每周一次：
使用吸尘器打扫地板表面。
不要干拖或干扫地表面。这样不但不能去除污染物，还能使已吸附在表面的物质悬浮起来。
（2）最低每季度一次：
湿润的拖把清洁整个地板表面。

根据需要擦洗地板表面。

3. 设备和机柜外饰

最低每季度一次：
真空吸尘器和/或潮湿擦拭表面。

4. 墙壁、窗台、壁架等环境

最小每季度一次：
真空吸尘器和/或潮湿擦拭表面。

6.4.2.2 非常规维护

1. 工作后的污染清理

因为移动设备和重新布置、设备安装或维修、设施维护等，相对无污染的区域可能意外地被污染，所以当工作人员维护结束一定要及时清理垃圾等污染物。

2. 清洁承包商

即使有最好的污染处理和控制措施。可能因为清洁工人的疏忽导致整个环境污染，所以清洁人员的选择和培训、清洗方法和程序应符合既定的清洁方案。

3. 建筑及其他重大活动期间污染控制

有数据中心里面最常见的建筑活动是钻孔和切割线缆，在数据中心钻孔作业应当配合吸尘工具一起工作。

在数据中心外发生重大建设工程时，特别是在一个附近或毗邻的空间，有必要重新检查数据中心的环保系统，以确保这些能控制较大的数量和类型的颗粒污染。在此期间粘尘垫应该在数据中心之外的其他位置进行安装和更换，且更换更加频繁。

7 数据中心热环境建设

本章围绕构建数据中心 IT 设备热环境为主要内容。热环境主要要素包括的温度、湿度，所以在数据中心的热环境建设中主要是对数据中心的各类电信空间的温湿度控制，特别是主机房的环境构建最为重要。

7.1 概　述

7.1.1 数据中心的三大资源

数据中心有大量的 IT 设备为信息的输入、加工、存储、输出等工作在永不停息的工作。用于 IT 加工的直接设备主要有三类资源设备：计算、存储、网络。

1. 计算资源

主要是指各类数据中心用于计算的服务器，从物理外形上看其发展经历了早期的塔式、机架式、刀片服务和机柜式（大型或巨型服务）。

如图 7-1 所示的塔式和机架式服务器是以前在计算机机房里常见的服务器，也是后来数据中心常见的计算资源。随着技术的进步，刀片服务器的集中管理能力极大地方便了用户管理，同时占用更少的空间，也带来了耗能密度的提高；图 7-1 中的机架式服务器是超级计算机 Titan（泰坦），它是一个采用 CrayXK7 系统的超级计算机，拥有 200 个机柜，安装在美国 OakRidge 国家实验室（ORNL）。

图 7-1　数据中心常见的计算资源

2. 存储资源

再强大的计算资源也必须在存储的支持下工作，这是当今计算机体系结构决定来的。对存储设备而言，早期主要是计算机的内部存储和外部存储，如内存、磁盘、光盘等，但是随着网络技术的不断进步，网络传输速度的大幅提高，通过网络的传输技术能够把专门的提供存储资源的外部存储网络化（SAN，IPSAN），形成了各类服务于需求各异的服务器，这也是云计算技术的基础。数据中心存储资源如图 7-2 所示。

图 7-2　数据中心的存储资源

3．网络资源

在数据中心的各类应用都是在服务器上开展的，其数据中传输必须依赖网络通信，目前网络通信设备根据其实现的主要功能种类较多，如交换机、路由器。目前，基于云计算技术的数据中心内部网络对带宽的要求更高。它们的基础架构模式基本上是计算、存储以及他们联系纽带网络资源的有机结合，为用户提供了各类互联网络服务。数据中心网络资源如图 7-3 所示。

在不断提高数据处理设备性能的同时，随着电子技术的不断进步，集成电路的集成度不断提高，给数据中心的 IT 设备带来不单是速度的提升，也伴随着他们的能能耗的不断攀升，给数据中心的热环境建设带来了挑战。

图 7-3　数据中心网络资源

7.1.2　数据中心设备负荷趋势演变

在阐述功率趋势图前，我们先了解两个概念。

1．瓦特/设备平方英尺

这是一个度量设备功率密度的度量单位，使用设备功率除以设备在机柜或机架安装后的设备基座俯视面积。注意：2 根柱子的机架和 4 根柱子的机柜对设备基座面积（深度×宽度）计算的差异，其中深度和宽度的测量规定（见图 7-4），2 柱机架计算设备宽度要加机架的宽度，约 0.064 m。在功率趋势图（见图 7-5）中纵坐标的单位为该度量单位（瓦/设备平方英尺）。

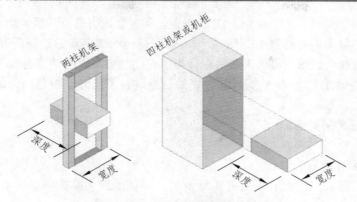

图 7-4　设备基座俯视面积定义

2. 容量服务器（Volume Servers）

当我们认为一个服务器在数据中心就是扮演一个计算任务的角色，多个这样的角色在以前需要多台这样的物理服务器承担，但是现在是数据中心一般是一台物理服务器可能扮演多个角色（通常是虚拟服务器），这样的物理服务器通常被称为容量服务器。

该术语通常用于数据中心需要完成一个功能而设计机架空间的量来使用，或用于功耗大约相同、执行单一角色的单个服务器和低容量服务器相比较使用，单一角色的服务器将占用更多的机柜空间，在更多的最先进的数据中心设计中容量服务器更受欢迎。

（1）2005ASHRAE 功率趋势图。

然而，2005 年 ASHRAE 在其发表的功率趋势报告中发现，随着计算服务器、通信设备的发展，功率趋势线并没有按照 Uptime2000 年所预测的那样，而是按照如图 7-5 所示的趋势发展。

该趋势图表有 Uptime 的 4 类，扩展到了 7 个类，其中原来的存储和服务期一分为二分为计算服务器和存储服务器，其中计算服务器再分别为 1U 和 2U 服务器。通信设备分为了极高密度和高密度两类。

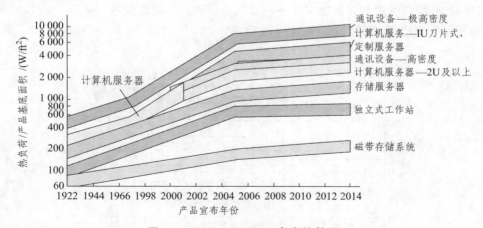

图 7-5　2005ASHRAE 电力趋势图

（2）2012ASHRAE 功率趋势图。

2012 年的《数据通信设备电源趋势和冷却应用》书中提出的新趋势图（见图 7-6），其数据的获取是从本质上相同、有代表性的 IT 制造企业和根据该书最近一版的出版后获得的信息，产生了该版本的趋势图；有超过 15 家的数据通信厂商帮助制定新的趋势图表，此基于参与厂商之间合理的理解和共识而获得的大量数据分析。有些趋势图表的功能进行了重新评估如下：

第一版中各趋势在 2005 年根据当前的相关信息进行了修订。覆盖原来的趋势有：

- 通信设备（机架）；
- 服务器和磁盘存储系统；
- 工作站（单机）；
- 磁带存储系统。

趋势的目的是表征完全配置设备的实际散热。降低配置（减少内存，更少的 I/O 等）要求的趋势值将降低。

本次修订表明，容量服务器都相当准确的预测，在描述其电力功耗时，要求每个服务器将提供规格相关的更有价值的信息，这样的要求量服务器现在按照其 CPU 插座的插槽数量分为以下类别：

- 1U 计算服务器-1 路，2 路，4 路；
- 2U 计算服务器-2 路和 4 路；
- 4U 计算服务器-4 路。

刀片的趋势线与 2005 年版显示的都遵循相同的趋势，但 7U，9U 和 10U 规格的刀片的新趋势在图表中突出表示，因为它们都与 2005 年的趋势相吻合。

由于高容量服务器（1U，2U，4U 和刀片）的功率趋势随着时间的推移相对平坦，趋势表的第二版中提供了单个服务器能耗和一个完整的 42U 机架服务器的功率。

因为存储、磁带和通信设备并没有标准的机身尺寸，此类设备是以每平方米的功率形式在表 7-2 中表示。要考虑到机身差别很大，为了估计这些产品机架的实际功率，设备基座俯视尺寸必须已知或估计，表格还提供了俯视平面形状的尺寸范围也被提供。

从本版开始删除了定制服务器和工作站的趋势。

"通信设备-极高密度和高密度"这一趋势现在只称为"通信设备"分类。从 2005 年到目前收集的数据并不表明需要"极高密度"的类别。

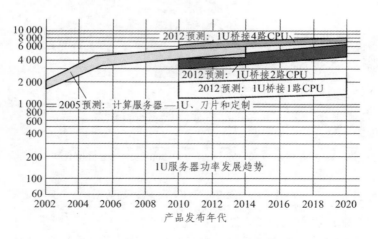

（a）

（b）

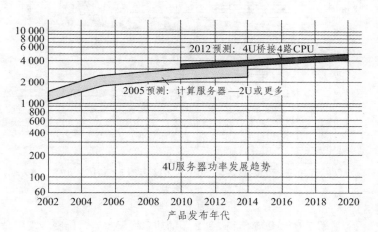

（c）

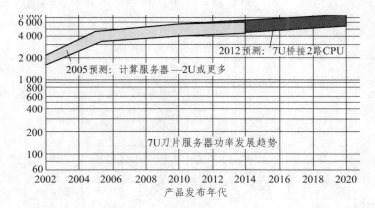

（d）

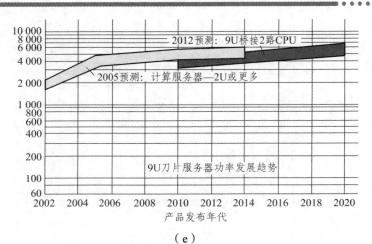

图 7-6　2005 年和 2012 年的功率发展趋势对比图

*——纵坐标为"热负荷/产品基座面积（瓦/平方英尺）"

　　尽管趋势线在此再次展示了一些设备，但主要是容量服务器，该趋势是以功率（瓦）/服务器形式显示，如表 7-1 所示。

表 7-1　容量服务器的功率趋势

	尺寸			热负荷平均波动范围	热负荷/机架 /W			热负荷/42U 机柜 /W		
	宽	高	CPU插槽数		2010	2015	2020	2010	2015	2020
计算服务器	0.44 m	1U	1S	±20%	255	290	330	10 710	12 180	13 860
			2S	±10%	600	735	870	25 200	30 870	36 540
			4S	±5%	1 000	1 100	1 200	42 000	46 200	50 400
		2U	2S	±20%	750	1 100	1 250	15 750	23 100	26 250
			4S	±5%	1 400	1 800	2 000	29 400	37 800	42 000
		4U	4S	±5%	2 300	3 100	3 300	23 000	31 000	33 000
		7U	2S（刀片）	±10%	5 500	6 500	7 500	33 000	39 000	45 000
		9U		±10%	6 500	8 000	9 500	36 000	32 000	38 000
		10U		±10%	8 000	9 000	10 500	32 000	36 000	42 000

由于其余类别的存储、磁带和通信设备不像那些容量服务器的标准基座平面形状尺寸，用单位面积热负荷（瓦特/平方米）的值在表 7-2 列出。为了估计实际机架能耗，这些产品的基座平面尺寸必须是已知或估计的，为此，这些设备的机架平面形状尺寸的估计范围已在表中列出。

表 7-2　设备基座尺寸不规范设备的功率趋势

类　　型	平均热负荷范围	底座面积范围 /m²	单位产品基座面积热负荷 /(W/m²)		
			2010	2015	2020
存储服务器	±15%	0.6～1.3	7 500	9 150	11 850
磁带存储	±30%	0.9～1.1	2 150	2 150	2 150
通信设备	±20%	0.6～1.1	21 500	27 500	32 300

7.1.3　数据中心温湿度对 IT 设备的影响

数据中心机房中的设备是由大量的微电子、精密机械设备等组成，而这些设备使用了大量的易受温度、湿度影响的电子元器件、机械构件及材料。

温度对计算机机房设备的电子元器件、绝缘材料以及记录介质都有较大的影响。如对半导体元器件而言，室温在规定范围内每增加 10 ℃，其可靠性就会降低约 25%；而对电容器，温度每增加 10 ℃，其使用时间将下降 50%；绝缘材料对温度同样敏感，温度过高，印刷电路板的结构强度会变弱，温度过低，绝缘材料会变脆，同样会使结构强度变弱；对记录介质而言，温度过高或过低都会导致数据的丢失或存取故障。

湿度对计算机设备的影响也同样明显，当相对湿度较高时，水汽在电子元器件或电介质材料表面形成水膜，容易引起电子元器件之间出现形成通路；当相对湿度过低时，容易产生较高的静电电压。试验表明：在计算机机房中，如相对湿度为 30%，静电电压可达 5 000 V，相对湿度为 20%，静电电压可达 10 000 V；相对湿度为 5% 时，静电电压可达 20 000 V，而高达上万伏的静电电压对计算机设备的影响是显而易见的。

7.1.4　热环境基本术语

1. 常用基本概念

温度（Temperature）：宏观上是表示物体冷热程度的物理量，微观上来讲是物体分子热运动的剧烈程度。温度只能通过物体随温度变化的某些特性来间接测量。

露点（Dew Point，缩写 DP）温度：水蒸气达到饱和状态时的温度值（相对温度为 100%），在这温度时，凝结的水飘浮在空中称为雾，而沾在固体表面上时则称为露，因而得名露点。

干球（Dry Bulb）温度：温度计上显示的空气温度值。

湿球（Wet Bulb）温度：它是湿度计上读得的温度。若温度计的温包被用水浸饱和的湿纱布包裹，空气以约 4.5 m/s 的速度通过它，当水蒸发进入空气的热量等于空气显热提供给水蒸发的热量时，其平衡温度即为湿球温度。

湿度（Humidity）：表示在一定的温度下大气干燥程度的物理量，采用一定空间内的水蒸气含量度量。

绝对湿度（Absolute Humidity，缩写 AH）：单位体积内水蒸气与干空气混合物中的水蒸气质量。

相对湿度（Relative Humidity，缩写 RH）：其定义有两种：

（1）在相同干球温度和环境大气压条件下，水蒸气分压力值或水蒸气密度值分别与其饱和压力值或密度值之比。

（2）在相同温度和大气压条件下，水蒸气的摩尔数与饱和状态时的水蒸气摩尔数之比。相对湿度为 100% 时，干球温度、湿球温度和露点温度相等。

7.2 数据中心热环境的标准及发展

TC9.9 是 ASHRAE TC9.9-美国采暖，制冷与空调工程师学会信息技术小组委员会，该委员会在数据中心热环境标准建设中起到重要作用。小组成员完全是由 IT 制造商的工程师组成，该小组是完全技术性的成员组成。在没有这技术之前，IT 制造商之间缺乏沟通和交流，导致各自产品在工作环境状况（工况）不同，用户使用环境复杂，加之数据中心的设备不可能来自同一厂家，所以在多家设备供应商的数据中心里往往出现一些厂家符合而其他厂家不符合的困境。

鉴于这种状况，2004 年，ASHREA9.9 委员会成立并出版了最具影响力的推荐标准——《数据处理环境热指南》。

随着 21 世纪到来，计算效率逐渐被关注，电源使用效率（PUE）已成一个可衡量数据中心的设计和运行效率的参数，于是在 2008 年 ASHRAE9.9 委员会对该指南进行了第二次编辑，2004 年和 2008 年建议中主要变化在于扩大了包络线的范围，增加温度和湿度的范围。

为了使 PUE 能力改善，TC9.9 在 2011 年出版了《数据处理环境热指南》第三版，新版中在原来的数据中心热环境分类中创建额外的环境等级分类，为数据中心管理人员可灵活设置数据中心的工作环境提供了参考。具体环境参数如表 7-3 所示。

1. 表中参数解释

推荐值：设施应以推荐运行环境范围为目标进行设计与运行的值；

允许值：设备应以极端运行环境范围进行设计与运行的值。

2. 环境分类

符合某一特定的环境分类要求的设备，是指设备在非失效条件下，在表中所允许的整个环境范围内能够满负载运行。

表 7-3 2011 数据处理环境热指南

分类[1]	设备环境规格								
	产品操作[2],[3]					产品电源关闭[3],[4]			
	干球温度（°C）[5],[7]	湿度范围，非冷凝[8],[9]	最大值露点（°C）	最大值海拔（m）	最大速率变化（°C/hr.）[6]	干球温度（°C）	相对湿度（%）	最大值露点（°C）	
推荐值（适用于所有 A 类；单个数据中心根据本文档中所述的分析可以选择扩大此范围）									
A1 ~ A4	18 ~ 27	5.5 °CDP 到 60%RH 和 15°CDP							
允许值									
A1	15 ~ 32	20% ~ 80%RH	17	3 050	5/20	5 ~ 45	8 ~ 80	27	
A2	10 ~ 35	20% ~ 80%RH	21	3 050	5/20	5 ~ 45	8 ~ 80	27	
A3	5 ~ 40	− 12 °CDP&8%RH ~ 85%RH	24	3 050	5/20	5 ~ 45	8 ~ 85	27	
A4	5 ~ 45	− 12 °CDP&8%RH ~ 90%RH	24	3 050	5/20	5 ~ 45	8 ~ 90	27	
B	5 ~ 35	8%RH ~ 80%RH	28	3 050	NA	5 ~ 45	8 ~ 80	29	
C	5 ~ 40	8%RH ~ 80%RH	28	3 050	NA	5 ~ 45	8 ~ 80	29	

说明：

（1）类 A1、A2、B 和 C，等同于 2008 年类 1、2、3 和 4。为避免混乱 A1 ~ A4，这些类只能重命名。其建议的环境完全等同于在 2008 年版本中发布的。

（2）产品设备通电。

（3）磁带产品需要一个稳定和更具限制性的环境（类似于类 A1）。

典型的要求：最低温度是 15 °C，最高温度为 32 °C，最低相对湿度为 20%，最大湿度是 80%，最大露点是 22 °C 的温度变化率是低于 5 °C/h，湿度的变化速率小于每小时 5%rh，并无冷凝。

（4）产品设备是从原始运输容器中移除并安装但不是在使用中，例如，维修保养，或升级。

（5）A1 及 A2-海拔 950 m 以上，允许降低最高干球温度为 1 °C/300 m。

A3-海拔 950 m 以上，允许降低高干球温度为 1 °C/175 m。

A4-海拔 950 m 以上，允许降低高干球温度为 1 °C/125 m。

（6）5 °C/hr.数据中心使用磁带驱动器和 20 °C/hr.数据中心使用磁盘驱动器。

（7）在驱动器中的磁盘，最低气温是 10 °C。

（8）级别类 A3 和 A4 的最低湿度是较高的（更多水分）：− 12 °C 的露点和 8% 的相对湿度。它们相交大约在 25 °C。交点以下（~25 °C）露点（− 12 °C）代表最低水分水平，当在相交点上时，相对湿度（8%）是最小值。

（9）湿度水平低于 0.5 °CCDP，但不低于 − 10 °CCDP 或 8%RH，可以接受；有适当的控制措施限制数据中心中人员和装备静电的产生。所有人员和移动家具/设备必须通过使用适当的静态控制系统连接到大地。以下各项被视为最低要求：

① 导电材料：

a 导电地板；

b 所有人员进入数据中心要穿导电鞋，包括只是路过的访问者；

c 所有移动家具/设备将以导电或静态耗散材料制成。

② 在任何硬件的维护期间，任何人员接触它，必须使用合适的腕带设备。

A1 类：该类环境通常需严格控制环境参数（露点，温度和湿度），往往应用在关键任务的数据中心，为这种环境设计的产品通常为企业级服务器和存储产品。

A2/A3/A4 类：该类环境通常是对环境参数（露点，温度和湿度）有一些控制的信息技术空间，为这种环境设计的产品通常为容量服务器、存储产品、个人电脑等；在这 3 个分类中 A2 具有最窄的温度和湿度要求，A4 具有最广泛的环境要求。

B 类：指一般办公室、家庭或运输环境最小控制环境参数（仅温度），为这种环境设计的产品通常为个人电脑、工作站、笔记本电脑和打印机等。

C 类：指一般的销售点、轻工业环境或有气象保障、冬季足够采暖和通风的工厂环境，为这种环境设计的产品通常为销售点设备、耐用的控制器或电脑以及个人 PDA。

3. 环境分类包络线

新制定指南的重点是提供尽可能多的信息给数据中心操作员，让他们能够以最有效的能源模式运行数据中心设备，同时还能实现其业务所需要的可靠性。这两个新的（A3、A4）类使数据中心的运营具有最大的灵活性。四个数据中心环境分类包络线如图 7-7 所示。

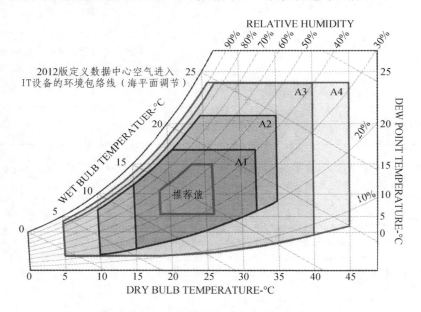

图 7-7　2012 年数据中心的环境分类焓湿图

环境类 A1、A2、B 和 C 与 2008 年版 1、2、3 和 4 的类一样，其包络线也不变。

环境类 A3 温度范围从 5 ℃ 扩大至 40 ℃，同时也扩大了湿度范围从 8%RH 和 12 ℃ 露点延伸到 85%RH。

环境类 A4 扩展允许的温度和湿度范围比 A3 更进一步。温度范围从 5 ℃ 扩大至 45 ℃ 同时，湿度范围从 8%RH 和 12 ℃ 露点延伸到 90%RH。

基于类 A3、A4 允许的湿度低限值，有一些附加最低要求，在表 7-3 的注解 I 中列出。

7.3 数据中心电信空间制冷量计算

建筑物处于自然环境中，空调房间的空气环境受到外部、内部热源和湿源的综合作用，实现热能交换和湿交换。某一时刻进入空调房间的总热量和总湿量称为该时刻的得热量和得湿量；从空调房间带走的热量称为耗热量。

某一时刻为维持房间恒温恒湿而需要空调系统向室内提供的冷量称为冷负荷；相反，为补偿房间失热而需要向室内提供的热量称为热负荷。为了维持室内相对湿度恒定需从房间除去的湿量称为湿负荷。

在一般的数据中心需要特别考虑制冷的主要空间有主机房、电源室，其余的如运营中心、办公人员的工作间等，只需按照普通人居空间空调要求即可，这里不做讨论。

7.3.1 数据中心各类设备设施能耗估算

数据中心主机房的制冷量的计算是构建其热环境调节设备的基础，计算机空调系统（CRAC）是数据中心的基础设施，其寿命周期较长，所以在最初设计时，其设计容量的基本原则是保证环境内的设备设施和人员活动产生的总热量能够被 CRAC 调节，还需考虑以后设备的升级和数据中心的扩容。在构建计算机空调系统（CRAC）时，可以根据实际需要构建调节能力大于当前需求的系统或者给其升级扩容留有备选方案，这些都是根据用户自身实际需求和发展需要设计，防止设计的容量过大，以至于设备都到报废时限了都没有达到发挥其全部功率的需求的状况出现，另外也要考虑热环境设备的冗余需要。

1. IT 设备能耗估算

（1）要明确该电信空间的设备设施类型（i）、目前数量（N_i）等；

（2）若是容量服务器查阅表 7-1 中该类设备的功率趋势所标称的功率 P_i；若是设备基座尺寸不规范设备则查阅表 7-2 中对应设备的标称功率 P_i。

（3）各类 IT 设备的最大总功耗。对每一类设备

$$P_{maxi} = N_i \times P_i \times （1 + |热负荷波动范围|）$$

（4）该空间目前所有 IT 设备最大功耗

$$P_{\text{IT-Now-Max}} = \sum_{i=1}^{n}(P_{max_i})$$

（5）该空间未来 IT 设备预计最大功耗按照前面 1～4 步计算得 $P_{\text{IT-Future-Max}}$。
数据中心 IT 设备总耗能估计值

$$P_{\text{IT}} = P_{\text{IT-Now-Max}} + P_{\text{IT-Future-Max}}$$

2. 照明设备功耗估算

根据电信空间对照明的要求，照明设备功耗经验估计值

$$P_{\text{light}} = 0.0215 \times 地板面积（m^2）$$

3. 设备如消防、安全和监控系统

对于数据中心的消防设施，其日常运行的功耗可查阅相关设备的标称功率用其设备功耗之和作为所在空间的能耗值 $P_{消防}$；同样安防设备也按此计算得到其所在空间的能耗值 $P_{安防}$，这两类设备的能耗值可以认为是其发热的功耗，该类设备的功耗记为

$$P_{other} = P_{消防} + P_{安防};$$

注：计算前需查阅相关设备资料，获取能耗信息。

该电信空间需要的制冷量为

$$P = P_{IT\text{-}Now\text{-}Max} + P_{IT\text{-}Future\text{-}Max} + P_{light} + P_{other}$$

4. 电源设备能耗

对于一般的数据中心的电源室主要是交流配电、整流器、直流配电、UPS 系统和电池等。电力配电柜，基本都是低压配电柜，在内部各种设施合理的容量设计和良好的施工工艺情况下，其发热非常小，UPS 电力系统是电源室的主要发热源。

电源设备损耗可根据通信设备的耗电量及电源设备效率按如下公式计算得出，即

$$P_{Power} = P_1 \times (1 - \eta_1) + P_2 \times (1 - \eta_2)$$

其中，P_1：直流通信设备功率；η_1：开关电源设备效率，取 0.95；P_2：UPS 保证交流通信设备功率；η_2：UPS 设备效率，取 0.88。

5. 墙体散热能耗

在数据中心，建筑若是专为数据中心建设，除建筑节能要求外，应考虑数据中心特别是主机房对保温的要求。不在主机房设置外窗，主机房空间的周围有热交换的立体空间墙面、地板与楼顶都要有节能设计，可能采用散热系数小的建筑材料，尽量减少建筑墙体外部热源进入机房内部而增加机房空调负担。计算墙体散热功耗

$$P_{墙体} = S \times \lambda_{整体} \times \Delta T$$

其中，S：墙体面积；$\lambda_{整体}$：墙体材料导热系数[W/（m.k）]；ΔT：墙体内外温差。

以上涉及的数据中心与空调有关的能耗是长期作用于数据中心主体电信空间的能耗项目。当然涉及需要空调消耗的不仅仅是这些项目，比如管理人员巡检、设备安装调试工作人员进入电信空间、新风调节等都将带来空调的负荷，但是这些能耗在人数不多、次数有限的情况下一般可以不予考虑。

7.3.2 数据中心电信空间制冷量估算

估算电信空间制冷量一般比较简单的办法是估算该空间设备发热量，室外进入该电信空间的热量。估算分为 2 大类：内部设施设备发热量和外部进入热量。如主机房中一般内部含有以下设施设备：IT 设备、安防、防火、照明。可能在中小型数据中心的主机房含有电源设备。所以在估算制冷量时将分别计算其能耗后，累计之和就是该主机房内部设备制冷需求：

电信空间内部设施导致的制冷量为

$$P_{内} = P_{IT} + P_{other} + P_{light}(+ P_{Power})$$

正常运营的数据中心机房，外部热源主要是通过墙体传热，由于新风、人体等带入热能少的情况下，可以忽略，故 $P_{外} = P_{墙体}$。

所以该电信空间的总主制冷量

$$P_{总} = P_{内} + P_{外}$$

7.3.3   空调设备的冗余设计

有了所需制冷量，现在就可以合理规划每台设备的制冷负荷，并根据数据中心关键性级别考虑空调设备的冗余数量。

由于空调设备的预期寿命约为 15-20 年，相比于 IT 设备约 3～4 倍，所以对于空调设备在整个生命周期中要适应未来 IT 运用的发展，对于一个数据中心来说也是一个不小的挑战，考虑以后 IT 技术的发展，所需制冷能力都是一个在设计中不得不考虑的问题。

冷却容量除了满足目前的制冷需求，还必须考虑未来电信空间的发展。制冷容量冗余的问题就是要解决诸如设备检修、故障时由冗余量接替，同时也可暂时作为因内部 IT 扩容后的制冷能力的应对。所以如何科学设计适合自身需求的冗余，需要结合数据中心的实际综合考虑，从安全角度考虑要配备一定的制冷余量，至少以单台空调出现散热失效不影响区域内设备正常运行为准（及 $N + 1$ 冗余）。

关于冗余设计可采用的冗余模式有 $N + 1$，$N + 2$，$2N$、$2(N + 1)$，$2(N + 2)$ 等，用户可以根据用户的数据中心的等级予以选择，详细说明见第 1 章。

7.4   数据中心风冷热环境构建

风冷系统是数据中心机房内最常见的冷源。冷风通过高架地板下、机房头顶或是就地送风系统被送到设备的进风口。各种方式有各自的优点，用户要根据自身建设的实际情况，评估他们对自己实际建设需求的局限性和对于制冷系统的冗余要求。一般来说对于系统的冗余要求，主要是根据整个机房的关键性等级和总体拥有成本（TCO）综合考虑。由于冷却系统不像 IT 设备更新换代那么快，适当的冗余量可保证非集中增加系统的散热需求。目前，在业界推行的电子设备风冷散热方式，普遍采用冷/热通道的配置方式。

7.4.1   气流协议与机柜部署

数据中心的设备部署和气流的管理主要集中在主机房空间。其余电信空间可以根据空间大小、设备多少、线缆连接、管理人员通行、安防要求和防火规范进行布局。在数据中心的主机房由于是数据中心设备运行的主要空间，内部设备繁多、线缆连接复杂，考虑到设备散热的原因，设备设施部署的基本原则是：IT 设备均安装在机架或机柜内，整体考虑空间内部的气流走向，均衡分布设备，防止局部过热。

7.4.1.1 设备及机柜气流协议

1. 气流管理

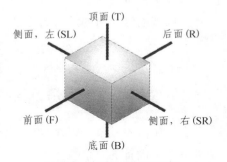

图 7-8 设备面定于规则

在数据中心机房里使用的气流协议，采用了 Telcordia GR-3028-CORE（2001）的中如何对进气和排气进行指定的面定义体系，如图 7-8 所示。

为了与机房内部热通道/冷通道的部署配合，符合如图 7-9 所示的三个气流协议之一的设备是有利的。设备的前面通常定义为有装饰和/或显示指示的表面。机架式安装设备应该只能遵循 F-R 协议，机柜系统的可以遵循显示的三个协议的任何一个。

  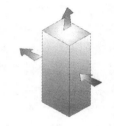

（a）由前至后（F-R）　　（b）由前至顶（F-T）　　（c）由前至后和至顶（F-T/R）

图 7-9 气流协议

7.4.1.2 机柜气流控制及冷热通道配置方式

1. 机柜气流控制

机柜机架是数据中心主要的设备安装设施，一般来说机架的安装要方便管理设备，同时要考虑机房内部的气流流线，对气流流线的控制主要是气流疏导和通路隔断两种方式。

气流疏导：就是利用空气对流或在希望空气流动的通道上设置抽气装置，引导空气按照预定的通道流动，从而带走热量。

通道隔断：就是利用隔离设施，截断空气流动，防止其从不希望流过的流线通过；如机柜中的盲板。

机柜级的气流控制，在机柜自身的气流中，要求采用前入后出，冷空气从前面吸入，通过设备带走设备产生热量后，从机柜的正后方排出。在实际的安装中有以下情况要防止：

（1）机柜内部气流控制。

内部涡流主要是在机柜内部由于用户安装设备、内部气流被阻挡导致的热空气在机柜内部循环，可能导致吸入热空气的设备不能正常工作。防止办法是严格按照设备的气流协议，采取冷空气机柜前进入，机柜后流出的流线安装设备，不可方便接线将设备前后反装。另外一个注意事项是：要保证设备流出的气流能够顺利流出机柜，不可受到阻挡而返回机柜内部。除了机柜向上排除热空气，或者机柜级单元制冷的机柜外，机柜后门不能使用玻璃等密封的后门，必须将热气流导出机柜之外。

2. 机柜间气流控制

机柜之间主要是防止机柜流出的热空气再次被设备吸入导致设备的工作不稳，这里主要有两种情况：

（1）机柜自身的旋流气流，是指由于热空气流出机柜后门，由于多种原因导致其从侧面或顶部再次进入本机柜的情况。若是单独机柜的旋流，则可以采用隔离冷热气流的办法。

（2）由于机柜安装位置不当，导致机柜流出的热气流进入下一机柜，例如：机柜统一方向前后摆放，可能导致这种情况，若机柜成排安装，需要采用冷热通道方式（见图 7-10）安装机柜。冷热气流从顶部绕过机柜的旋流，根据情况可以采取机房顶部抽取热空气的办法或顶部隔离气流通道。

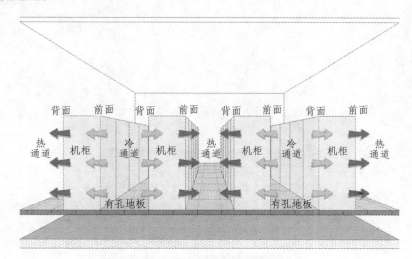

图 7-10 冷通道/热通道冷却原理

3. 采用不同气流协议的机柜.

在采用冷/热通道的配置方式中，若不采用从前至后的气流方向是非常危险的，特别是现在机房热密度不断增加的高密度机房，若采用不用气流协议的机柜在一起工作，复杂的机房气流是很难预测的，为了简化工作，人们往往将气流协议一样的机柜安装在一起，所有的设备的朝一个方向排风——朝向热通道。在没有将机柜按照冷/热通道方式安装的时候，应该采取必要的措施避免各种设备的排风热气流，被其余设备从散热气流入口吸入。

4. 通道间距

通道间距的定义是相邻两个冷通道的中心点之间的距离。在数据中心通道间距一般至少为 7 块地板砖的宽度，主要是基于机柜的前面至少要有一块完整的地板和基于任何一个通道要能通过一个轮椅的宽度（美国一般 914.4 mm）；国家无障碍设计规范要求：无障碍通道、门的宽度为 750 mm，有条件的地方推荐为 900 mm，所以一般要求至少要有一块地板的宽度。

如图 7-11，图 7-12 所示是根据我中心的设施绘制的分别以冷通道对齐地板边缘和热通道对齐地板边缘的设计图。可以看出，在以 7 块地砖为机柜间距的情况下，对齐的通道较宽（1 200 mm），另一个通道就较窄（912 mm，满足国家规定的轮椅通过标准）。该方案在机房面积比较紧张，需要摆放机柜排数较多的条件下可行。不足之处在于：（1）由于未对齐的冷通道（左图）仅有一排通风地板块，会导致冷却能力受到限制。（2）由于对齐的冷通道（右图）虽有两排通风地板块，但是通风地板离机柜很近，因施工等原因可能会有地板不易取出（当需要维护时），通风地板离机柜太近，导致大量冷气流在机柜底部被设备吸入，可能会导致机柜上部冷却效果不佳。鉴于以上原因，建议采用 8 块地板作为机柜间距。

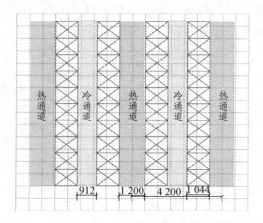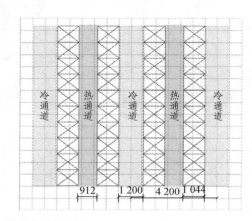

图 7-11　机柜间距为 7 块地板的冷热通道设计

左：热通道对齐地板边缘

右：热通道对齐地板边缘

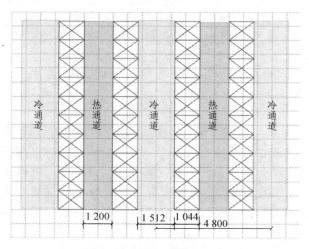

图 7-12　机柜间距为 8 块地板的冷热通道设计

在 8 块地砖的机柜间距中，建议以热通道对齐（其宽度 1 200 mm），冷通道宽度达 1 512 mm，其通风地板与机柜前缘有 156 mm 的间距，比较适合冷气流在整个冷通道的分布。

7.4.2 风冷系统的送风模式

7.4.2.1 地板送风系统

在数据中心的地板送风系统中，冷空气通过架空地板进行分配，并通过穿孔地板块（见图 7-13）和架空地板上的其他孔（如电缆孔）进入机房。地板送风系统为架空地板上计算机设备的配置提供了最大的灵活性。从理论上来说，如果地板下建立了良好的气流动态特性，通过更改通风穿孔地板块的位置，就可将冷空气送到任何需要供冷的位置。

穿孔地板块位于冷通道内，它使冷风从机架前部（经过电子设备）被吸入，然后在机架后部排至热通道内。典型的冷风源通常是位于数据通信机房内的 CRAC 机组（见图 7-13）。这是目前最普遍采用的数据中心冷却方法。如图 7-14，图 7-15 所示展示了冷源在机房之外的地板送风方式。

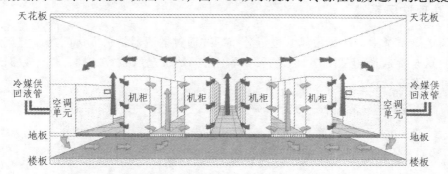

图 7-13　数据中心通常的 CRAC 机组实现架空地板供冷

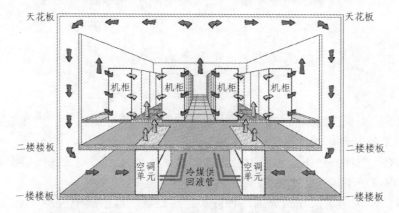

图 7-14　数据中心 CRAC 机组设置楼下空间的地板供冷

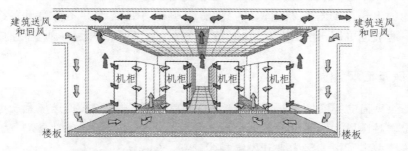

图 7-15　数据中心利用大楼空调实现地板供冷

热通道内的热空气一般无需风管而是通过室内空气流动回到计算机房空调器（CRAC）的上部进风口。若空气流动途径受限（例如吊平顶高度过低，增大了对头顶基础设施如：桥架等的影响），将对冷却系统的效率产生负面影响。

在实践中，架空地板静压箱内的压力变化会导致从穿孔地板块送出的气流不均匀分布，从而形成"热点"。影响气流分布的各种因素（如架空地板高度、地板格栅开孔面积等）根据研究发现当地板架空高度超过 600 mm 时，通道内各个地板的出风口的风量基本平衡。实际上静压箱的空间达到无穷大时，其内部的压力处处相等，当然在相同的开口率的地板块的出风量完全相等，但是在实际工作中是不能达到无穷大的空间的，建议大家在有可能的情况下尽量将地板高度提升到 600 mm 以上。

7.4.2.2　头顶送风系统

在头顶送风系统中，冷风由风管进行分布，并通过散流器被引入房间内，空气从上方垂直向下径直送至冷通道（见图 7-16）。冷风源也可向地板送风系统一样，位于数据通信机房内或机房外的供冷设备。

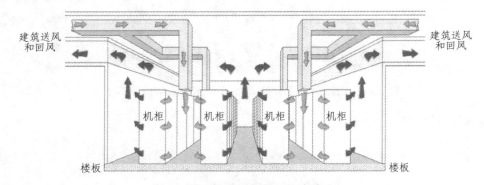

图 7-16　机房头顶送风系统供冷

一般情况下，头顶送风系统的静压力比地板送风系统的静压力大，因此它需要增大平衡风量的能力，以使送风均匀。

热通道内的热空气一般不经风管而经由房间回到供冷机组。基于气流组织而导致送风短路的潜在性出现在吊平顶较低的机房系统中。

如图 7-16 所示说明了头顶送风的一种方法，这是数据通信集中机房环境内常见的技术。在此例中，头顶冷风通过风管送到冷通道中，其冷风主要来自位于架空地板区域外的集中供冷站或者就地的上送风 CRAC 机组送风。虽然图 7-16 中的方案并不需要设置冷却架空地板供冷，但架空地板也可用于电力与/或数据光纤分布，避免平顶内因有风管而拥挤。

7.4.2.3　送风及回风控制

随着设备热负荷的不断增加，强迫人们不断地对地板送风和头顶送风系统的全面设计，包括气流障碍物对送风、回风气流的影响。在设计行业中，为了能单独管理气流和有关空间的相互关系，已做出了极大努力来开发新技术。

1. 冷热通道隔离

旨在实质性地将数据通信设备房内的热空气与冷空气分开，以减少两者混合的某些气体遏制技术在不断开发，如图 7-17，图 7-18 和图 7-19 所示分别展示了带冷热通道的隔离技术。在图 7-17 中，与架空地板所对应的降低的吊顶作为排热空气的静压箱，作为空气回到 CRAC 机组的通道；在图 7-18 中，在上技术的基础上，将热通道用隔热挡板与机房空间隔离，实现来机房内部的冷热空气区域的彻底隔离，遏制来冷热气流的混合。

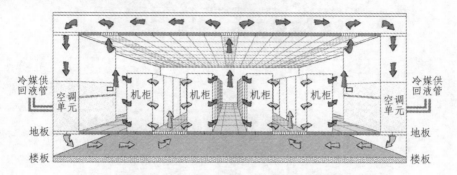

图 7-17　采用降低吊顶作为热回风通道实现架空地板供冷

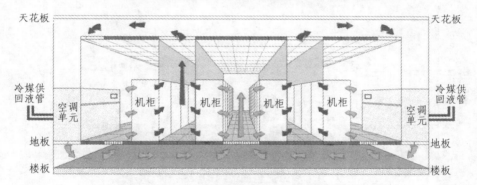

图 7-18　采用热通道挡板遏制降低吊顶的架空地板供冷

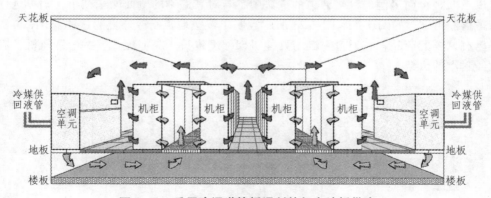

图 7-19　采用冷通道挡板遏制的架空地板供冷

与此作用类似，在隔离冷通道的技术上，人们按照如图 7-19 所示的方式，表示在冷通道上方设置挡板的冷通道隔离技术。此类通道隔离方法意在确保冷空气被强制通过数据通信设备的进风口，同时也防止机架内最高设备处的热排风被吸到冷通道，造成气流短路。

在以上两种遏制方法的基础上，还有进一步的隔离措施，保证其隔离性能更加优越，就是保证除机柜顶部的气流无法对流外，也在机柜列的侧面也实现气流遏制，也就是在冷热通道的两端设置隔离挡板。这样就可以与地板下或天花板吊顶空间共同形成冷或热空气静压箱，如图7-20，图7-21所示在服务器的进风口与（或）出风口，真正实现了送风采用静压箱或风管的方案。

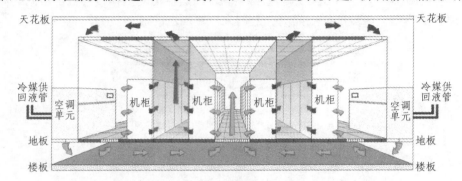

图 7-20　热通道全面遏制的架空地板供冷

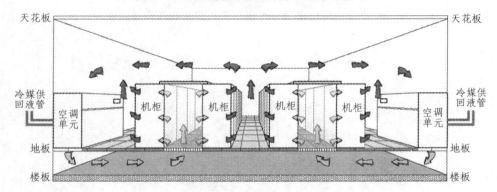

图 7-21　冷通道全面遏制的架空地板供冷

在以上两种全面遏制的冷热通道的方法中，若对其遏制的侧面面积减小，则可延伸出以下的通道遏制方案。如图7-22，图7-23所示表明了架空地板制冷环境的这种变化，事实上市场中现已有这样的产品，它通过封围与延伸机架深度进行了类似配置，并内置风机，以帮助空气流经封围的机架。

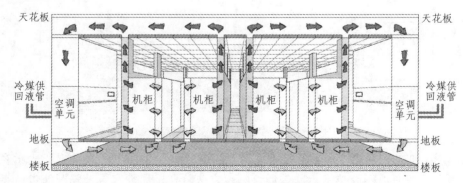

图 7-22　与机柜结合的冷热通道全面遏制的架空地板供冷

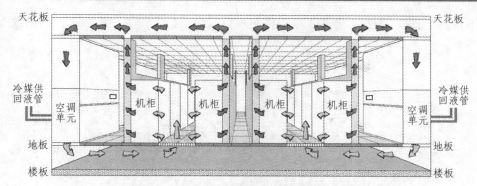

图 7-23　与机柜结合的冷热通道部分遏制的架空地板供冷

在这两种技术中，采用降低吊顶方案较为普遍。但对这类技术的担心是：当数据中心的机架来自不同厂商的时候，要实现统一的散热方式是有一定的困难的；同时，大多数服务器的设计与期望进气和排气压力是相同的。然而当吊顶空间固定后，当数据通信设施内的风管（风量）需求增加了，有些服务器可能会处于"饥饿"或"哽塞"状态，就可能会因为压力差导致气流减少，最终 ITE 对更高的温度响应，并可能导致关闭服务器。当然，人们可以期望 ITE 制造商们一定会评估在这类应用条件下对其服务器的影响，考虑这类应用条件下的某些配置或特殊配置。

相对来说，隔离冷通道较有优势，可以通过改变通道内地板的开孔数量等办法改变送风量；若能在一个冷通道内，保证各个机柜的配置一样，都处于正常运行状态，我们若将该冷通道地板块的开孔足够能满足设备需求风量的情况下，使其与地板下的静压箱成为一体，这时供给各个机柜或设备的制冷量完全取决于设备自身的吸入冷空气的量，这样的方案在实施方案中值得推荐。

对配置挡板方法的另一个担心是管理设备时的可接近性，以及消防和安全管理的隐患。比如一般机房采用气体灭火，在这种情况下必须设法在消防系统启动时，惰性气体能够自动进入到冷热通道以达到消防控制的作用。

7.4.2.4　就地送风系统

就地送风系统是将冷风尽可能近地引到冷通道内。冷风源是本地的冷却设备，它一般安装在就近的电子设备机架上、机架上方或机架邻近处。

一般来说，就地送风系统并非想成为一个独立的设备冷却系统，而只是作为高负荷密度机架的辅助供冷装置。由于就地供冷装置设置的接近性，避免了气流分布差和气流混合（冷气流与热气流混合）等问题。

就地送风系统需要将液态冷媒（水或制冷剂）泵送至邻近机架的冷却设备内，这可能会导致一些最终用户的担心。此外，若就地送风系统是唯一冷却设备时，该类设备的冗余措施也应充分评估。

目前数据中心在机架旁使用空气冷却技术是相当普遍的。其基本理念是：蒸发器或冷的换热器越靠近发热的数据通信设备设施，则冷却数据通信设施越有效，冷却能力可能更强。如图 7-24～图 7-26 是关于这种冷却方式的原理图。

如图 7-24、图 7-25 所示表示了可以将蒸发器或热交换器设置在机柜上方的吊顶上；

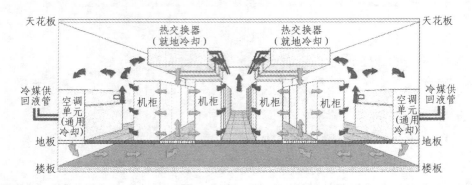

图 7-24　就地冷却装置安装在冷通道上方天花板的送风系统

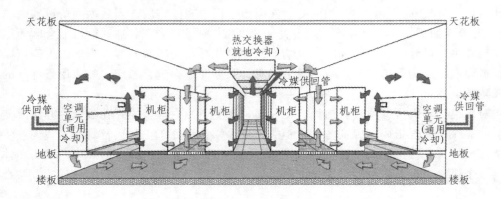

图 7-25　就地冷却装置安装在热通道上方天花板的送风系统

如图 7-26 所示表示将蒸发器或热交换器设置在机柜上；

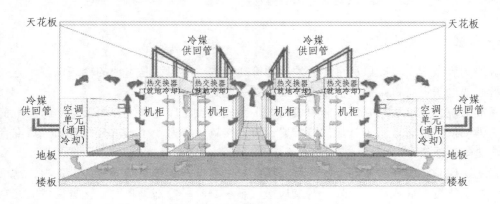

图 7-26　就地冷却装置安装在机柜上的送风系统

如图 7-27、图 7-28 所示表示可以将蒸发器或热交换器设置在机柜的排风侧或进风侧；
如图 7-29 所示表示将蒸发器或热交换器设置在机柜列内实现就近制冷送风。

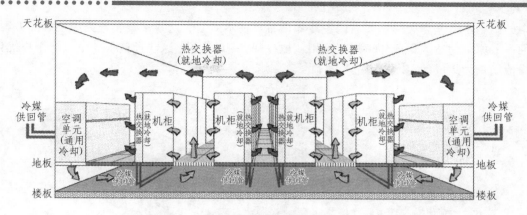

图 7-27　就地冷却装置安装在热通道出风口的送风系统

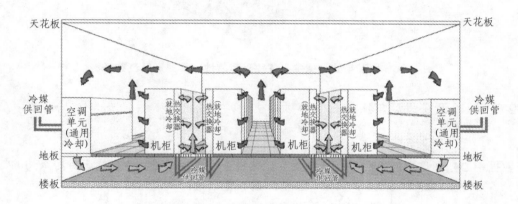

图 7-28　就地冷却装置安装在冷通道进风口的送风系统

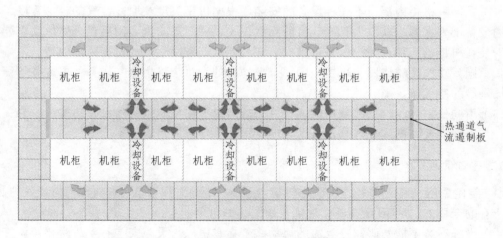

图 7-29　就地冷却装置安装机柜侧面的送风系统

　　一些设备制造商已经开始提供"集装箱"的数据中心环境,在其中的冷却设备是一个模块化综合站点单元,如图 7-30 所示。这些单位采取多种形式,与一些类似于海运集装箱,而其余的则基本上是超大的机架与内置冷却设备。在本质上，这些集装箱数据中心解决方案遵循的一般原则为适应集成环境规定采用就地冷却。一般来说，这些环境很少由最终用户优化，因为他们是为集成的 IE 设备综合设计的。

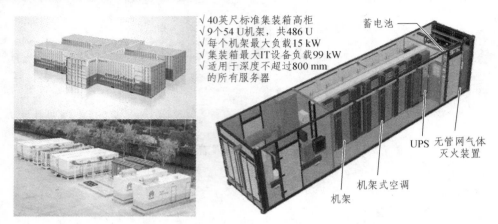

√40英尺标准集装箱高柜
√9个54 U机架，共486 U
√每个机架最大负载15 kW
√集装箱最大IT设备负载99 kW
√适用于深度不超过800 mm
的所有服务器

蓄电池

UPS 无管网气体灭火装置

机架式空调

机架

图 7-30　集装箱式数据中心往往采用就地冷却的送风系统举例

7.4.2.5　风冷系统设计与实施注意事项

1. 机柜冷热通道部署

数据中心空间许可的情况下，尽量按冷热通道进行机柜部署，这样便于机房空间的气流控制，若不能实现冷热通道方式部署，至少要防止他们之间气流循环。

2. 合理安装和部署设备

（1）在同一机柜内部，不同种设备的安装，根据机柜高度获取冷空气的容易程度，将功率大的设备部署在容易获取大量冷气流的高度位置，一般来安说，网络设备适应高温能力较强。安装在机柜的上部，无源设备可以安装在最不易获取冷气流的机柜内部位置。

（2）同一功能区域或同一机柜列中，合理均衡的为每个机柜分配设备，保证其均衡获取冷通道供给的冷气流。

（3）不同机柜列，根据区域功能，在可能的情况下尽量做到各列设备功率（发热）基本平衡，若不能实现，则应在高热设备区考虑就地送风等应对措施。

3. 气流管理

（1）空闲 U 位安装盲板。为了防止机柜内、外的冷热气流紊乱，影响机柜内设备的制冷，应将所有的未用 U 位使用盲板进行封堵，如图 7-31 所示。

（2）设施安装不能妨碍制冷气流的流动，若在有送风与设施安装有矛盾时要协调好气流与设施的安装。在机房布线中提高冷却效率的最佳做法是在天花板的高度采用架空电缆，能大大减少地板下缆线连接和布线通路引起的气流阻塞和由此造成的气流损失和扰动，如图 7-32 所示。

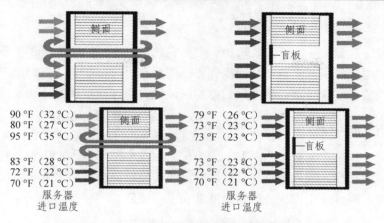

图 7-31 APC 白皮书利用盲板改善机架冷却效果

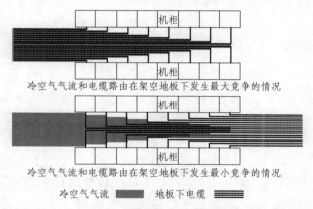

图 7-32 地板下电缆路由与气流竞争的例子

（3）设施安装遵从整体气流协议，如果在实际的机房中遇到了不是 F-R 协议的设备，如图 7-33 所示 Cisco 的 6509，采用的前面进风左侧面排风（F-SL），这时需要专门设计的排风装置来协调其排风协议与整个机柜的排风协议相一致。

（4）电缆出入切口的密封。在高架地板的情况下，电缆出入切口会带来不必要的空气泄漏，应该密封。这种所谓的旁路气流会使 IT 设备出现热点，使制冷设备效率降低同时增加了基础设施成本。封堵机柜底部与静电地板间空间，阻止热气流回流的现象，如图 7-34 所示。

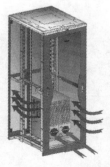 

图 7-33 Cisco6509 特殊气流协议　　图 7-34 架空地板线缆出入切口封堵设备

4. 空调附近特别注意

距空调较近的区域，一般不安装机柜，因为在此区域空调输出气流速度较大，冷通建立后其静压很小，附近机柜不能获得足够冷气流；同时在没有遏制热通道的情况下，可能会导致空调附近的冷通道气流短路直接回风到空调回风入口，导致空调制冷效率降低。

5. 机房制冷静压箱防尘、隔热、防水处理

在风冷方式中，静电地板之下、天花板到吊顶之间的空间可能作为冷、热空气静压箱时，必选该区域的防尘处理，若机房不在最低层时，还需做好隔热和防水处理，防止飞尘颗粒物随气流进入设备，同时防止楼板静压箱温度低在下层结露。

7.4.3 建筑及装修

7.4.3.1 建筑围护结构

在数据中心的建设中，若是单独的数据中心建筑，那么在所有的设计方面都为数据中心的需求出发，这样能很好的规划各个功能区及其附属设施的建设。但是往往的情况是中小型数据中心是在一栋综合性建筑内划分一部分楼层或空间供其使用。这样我们就要对提供的空间进行很好规划。

如图 7-35 所示，是某单位给其数据中心主机房分配的建筑空间，由于考虑整个建筑物的建筑风格，大楼整体采取了干挂花岗石和玻璃幕墙作为建筑物整体的外层围护。在数据中心的热环境建设中，首先要考虑建筑的节能设计，也包括其围护结构节能，

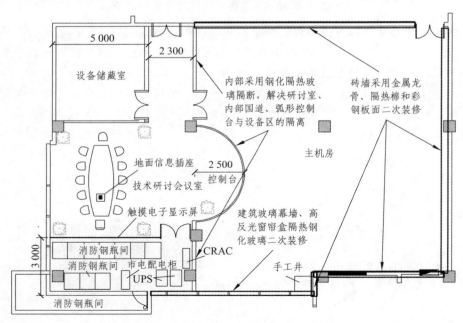

图 7-35 数据中心围护结构二次装修实例

最好不要采用玻璃幕墙尽管说能到达节能要求，但是作为数据中心的主机房使用时有以下不足：（1）由于主机房是一个相对密闭空间，除了进出大门和新风外都应密封，往往幕墙是对整个大楼主体来说是能达到节能设计要求，但是对于数据中心的主机房而言，由于幕墙在处理楼层间或同楼层的房间之间没有良好的隔离，导致主机房没能形成密闭的空间；（2）由于玻璃幕墙会从外界吸收辐射热能，给主机房的空调带来较大的负担。所以在空间隔离上我们建议：建筑整体没有特殊要求，建议以数据中心的建设需求为主要考虑。比如前面谈到的主机房围护结构，最好没有窗户。

在前面的分析中，我们知道电信空间的墙体也是一个导热物体，为了防止外面热量通过墙体传入机房等电信空间，我们要求用隔热性能好的材料，但是有很多时候是建筑商统一施工，并没按数据中心机房的要求单独施工，在这种情况下，我们可以利用二装的机会进一步改善墙体的绝热和隔音效果，一般的做法是在装修时加入隔热吸音棉，起到很好的隔热效果又能防止机房的声音对周围环境的影响。在此基础上，我们还可以用金属材料的面板，起到电磁屏蔽的效果。数据中心砖墙处理如图 7-36 所示。

图 7-36　数据中心砖墙处理及效果图

7.4.3.2　机房空间高度要求

数据中心机房是网络通信、IT 设备高度密集的区域，设备、线缆繁多，我们在构建时必须合理规划，防止因规划不当导致设备、通信线缆相互影响。在该电信空间的垂直方向上主要有以下设备、设施需要考虑，静电地板构成的冷空气静压箱、地板、机柜、网络通信线缆、设备设施电力线缆、供冷输配区（热通道）和消防等，如图 7-37 所示是一般机房的竖向分区规划，基于此规划，我们在建设或选择数据中心机房时应当特别关注该空间的净高要求。

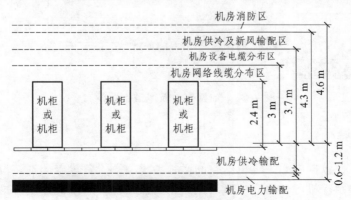

图 7-37　机房竖向分区规划图

由于规划的各层有相应的线缆部署，所以在实际布线时，要防止因布线影响机房冷却系统的气流通道，包括地板之下、头顶之上的空间和天花板内的线缆等，都要根据现场实际情况科学分配在平面和立面的设施设备的分布规划。

7.4.3.3 机房新风

新风系统在数据中心主要有以下三个作用，其一是给机房提供足够的新鲜空气，保持室内空气品质，为工作人员创造良好的工作环境；其二是为保证机房内环境洁净度，机房内必须保持正压，避免灰尘和热空气进入；其三是当室外空气条件能够提供免费供冷时可以节约能源。

新风的净化处理必须在新鲜空气进入机房前进行，主要是除去新风中的颗粒污染物、气体污染物，防止这些物质对内部设备的影响；房间内新风质量要求较高时，还应安装紫外线灭菌装置，经过处理的新风送入专用空调的进风口位置。

机房内的气流组织形式应结合计算机系统要求和建筑条件综合考虑。新排风系统的风管及风口位置应配合空调系统和室内结构来合理布局，其风量根据空调送风量大小和机房操作人员数量而定，根据《电子计算机机房设计规范 GB50174—2008》规定，新风量应取下列 2 项中最大值：（1）按工作人员每人 40 m^3/h；（2）维持室内正压所需风量。

新风换气系统可采用吊定式安装或柜式机组，通过风管进行新风与污风的双向独立循环，新风换气系统中应加装防火阀并能与消防系统联动，一旦发生火灾事故，便能自动切断新风进风，如果机房是无人值守机房则没必要设置新风换气系统。数据中心新风进出口设置如图 7-38 所示。

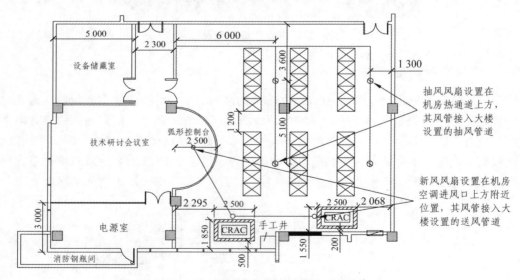

图 7-38 数据中心新风进出口设置

7.4.3.4 空调安装位置

正如前面所谈，数据中心关键电信空间必须考虑空调设备设施的安装位置。大型的数据中心会设计专门的制冷机房，然后由管道输送至所需机房，从节能角度考虑，输送冷媒的管线越短，途中损失的热能更少，当然更加节能，所以在建筑设计时要考虑冷却机房的位置和其本身散热需求，同时关注其管线的走向和位置，在满足冷却需要的前提下，减少管线长度。

中小型数据中心由于设备数量相对较少，一般采用风冷空调设备来制冷。风冷空调内机和外机摆放位置应就近冷却的设备，风冷设备的室内、外两部分间由铜管加绝热护套以输送冷媒（见图 7-39）。该类空调铜管的长度根据机器而异，一般来说，管线短制冷效果好些，管径大小因设备不同各异，所以在建筑设计中要为主机房设计合理的空调外机安装位置，特别是当数据中心主机房不是位于底层或顶层时，需要为其空调设备的安装位置专门设计。

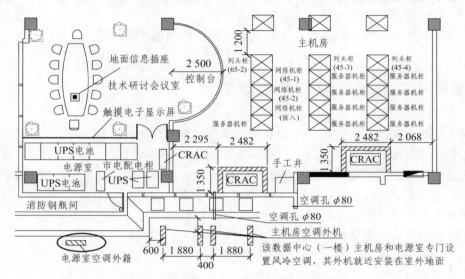

图 7-39　机房 CRAC 内外机器摆放位置

关于 CRAC 在机房内部的位置，应当根据设备设施安装的规划，比如计划在地板下安装网络线缆、电力线缆时，应考虑将 CRAC 安装在冷通道上，方便冷气流直接进入通道；同时在安装 CRAC 的混凝土楼板上应用砖砌一个能圈住 CRAC 设备的区域，以防止空调的冷凝水或加湿水管等的漏液蔓延到其余地方，同时设置漏液液体检测装置。CRAC 外机永久性固定安装如图 7-40 所示。

图 7-40　CRAC 外机永久性固定安装

7.4.4　风冷设备

数据中心的冷风可由各种系统产生，包括外部的屋顶机组、集中式空气处理机组等，但是最普通的技术是采用 CRAC 机组。CRAC 机组有多种冷却方式，包括冷水型、直接膨胀风冷型、直接膨胀水冷型和直接膨胀乙二醇冷却型。

直接膨胀式机组一般有多台制冷剂压缩机，有独立的制冷剂回路、空气过滤器、加湿器、再热以及带远程监视与接口的集成控制系统。这些机组也可能配有干燥冷却器、丙烯乙二醇预冷盘管，在气候条件体现出经济性时，可运行水侧经济器（利用寒冷的室外空气产生冷却液水，可以部分或全部满足设备设施冷却需求的装置）。

利用冷水供冷的 CRAC 机组无需含制冷剂的设备，维护工作量较小，效率较高，使室温变化较小，比直接膨胀型设备更易支持热回收策略。

空气处理机组和制冷剂设备可位于数据通信设备房间内或房间外。

7.5 数据中心设施温度与湿度测试

数据中心有大量的设备设施，尽管取了科学的制冷保湿措施，即使机房总制冷足够的情况下，我们还是会发现在机房内部的不同区域可能会出现局部过热的现象，设备工作的湿度也可能超过其要求的工况范围，要发现这些潜在的"小问题"，温度与湿度的测试是评估数据中心机房环境的最佳的办法。

数据中心有三个层次要求对设施的环境工况进行测试：

设施环境健康检查测试；

设备安装验证测试；

设备故障诊断测试。

上面列出的三个测试在本质上是分层的，用户应了解所有的测试层次，以方便在实际应用时选择一个最适合的测试方案。在某些情况下，上述测试方法的混合使用是适当的测试方案。例如，在低功率密度的数据中心存在局部功率高密度的区域可以选择对整个设施的"设施健康和审计测试"，但对于局部高功率密度的地区，也要执行"设备安装验证测试"。

7.5.1 设施环境健康检查测试

主动了解数据中心环境的"健康"状况，避免因中心机房环境出现因温度、湿度有关的问题导致设备故障，也就是对设备所在的电信空间的热环境状况进行总体检查测试，这种测试的结果可以被用来评价机房的冷却系统对未来所需制冷备用容量的可用性，这项测试建议定期进行，动态掌握制冷系统状况和机房整体的实温湿度控制的健康状况。

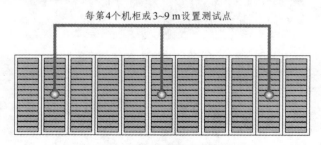

每第4个机柜或3~9 m设置测试点

图 7-41　机柜通道中的测试点

7.5.1.1   通道测量位置

在每个设备空气入口的通道内，需要确定其温度、湿度的测试位置（见图 7-41，图 7-42）。一些环境监控系统将标准的温度和湿度传感器安装在墙壁、柱子和天花板的做法，对于测试机房整体环境来说是不合适的。由于每一台设备的入口处缺乏较精确排列的温度湿度传感器，所以这项测试建议采用人工测量的方式。

为了保持每次测量的一致性和可重复性，建议测试点的位置在机房内采用永久性标识。

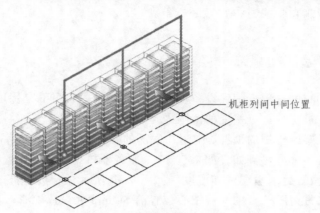

机柜列间中间位置

图 7-42   机柜通道测试点位置

选取的测试点应能代表环境中设备的工况（温度和湿度），Telcrodia GR-63-CORD 建议在地板以上 1.5 m 高度处测量，该高度对某些设备配置有用。测试位置将取决于接近测试观察区域的机柜与机架的类型，在缺乏更加精密的测量系统的情况下，该方法被认为是最基本的测试。热通道的温度测试有助于了解设施状况，因温度测试点的位置不同变化很大是很正常的，所以在检测设备环境健康状况时，采用了冷通道测试（见图 7-43），而没有采用热通道测试。这些测试的目的是检测冷通道的温度和湿度是否在设备规定的工况范围内，具体的范围视机房的人环境等级，如表 7-3 所示。

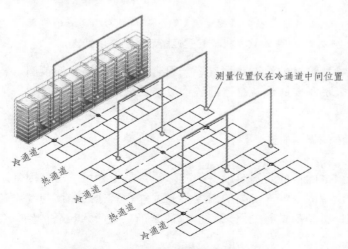

测量位置仅在冷通道中间位置

冷通道

热通道

冷通道

热通道

冷通道

图 7-43   冷热通道中的测试点位置

7.5.1.2　HVAC 运行状况检测

对于所有的空调机组测量并记录以下所有状态点，若适用：

（1）机组运行状态：开/关（ON/OFF）

（2）送风机：风机状态（ON/OFF），风机转速（如可变）。

（3）温度：送风温度，回风温度；

（4）湿度：送风湿度，回风湿度；

以上测试在于检测和验证 HVAC 系统运行状态。

7.5.2　设备安装验证性测试

设备安装验证性测试是用于确保设备良好安装在机房内，目的是保证机柜和机架前面的大部分温度和湿度在机房分类可接受的范围内（参见表 7-3）。

在设备进气的机架或机柜的顶部、中间和底部的几何中心，距离设备前面板 50 mm 的位置处测量、记录温度和湿度。例如，如果有 20 个服务器机架，应在第 1、第 10、第 11 和第 20 个服务器在中心位置处测量温度和湿度。如图 7-44 所示，若机柜机架上安装 3 台及其以下的设备，则可以在每台服务器的几何中心位置前 50 mm 处设置检测入口温度和湿度。

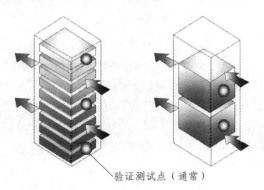

验证测试点（通常）

（a）安装 9 台服务器的机架　（b）安装 2 台服务器的机架

图 7-44　机架配置设备后的验证测试点

所有设备安装检测测试的温度和湿度应当符合表 7-3 所推荐的范围，若在推荐的工况范围之外，设备管理人员需要向设备制造商咨询可能出现的风险。

7.5.3　设备故障诊断测试

设备故障排除测试的目的是确定设备的故障是否是由环境的潜在因素所致。测试的项目除了测试有问题的设备的空气入口处的温度和湿度外，其他的测试与"设备安装验证测试"一样，检测其机柜、机架前推荐的测试点。目的是确定被吸入设备的空气参数是否在表 7-3 推荐的范围内。

如图 7-45 所示分别展示了当设备有故障后，我们检测入口处的温度和湿度的测试点的推荐位置。对于设备机柜若有外门，则设备的检测温度和湿度也应在设备正常运行的模式下进行，及关着机柜门进行测试。同样，所有设备安装检测测试的温度和湿度应当符合表 7-3 所推荐的范围，若在推荐的工况范围之外，设施运行人员需要向设备制造商咨询可能出现的风险和纠正的措施。

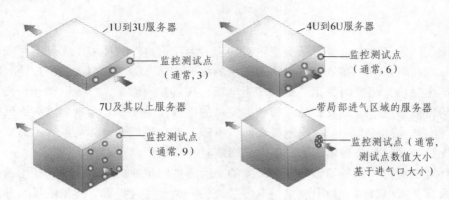

图 7-45　故障设备测试点的位置

8　数据中心的电磁防护

我们所生活的环境中，电磁影响是绝对的。因为在大自然的环境下无处不存在电磁场。电磁场是有内在联系、相互依存的电场和磁场的统一体的总称。根据电磁场理论，随时间变化的电场产生磁场，随时间变化的磁场产生电场，两者互为因果，形成电磁场。变化的电磁场在空间的传播形成了电磁波，而其每秒钟变动的次数便是频率。当电磁波频率低时，主要经由实物导电体才能传递；当频率渐提高时，电磁波就会外溢到导体之外，不需要介质也能向外传递能量，这就是一种辐射。所以电磁影响具有一致性、绝对性。

电磁环境中对电子设备的影响较为严重的是瞬态高能量的脉冲干扰源。产生瞬态脉冲干扰源的原因有：雷电放电、静电放电、电力系统的开关动作过程等。常见的瞬态脉冲干扰源有：电快速瞬变/脉冲群干扰（EFT/B）、静电放电干扰（ESD）、浪涌（冲击）干扰。

8.1　数据中心电磁环境因素概述

8.1.1　静电放电（ESD）

静电放电（ESD）是两个带电物体之间由于接触、短路或介质击穿引起的电荷的突然流动。当不同电荷的物体被带到靠近在一起或当它们之间的电介质发生故障时，会出现静电放电，往往产生一个可见的火花。

当空气介质的电场强度超过大约 4～30 V/cm 的磁场强度时，会触发火花。这时可能会导致在空气中的自由电子和离子的数量迅速增加，暂时引起空气突然成为导体，在这一过程被称为电介质击穿。

静电放电对电子设备危害主要来源于静电的热效应、电磁效应、静电电击等，静电放电能量传递方式有两种，一种是通过金属体表面传播；另一种是通过激励一定的频宽的脉冲能量在空间传播。ESD 的电磁效应是 IT 设备的主要危害源之一。

8.1.2　电快速瞬变/脉冲群干扰原因及危害

电快速瞬变脉冲群干扰是由于电路中断开感性负载时产生的。它的特点是干扰信号不是单个脉冲，而是一连串的脉冲群；一方面由于脉冲群可以在电路的输入端产生积累效应，使干扰电平的幅度最终可能超过电路的噪声容限；另一方面脉冲群的周期较短，每个脉冲波的间隔时间较短，当第一个脉冲波还未消失时，第二个脉冲波紧跟而来。对于电路中的输入电容来说，在未完成放电时又开始充电，因此容易达到较高的电压，这样对电路的正常工作影响甚大。

电快速瞬变脉冲群干扰源的电压的大小取决于负载电路的电感、负载断开速度和介质的耐受能力。这类干扰电压的特征是：幅值高、频率高。当触点断开时，电感电路中的电流企图继续通过，在触点之间产生高压，并引起电弧的重燃，这样就会产生一连串的电压脉冲叠加到继电器及装置连接的电源上。

8.1.3　浪　涌

浪涌（冲击）是瞬间出现超出稳定值的峰值，它包括浪涌电压和浪涌电流。浪涌电压是指超出正常工作电压的瞬间过电压。本质上讲，浪涌是发生在仅仅几百万分之一秒时间内的一种剧烈脉冲。可能引起浪涌的原因有：雷电、短路、电源切换、重型设备或大型发动机开关引起。特点就是能量很大，在室内，浪涌电压可达到 6 kV，室外可达 10 kV 以上。浪涌干扰不像电快速瞬变脉冲干扰发生那么频繁，但每发生一次产生的危害是十分严重的，甚至会导致电路以至于继电器及装置发生损坏。

可见，数据中心的电子设备随时都处在电磁环境中，并有受到各种电磁因素的干扰的可能，所有我们在建设数据中心时要对其采取多种措施予以防护。下面结合当前的机房建设技术，对一些常见的防护措施予以阐述。

8.2　雷电电磁脉冲防护基本知识

雷电电磁脉冲就其产生根源属于静电放电，只是其放电的能量巨大，所以人们对其防护已形成系统化的防治办法。我们知道雷电电磁脉冲（LEMP）是一种电磁干扰源，它是在建筑物防雷装置和附近遭受直击雷击的情况下，由雷电的强大闪电流引起的高电位反击、静电场、电磁场和电磁辐射等所产生的效应。为了保障信息系统的防雷安全，必须对雷击电磁脉冲采取必要的防护措施，以便在建筑物内实现良好的电磁兼容性（EMC）。本节将介绍其基本知识。

8.2.1　雷电防护区划分

根据需要保护和控制雷电电磁脉冲环境的建筑物，从外部到内部划分为不同的雷电防护区（LPZ）。雷电防护区（LPZ）划分为：直击雷非防护区、直击雷防护区、第一防护区、第二防护区、后续防护区，如图 8-1 所示。它们应符合下列规定：

（1）直击雷非防护区（LPZ_{OA}）：电磁场没有衰减，各类物体都可能遭到直接雷击，属完全暴露的不设防区。

（2）直击雷防护区（LPZ_{OB}）：电磁场没有衰减，各类物体很少遭受直接雷击，属于充分暴露的直击雷防护区。

（3）第一防护区（LPZ_1）：由于建筑物的屏蔽措施，流经各类导体的雷电流比直击雷防护区（LPZ_{OB}）区进一步减小，电磁场得到了初步的衰减，各类物体不可能遭受直接雷击。

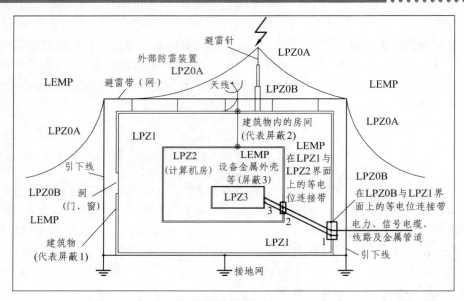

图 8-1　建筑物内部外部雷电防护区划分示意图（GB50343-2012）

（4）第二防护区（LPZ$_2$）：进一步减小所导引的雷电流或电磁场而引入的后续防护区。

（5）后续防护区（LPZ$_n$）：需要进一步减小雷电电磁脉冲，以保护敏感度水平高的设备的后续防护区。

由此可见要尽量减小雷电流或电磁场的影响，尽可能地将数据中心设置在建筑物的核心区域。

8.2.2　雷电电磁脉冲（LEMP）进入数据中心的途径

一般而言，雷电过电压对数据中心的入侵有以下几个途径：

（1）网络数据线路在远端遭受直接或 LEMP，沿网络线路进入设备；

（2）有线通信线路在远端遭受直接或 LEMP，沿通信线路进入设备；

（3）雷击电磁脉冲辐射通过建筑物内部的各种线路进入设备；

（4）电源供电线路在远端遭受直接或 LEMP，沿供电线路进入设备；

（5）地电压过高，反击进入设备；

（6）天线遭受直接雷击或接收 LEMP；

（7）通过避雷针引下线，在避雷针接闪泄放雷电流时，产生的雷击电磁脉冲辐射进入数据中心；

（8）邻近建筑物或附近地面、树木等遭受雷击，同时带来 LEMP 和附近地面的跨步电压（地电压反击）；

（9）95% 的闪电发生在云对云之间，可以产生几百千安培的电流和极强的 LEMP。

8.2.3　综合防雷系统

根据雷电对数据中心设备的影响，主要是雷电流和其产生的电磁影响，在建设数据中心时应根据本地的实际情况：如雷暴日的天数、数据中心的地理位置，结合数据中心内部情况综合使用防雷系统。目前包含建筑系统在内的电子信息系统综合防雷系统如图 8-2 所示，这里我仅介绍内部防雷及数据中心机房的防雷措施，有关建筑防雷参阅相关标准。

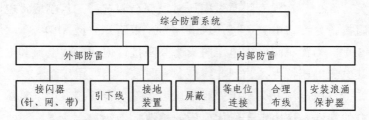

图 8-2　建筑物电子信息系统综合防雷系统框图

8.3　数据中心机房电磁环境保护措施

　　数据中心的电磁环境中，对其影响最为严重的是雷电电磁的影响，当然由于接地不良也存在内部设备的静电放电的威胁，但只要设备接地良好，具有适宜的空气湿度，静电的威胁一般影响很小。

8.3.1　浪涌保护器

8.3.1.1　介　绍

　　浪涌保护器（SPD）：SPD 是电子设备雷电防护中不可缺少的一种装置，其作用是把窜入电力线、信号传输线的瞬时过电压限制在设备或系统所能承受的电压范围内，或将强大的雷电流泄流入地，使被保护的设备或系统不受冲击，如图 8-3 所示。

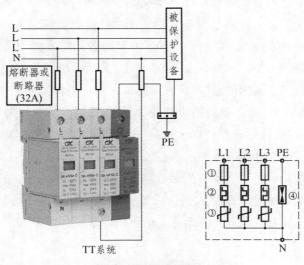

图 8-3　浪涌保护器

8.3.1.2　分　类

按其工作原理分类，SPD 可以分为电压开关型、限压型及组合型。

（1）电压开关型 SPD。在没有瞬时过电压时呈现高阻抗，一旦响应雷电瞬时过电压，其阻抗就突变为低阻抗，允许雷电流通过，也被称为"短路开关型 SPD"。

（2）限压型 SPD。当没有瞬时过电压时，为高阻抗，但随电涌电流和电压的增加，其阻抗会不断减小，其电流电压特性为强烈非线性，有时被称为"钳压型 SPD"。

（3）组合型 SPD。由电压开关型组件和限压型组件组合而成，可以显示为电压开关型或限压型或两者兼有的特性，这决定于所加电压的特性。

按其用途分类，SPD 可以分为电源线路 SPD 和信号线路 SPD 两种。

电源线路 SPD：雷击的能量是非常巨大的，需要通过分级泄放的方法，将雷击能量逐步泄放到大地。在直击雷非防护区（LPZ_{0A}）或在直击雷防护区（LPZ_{0B}）与第一防护区（LPZ_1）交界处，安装通过 I 级分类试验的浪涌保护器或限压型浪涌保护器作为第一级保护，对直击雷电流进行泄放，或者当电源传输线路遭受直接雷击时，将传导的巨大能量进行泄放。在第一防护区之后的各分区（包含 LPZ_1 区）交界处安装限压型浪涌保护器，作为二、三级或更高等级保护。第二级保护器是针对前级保护器的残余电压以及区内感应雷击的防护设备，在前级发生较大雷击能量吸收时，仍有一部分对设备或第三级保护器而言是相当巨大的能量会传导过来，需要第二级保护器进一步吸收。同时，经过第一级防雷器的传输线路也会感应雷击电磁脉冲辐射。当线路足够长时，感应雷的能量就变得足够大，需要第二级保护器进一步对雷击能量实施泄放。第三级保护器对通过第二级保护器的残余雷击能量进行保护。根据被保护设备的耐压等级，假如两级防雷就可以做到限制电压低于设备的耐压水平，就只需要做两级保护；假如设备的耐压水平较低，可能需要四级甚至更多级的保护。

一般来说，交流电进入数据中心首先要解决的是防雷问题。由于雷电冲击能量巨大，因此对信息系统的电源保护，从外部总配电室到内部对计算机系统供电，要分多级进行，才能将雷电的能量降到设备所能承受的水平（220/380 V 电源系统各种设备绝缘耐冲击过电压额定值可分为 4 类，分别为 6 kV、4 kV、2.5 kV 和 1.5 kV），所以，交流电进入数据中心后，在进入 UPS 之前，一定在配电柜之前完成三级防雷，第一级防雷要把 7 000 V 以上的雷电浪涌电压降低到 4 000 V 以下，第二级防雷再降到 2 500 V 以下，第三级防雷降到 1 500 V 以下，再经过 UPS 输入电路的滤波器降到 1 000 V，这时候 UPS 本身就可以利用了。TN-S 系统配电线路浪涌保护器安装位置如图 8-4 所示。

信号线路 SPD：就是信号避雷器，安装在信号传输线路中，一般在设备前端，用来保护后续设备，防止雷电波从信号线路涌入损伤设备。在选择时须注意其电压保护水平（UP）、标称放电电流 I_n、最大放电电流 I_{max} 的选择。信号线路浪涌保护器如图 8-5 所示。

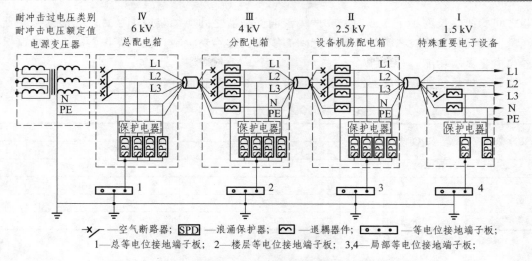

—空气断路器; SPD —浪涌保护器; ⌇⌇ —退耦器件; ⊡⊡⊡ —等电位接地端子板;
1—总等电位接地端子板; 2—楼层等电位接地端子板; 3,4—局部等电位接地端子板;

图 8-4 TN-S 系统的配电线路浪涌保护器安装位置示意图

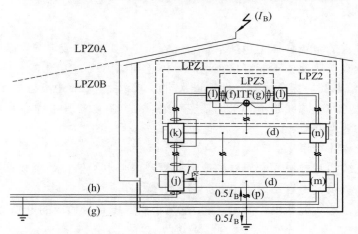

(d)—雷电防护区边界的等电位连接端子板; (m、n、o)—符合 I、II 或 III 类试
验要求的电源浪涌保护器; (f)—信号接口; (p)—接地线; (g)—电源接口;
LPZ—雷电防护区; (h)—信号线路或网络; I_{pc}—部分雷电流;
(j、k、l)—不同防雷区边界的信号线路浪涌保护器; I_B—直击雷电流

图 8-5 信号线路浪涌保护器的设置

8.3.1.3 使用注意事项

考虑到各类浪涌保护器使用的地点不同，其耐压等要求不同，所以选择时要仔细考虑其
参数，关于使用地点的浪涌保护器的参数要求参考相关标准。

电子信息系统设备由 TN 交流配电系统供电，从建筑物内总配电柜（箱）开始引出的配
电线路必须采用 TN-S 系统的接地形式。

浪涌保护器设置级数应综合考虑保护距离、浪涌保护器连接导线长度、被保护设备耐冲
击电压额定值 U_w 等因素。各级浪涌保护器应能承受在安装点上预计的放电电流，其有效保
护水平 $U_{p/f}$ 应小于相应类别设备的 U_w。

当电压开关型浪涌保护器至限压型浪涌保护器之间的线路长度小于 10 m，限压型浪涌保

护器之间的线路长度小于 5 m 时，在两级浪涌保护器之间应加装退耦装置。当浪涌保护器具有能量自动配合功能时，浪涌保护器之间的线路长度不受限制。浪涌保护器应有过电流保护装置和劣化显示功能。

浪涌保护器的连接导线最小截面积宜符合表 8-1 所示的规定。

表 8-1　浪涌保护器连接导线最小截面积

SPD 级数	SPD 的类型	导线截面积/mm²	
		SPD 连接相线铜导线	SPD 接地端连接铜导线
第一级	开关型或限压型	6	10
第二级	限压型	4	6
第三级	限压型	2.5	4
第四级	限压型	2.5	4

注：组合型 SPD 参照相应级数的截面积选择。

8.3.2　合理布线

所有从室外进入的金属导体（包括水管、气管、电缆屏蔽层或电缆屏蔽管）应在进入防雷区的交界处就近直接接地，不能直接接地的导体（如电力线、传输线等）应通过电涌保护器接地，电力、通信电缆应穿金属管并埋地进入机房，穿管埋地的距离应大于 25 m。室外进、出电子信息系统机房的电源线路不宜采用架空线路。一般在数据中心都采取地下金属管线进入数据中心楼宇的弱电井。

（1）走线及管线注意事项。

电子信息系统线缆宜敷设在金属线槽或金属管道内。电子信息系统线路宜靠近等电位连接网络的金属部件敷设，不宜贴近雷电防护区的屏蔽层。

布置电子信息系统线缆路由走向时，应尽量减小由线缆自身形成的电磁感应环路面积（见图 8-6）。

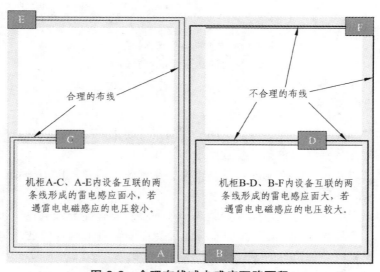

图 8-6　合理布线减少感应环路面积

该图为一个小型数据中心内部网络信息系统布线的桥架示意图：在机柜 A、B 是本数据中心通信线缆汇聚中心（双中心），其余各个机柜都将与其连接；C、E 机柜设备与中心的连接线缆都是沿同一桥架走线，这样形成的雷电感应面积最小；相反 D、F 机柜就不合适，若遇较大的雷电干扰，可能产生较大的感生电动势，影响设备的运行。

（2）电子信息系统线缆与其他管线的间距应符合表 8-2 的规定。

表 8-2　电子信息系统线缆与其他管线的间距

其他管线类别	电子信息系统线缆与其他管线的净距	
	最小平行净距 /mm	最小交叉净距 /mm
防雷引下线	1 000	300
保护地线	50	20
给水管	150	20
压缩空气管	150	20
热力管（不包封）	500	500
热力管（包封）	300	300
燃气管	300	20

注：当线缆敷设高度超过 6 000 mm 时，与防雷引下线的交叉净距应大于或等于 0.05 H（H 为交叉处防雷引下线距地面的高度）。

（3）电子信息系统信号电缆与电力电缆的间距应符合表 8-3 的规定。

表 8-3　电子信息系统信号电缆与电力电缆的间距

类　别	与电子信息系统信号线缆接近状况	最小间距 /mm
380 V 电力电缆容量小于 2 kV·A	与信号线缆平行敷设	130
	有一方在接地的金属线槽或钢管中	70
	双方都在接地的金属线槽或钢管中	10
380 V 电力电缆容量小于 2~5 kV·A	与信号线缆平行敷设	300
	有一方在接地的金属线槽或钢管中	150
	双方都在接地的金属线槽或钢管中	80
380 V 电力电缆容量小于大于 5 kV·A	与信号线缆平行敷设	600
	有一方在接地的金属线槽或钢管中	300
	双方都在接地的金属线槽或钢管中	150

注：
（1）当 380 V 电力电缆的容量小于 2 kV.A，双方都在接地的线槽中，且平行长度小于或等于 10 m 时，最小间距可为 10 mm。
（2）双方都在接地的线槽中，系指两个不同的线槽，也可在同一线槽中用金属板隔开。

8.3.3　等电位连接的基本知识

等电位连接是室内防雷措施的一部分，其目的在于减少雷电流所引起的电位差，是设想一下，若所有的设备都在同一电位，他们同小鸟站立在通电的电线上一样，他们间没有电流流动，就不会受到损害。等电位是用连接导线或过浪涌保护器，将处在需要防雷空间内的防雷装置和建筑物的金属构架、金属装置、外来导线、电气装置、电信装置等连接起来，形成一个等电位连接网络，以实现均压等电位。等电位连接包括：设备所在建筑物的主要金属构件和进入建筑物的金属管道、供电线路含外露可导电部分、防雷装置、由电子设备构成的信息系统等。

　　一般大、中、小型计算机都要求安装在一个专用机房里，而计算机房各金属构件的等电位连接是计算机网络系统的电磁脉冲的重要防护措施之一。等电位连接的好与坏，将会直接影响到雷击时产生的雷电流的释放效果。不论防直击雷的防雷设施如何完善，浪涌保护器（SPD）的产品如何先进，没有良好的等电位连接，雷电流不能及时引流入地，轻者导致设备损坏、瘫痪，重者引起人员伤亡和火灾、爆炸。

8.3.3.1　等电位连接的方式

　　数据中心的 IT 设备、机柜机架等都应作等电位连接。等电位连接的结构形式应根据情况采用 S 型、M 型或它们的组合（见图 8-7）。电气和电子设备的金属外壳、机柜、机架、金属管、槽、屏蔽线缆金属外层、电子设备防静电接地、安全保护接地、功能性接地、浪涌保护器接地端等均应以最短的距离与 S 型结构的接地基准点或 M 型结构的网格连接。

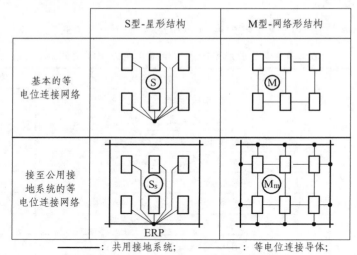

图 8-7　电子信息系统等电位连接网络的基本方法

　　通常，S 型等电位连接网络用于相对较小，限定于局部的系统，所有设施管线和电缆宜从在一点进入该信息系统。S 型等电位连接网络应仅通过唯一的一点，即接地基准点（ERP，工程上称为汇流排或均压环）组合到共用接地系统中去形成 S_s。在此情况下，各设备之间的所有线路和电缆在无屏蔽时，宜按星形结构与各等电位连接线平行敷设，以避免产生感应环路。由于采用唯一的一点进行等电位连接，故不会有与雷电有关联的低频电流进入信息系统，而信息系统内的低频干扰源也不会产生大地电流。做等电位连接的这唯一点也是连接浪涌保护器以限制传导来的过电压的理想连接点。

采用 M 型等电位连接网络，则该信息系统的各金属组件不应与共用接地系统各组件绝缘。M 型等电位连接网络应通过多点组合到共用接地系统中去，并形成 MM 型等电位连接。通常，M 型等电位连接网络宜用于延伸较大的开环系统，而且在设备之间敷设许多线路和电缆，设施和电缆从若干处进入该信息系统。一般来说数据中心的等电位连接一般采用 M 型结构的网格连接。数据中心的等电位连接由于涉及机柜、设备较多，要确保设备设施以最短距离与共用接地系统连接，最好采用 M 型结构的网格链接。等电位网格一般在高架地板下用铜带连接而成，在每个机柜的下面用接地线与其连接。

8.3.3.2　优点和存在一些问题

（1）等电位连接方法的原则是在防雷界面处做等电位连接，这常常是很难做到的。其原因有工艺要求的困难；保护设备一般不会设置在交界面处；不可能在交界面处切断一些线路或管道做等电位连接。因此实际作法是：把电涌保护器安装在被保护设备处，线路的金属保护层或屏蔽层宜首先在交界面处做一次等电位连接。

（2）应因地制宜，通常利用建筑物的基础钢筋地网作为共用接地系统。如果建筑物没有基础钢筋地网，宜在四周埋设人工垂直接地装置和水平环形接地装置。

（3）如果相互临近的建筑物之间有电力线和通信线电缆通道，应将其接地系统互相连接，减少电缆外导电部分的电流。

（4）为进一步减少雷电流效应，可将所有电缆穿在金属管内或敷设在成网络状的钢筋混凝土管道内，金属管和钢筋必须组合到网状接地系统中去。

8.3.4　等电位公用接地系统

8.3.4.1　概　述

建筑物为钢筋混凝土结构时，钢筋主筋实际上已成为雷电流的下引线，在这种情况下要将防雷、安全、工作三类接地系统分开，实际上困难较大，不同接地之间保持安全距离很难满足，接地线之间还会存在电位差，易引起放电，损害设备和危及人身安全。考虑到独立专用接地系统存在实际困难，现在已趋向于采用防雷、安全、工作三种接地连接在一起的接地方式，称为共用接地系统。在 IEC 标准和线路终端装置的相关的标准中均不提单独接地，国标也倾向推荐共用接地系统。共用接地系统容易均衡建筑物内各部分的电位，降低接触电压和跨步电压，排除在不同金属部件之间产生闪络的可能，接地电阻更小。

在共用接地系统基础上，可以进一步把整个机房设计成一个等电位准"法拉第笼"，如图 8-8 所示为建筑物"笼式"结构示意图，建筑物防雷、电力、安全和数据中心等信息系统共用一个接地网，接地下引线利用建筑物主钢筋，钢筋自身上、下连接点应采用搭焊接，上端与楼顶避雷装置、下端与接地网，中间与各层均压网、环形接地母线焊接成电气上连通的"笼式"接地系统。接地电阻一般应小于 1 Ω，为减少外界电磁干扰，建筑物钢筋、金属构架均应相互焊接形成等电位准"法拉第笼"。这种结构系统，不同层接地母线之间可能还有电位差，应用时仍要注意。

电子信息设备机房的等电位连接网络可直接利用机房内墙结构柱主钢筋引出的预留接地端子接地。

接地装置是使系统各地线电流汇入大地扩散和均衡电位而设置的与土壤物理结合形成电气接触的金属部件。

公共接地方式的接地装置由两部分组成：即利用建筑物基础部分混凝土内的钢筋（如图8-8中的立方体钢筋网络）和围绕建筑物四周敷设的环形接地电极，按图中的垂直和水平电极部分相互焊接组成的一个整体的接地装置。接地装置应优先利用建筑物的自然接地装置，当自然接地装置的接地电阻达不到要求时应增加人工接地装置。所以在实际的实践中，接地装置除如图8-8所示的与建筑物结合而成的接地网外，根据实际需要可能还有单独的人工接地装置（见图8-9），在用接地导线连接成网后，再接建筑物总接地母排或专用设备所连接接地母排。

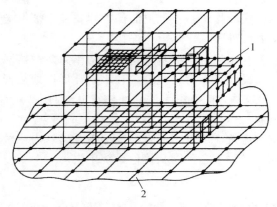

图 8-8　利用建筑钢筋等电位连接构成公用接地网络的三维接地系统

1—等电位连接网络；2—接地装置

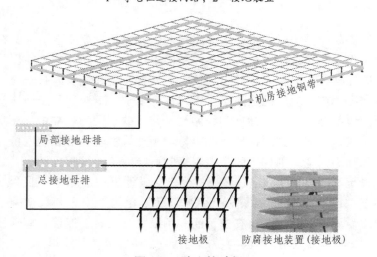

图 8-9　独立接地极

人工接地装置宜在建筑物四周散水坡外大于 1 m 处埋设，在土壤中的埋设深度不应小于 0.5 m。冻土地带人工接地装置应埋设在冻土层以下。水平接地装置应挖沟埋设，钢质垂直接地装置宜直接打入地沟内，其间距不宜小于其长度的 2 倍并均匀布置。铜质材料、石墨或其他非金属导电材料接地装置宜挖坑埋设或参照生产厂家的安装要求埋设。垂直接地装置坑内、水平接地装置沟内宜用低电阻率土壤回填并分层夯实。

接地装置宜采用热镀锌钢质材料。在高土壤电阻率地区，宜采用换土法、长效降阻剂法或其他新技术、新材料降低接地装置的接地电阻。

钢质接地装置应采用焊接连接。其搭接长度应符合下列规定：

（1）扁钢与扁钢（角钢）搭接长度为扁钢宽度的 2 倍，不少于三面施焊；

（2）圆钢与圆钢搭接长度为圆钢直径的 6 倍，双面施焊；

（3）圆钢与扁钢搭接长度为圆钢直径的 6 倍，双面施焊；

（4）扁钢和圆钢与钢管、角钢互相焊接时，除应在接触部位双面施焊外，还应增加圆钢搭接件；圆钢搭接件在水平、垂直方向的焊接长度各为圆钢直径的 6 倍，双面施焊；

（5）焊接部位应除去焊渣后作防腐处理。

铜质接地装置应采用焊接或热熔焊，钢质和铜质接地装置之间连接应采用热熔焊，连接部位应作防腐处理。

接地装置连接应可靠，连接处不应松动、脱焊、接触不良。接地装置施工结束后，接地电阻值必须符合设计要求，隐蔽工程部分应有随工检查验收合格的文字记录档案。

8.3.4.2　等电位连接端子板

根据接地位置的不同汇集接地线缆的多少，可以将接地端子板分为总接地母排端子板（MEB）和局部等电位连接端子板（LEB）如：楼层接地端子板、机房接地端子板。

在雷电防护区的界面处应安装等电位接地端子板，材料规格应符合设计要求，并应与接地装置连接。

钢筋混凝土建筑物宜在电子信息系统机房内预埋与房屋内墙结构柱主钢筋相连的等电位接地端子板，并宜符合下列规定：

（1）机房采用 S 型等电位连接时，宜使用不小于 25 mm × 3 mm 的铜排作为单点连接的等电位接地基准点；

（2）机房采用 M 型等电位连接时，宜使用截面积不小于 25 mm^2 的铜带或多股铜芯导体在防静电活动地板下做成等电位接地网格。

砖木结构建筑物宜在其四周埋设环形接地装置。电子信息设备机房宜采用截面积不小于 50 mm^2 铜带安装局部等电位连接带，并采用截面积不小于 25 mm^2 的绝缘铜芯导线穿管与环形接地装置相连。

等电位连接网格的连接宜采用焊接、熔接或压接。连接导体与等电位接地端子板之间应采用螺栓连接，连接处应进行热搪锡处理。

等电位连接导线应使用具有黄绿相间色标的铜质绝缘导线。

对于暗敷的等电位连接线及其连接处，应做隐蔽工程记录，并在竣工图上注明其实际部位、走向。

等电位连接带表面应无毛刺、明显伤痕、残余焊渣，安装应平整、连接要牢固，绝缘导线的绝缘层无老化龟裂现象。

8.3.4.3　连接线缆

连接线缆主要是由接地引线、接地汇集线、设备接地线三类组成。等电位防雷系统连接线缆如图 8-10 所示。

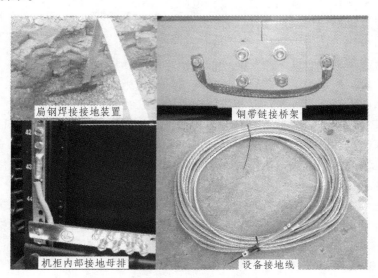

图 8-10　等电位防雷系统连接线缆

接地引入线是接地装置与总等电位接地端子板之间相连的连接线称为接地引入线。接地引入线应有足够的导流面积，并作防腐蚀处理，以提高使用寿命。

接地装置应在不同位置至少引出两根连接导体与室内总等电位接地端子板相连接。接地引出线与接地装置连接处应焊接或热熔焊，连接点应有防腐措施。接地装置与室内总等电位接地端子板的连接导体截面积，铜质接地线不应小于 50 m 时，当采用扁铜时，厚度不应小于 2 mm；钢质接地线不应小于 100 mm^2，当采用扁钢时，厚度不小于 4 mm。

接地汇集线是指在建筑物内分布设置可与各系统接地线相连的一组接地干线的总称。就是局部等电位接地母排、总等电位接地母排间的连接干线，包括局部接地母排与机房接地系统的连接设备机柜的铜带、铜缆等。根据等电位原则，提高接地有效性和减少地线上杂散电流回窜，接地汇集线分为垂直接地总汇集线和水平接地分汇集线两部分。接地线采用螺栓连接时，应连接可靠，连接处应有防松动和防腐蚀措施。接地线穿过有机械应力的地方时，应采取防机械损伤措施。

（1）垂直接地总汇集线：垂直贯穿于建筑物各层楼的接地用主干线。其一端通过总等电位接地端子板与接地引入线连通，另一端与建筑物各层钢筋和各层水平接地的楼层等电位接地端子板一起实现分层相连，形成辐射状结构。垂直接地总汇集线宜安装在建筑物中央部位，也可在建筑物底层安装环形汇集线，并垂直引到各机房的水平接地分汇集线上。

（2）水平接地分汇集线：分层设置，各通信设备房间的等电位接地端子板就近引入到相应楼层等电位接地端子的汇集线，这类汇集线缆若是 S 或 SS 型直接由设备接地线代替，若是 M 或 MM 型则有就近的接地铜带与机柜或防静电地板脚连接。

设备接地线是系统内各类需要接地的设备与本地等电位接地端子板间的水平连线，一些重要的设施设备生产厂家一般配备有连接相应机柜的设备接地线，其截面积应根据可能通过的最大电流确定，并不准使用裸导线布放。

8.3.4.4 等电位公用接地系统注意事项

（1）在 LPZ0A 或 LPZ0B 区与 LPZ1 区交界处应设置总等电位接地端子板，总等电位接地端子板与接地装置的连接不应少于两处；每层楼宜设置楼层等电位接地端子板；电子信息系统设备机房应设置局部等电位接地端子板。

（2）各类等电位接地母排（端子板）之间的连接导体宜采用多股铜芯导线或铜带。等电位接地端子板与连接导线之间宜采用螺栓连接或压接。当有抗电磁干扰要求时，连接导线宜穿钢管敷设。接地线与金属管道等自然接地装置的连接应根据其工艺特点采用可靠的电气连接方法。连接导体最小截面积应符合相关规定，如表 8-4 所示。

表 8-4　各类等电位连接导体最小截面积

名　称	材　料	最小截面积 /mm^2
垂直接地干线	多股铜芯导线或铜带	50
楼层端子板与机房局部端子板之间的连接导体	多股铜芯导线或铜带	25
机房局部端子板之间的连接导体	多股铜芯导线	16
设备与机房等电位连接网络之间的连接导体	多股铜芯导线	6
机房网格	铜箔或多股铜芯导体	25

（3）各类等电位接地母排（端子板）宜采用铜带，其导体最小截面积应符合规定，如表 8-5 所示。

表 8-5　各类等电位接地端子板最小截面积

名　称	材　料	最小截面积 /mm^2
总等电位接地端子板	铜带	150
楼层等电位接地端子板	铜带	100
机房局部等电位接地端子板（排）	铜带	50

（4）某些特殊重要的建筑物电子信息系统可设专用垂直接地干线。垂直接地干线由总等电位接地端子板引出，同时与建筑物各层钢筋或均压带连通。各楼层设置的接地端子板应与垂直接地干线连接。垂直接地干线宜在竖井内敷设，通过连接导体引入设备机房与机房局部等电位接地端子板连接。音、视频等专用设备工艺接地干线应通过专用等电位接地端子板独立引至设备机房。

（5）防雷接地与交流工作接地、直流工作接地、安全保护接地共用一组接地装置时，接地装置的接地电阻值必须按接入设备中要求的最小值确定。

（6）机房设备接地线不应从接闪带、铁塔、防雷引下线直接引入。

（7）进入建筑物的金属管线（含金属管、电力线、信号线）应在入口处就近连接到等电位连接端子板上。在 LPZ1 入口处应分别设置适配的电源和信号浪涌保护器，使电子信息系统的带电导体实现等电位连接。

（8）电子信息系统涉及多个相邻建筑物时，宜采用两根水平接地装置将各建筑物的接地装置相互连通。

（9）新建建筑物的电子信息系统在设计、施工时，宜在各楼层、机房内墙结构柱主钢筋处引出预留等电位接地端子。

8.3.4.5 数据中心电信空间等电位公用接地示例

数据中心的入口房间、主机房、电信间等涉及的设备较多，现举例说明这些空间中接地实施情况。

1. 电信入口间

数据中心电信入口房间往往设置在数据中心建筑的一楼，这里有运营商的设备设施，如电源，运营商电缆、通信设备，甚至对于供电负荷不大的楼宇，可能楼宇的交流供电都会在该房间，有时可能给数据中心保湿的供水装置也在这里汇集。如图 8-11 所示是一个建筑的电信入口房间的等电位公用接地系统的示例。

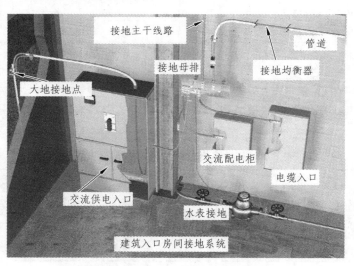

图 8-11 数据中心入口房间接地示例

本示例中大地接地引入线直接进入交流配电柜内的接地母排，然后引入入口房间的接地母排（图中为本大楼的总接地母排），在这里与之采用等电位连接的有水管、本房间交流配电柜、通信线缆箱，以及经过本接地母排连接的接地主干线路和其他系统接地干线。

注意在这里连接到其他系统的接地管道上有一个接地均衡器（见图 8-12）。接地均衡器主要作用是：不少的计算机及通信系统，由于种种原因（例如：抗干扰）均要求提供独立的接地装置，这与防雷系统的要求是背道而驰的；为了解决上述矛盾，人们研发出了接地均衡器，它在通常的情况下呈现开路状态，在其两端出现电位差时呈现闭路状态，把两个独立地连接在一起，完美地满足了两方面的要求。地电位均衡器在两端出现电位差时呈现闭路状态，而在正常情况下则处于开路状态，是用于两个独立地之间的连接。

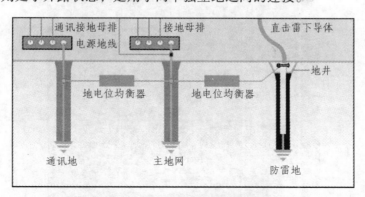

图 8-12　接地均衡器使用示例

在数据中心的入口电信间或数据中心有些系统的数据通信电缆直接来至室外，对于这些电缆须采用信号防雷设施实现等电位连接，如图 8-13 所示。

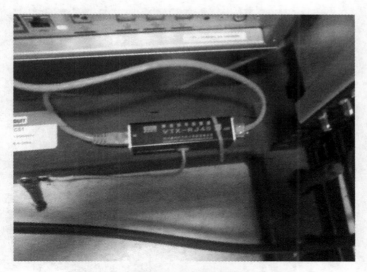

图 8-13　数据中心信号线缆等电位连接

2. 主机房等电信间防雷

数据中心主机房是防雷的重点区域，这里一般集中了机柜机架，网络通信设备、数据服务器、网络存储、空调设备等。在主机房等重要的电信空间采用了高架地板系统，这类电信空间的接地可以利用地板下面的空间部署机房内的公共接地网，如图 8-14，图 8-15所示。

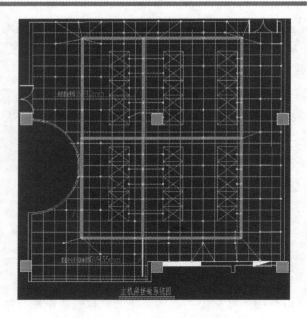

图 8-14　数据中心机房公共接地网

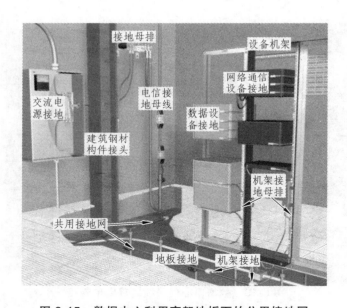

图 8-15　数据中心利用高架地板下的公用接地网

　　可以发现，公共接地网与机柜的摆放位置基本靠近，接地铜带与机柜、地板支座、彩钢墙面板的连接，同时也与建筑物的公共接地母排连接实现与大地的连通，在此空间的所有设备可以就近实现与该公共接地网络的互联。

　　对于没有采用高架地板的电信空间，其内部的设备也需要接地，可以采取将接地母线部署在线缆桥架上，然后与各个机柜、机架连接，如图 8-16，图 8-17 所示。

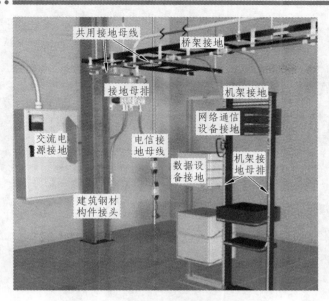

图 8-16　数据中心利用桥架接地

图 8-17　数据中心桥架接地连接

8.3.5　电磁屏蔽措施

1. 数据中心电信空间屏蔽

数据中心的电磁屏蔽主要是在建筑物这个层次上实现对外部电磁场的屏蔽，当建筑屏蔽不能满足机房安全保护等级时，在对相应的电信空间（LPZ1 之后的空间）进行电磁屏蔽，可采用对数据中心空间的墙面、吊顶、地面的装修手段实现电磁屏蔽。

建筑物的屏蔽宜利用建筑物的混凝土中的钢筋、金属框架、金属墙面（见图 8-18）、金属屋顶等自然金属部件与防雷装置连接构成格栅型大空间屏蔽；若遇机房空间有窗户（一般不允许设置），则应采用金属网格栅栏屏蔽。

数据中心的墙体部分为了防止混凝土内预埋的电力配电线产生的电磁干扰,机房施工时,在墙内埋设的各种电器配线应穿金属管，且管壁不能太薄，金属管接头应用螺丝接头牢固连接。另外，各种预埋线管的接头除了采用螺丝式以外，不得使用其他形式的连接，这是因为接头部位会变成高磁阻，失去屏蔽效果，使该非连续接头部位产生的漏磁通在室内形成磁场，导致各种干扰。因此，混凝土内各种配线严禁裸埋。

建筑装饰龙骨架接地　　　　　金属墙面装饰接地

图 8-18　电信空间墙体的电磁屏蔽措施

电子信息系统设备主机房宜选择在建筑物低层中心部位，其设备应配置在 LPZ1 区之后的后续防雷区内，并与相应的雷电防护区屏蔽体及结构柱留有一定的安全距离，安全距离的计算请参考相关标准，图 8-18 中可见数据中心机柜与墙体保持一定的安全距离。

2．线缆屏蔽

信息系统数据传输线缆的屏蔽。与数据中心系统连接的金属信号线缆采用屏蔽电缆时，应在屏蔽层两端并宜在雷电防护区交界处做等电位连接并接地。当系统要求单端接地时，宜采用两层屏蔽或穿钢管敷设，外层屏蔽或钢管也应在雷电防护区交界处做等电位连接。

若遇到数据中心外来的非屏蔽电缆，从弱电井或手孔井到机房的引入线应穿钢管埋地引入，埋地长度 l 可按公式计算，但不宜小于 15 m；电缆屏蔽槽或金属管道应在入户处进行等电位连接。

$$l \geqslant 2\sqrt{\rho} \ (\text{m}) \tag{8.1}$$

式中，ρ——埋地电缆处的土壤电阻率（$\Omega \cdot \text{m}$）。

若连接数据中心系统的数据线缆跨越当相邻建筑物时，宜采用屏蔽电缆，非屏蔽电缆应敷设在金属电缆管道内；屏蔽电缆屏蔽层两端或金属管道两端也应分别连接到独立建筑物各自的等电位连接带上。采用屏蔽电缆互联时，电缆屏蔽层应能承载可预见的雷电流。

光缆的所有金属接头、金属护层、金属挡潮层、金属加强芯等，应在进入建筑物处直接接地。

8.3.6　数据中心内部静电防护措施

前面所述的等电位公用接地系统是将数据中心的所有设备可导电金属外壳、各类金属管道、金属线槽、建筑物金属结构等必须进行等电位连接并接地，能够有效的释放这些设备上产生的静电荷。

在此基础上，数据中心的电信空间地板或地面应有静电泄放措施和接地构造，防静电地板或地面的表面电阻或体积电阻应为 $2.5 \times 10^4 \sim 1.0 \times 10^9 \ \Omega$。且应具有防火、环保、耐污耐磨性能；不使用防静电地板的房间，可敷设防静电地面，其静电性能应长期稳定，且不易起尘。

　　主机房内的工作台面材料宜采用静电耗散材料，其静电性能指标应符合前面静电表面的规定；静电接地的连接线应有足够的机械强度和化学稳定性，宜采用焊接或压接，当采用导电胶与接地导体粘接时，其接触面积不宜小于 20 cm²。

　　在对数据中心设备进行操作时，若有条件尽量带上防静电护腕，并将其连接到机柜的接地防静电套件上（见图 8-19）。

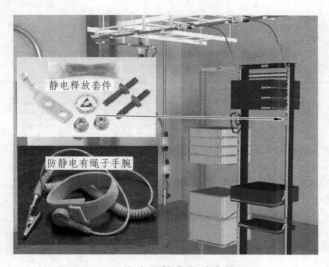

图 8-19　工作人员静电释放套件机手腕

附 录

1 MICE 分类表

附表 1 MICE 分类

机械（M）	M$_1$	M$_2$	M$_3$
冲击/碰撞（参看注 1）	无	无	无
峰值加速度	40 m/s	100 m/s	250 m/s
震动	无	无	无
位移振幅（2Hz～9Hz）	1.5 mm	7.0 mm	15.0 mm
加速度幅度（9Hz～500Hz）	5 m/s	20 m/s	50 m/s
张力	参看注 2	参看注 2	参看注 2
挤压变形	45 N 最小超过 25 mm（线性）	1 100 最小超过 150 mm（线性）	2 200 最小超过 150 mm（线性）
撞击	1 J	10 J	30 J
弯曲，伸缩和扭转	参看注 2	参看注 2	参看注 2
入侵防护（I）	I$_1$	I$_2$	I$_3$
颗粒入口（直径最大）	12.5 mm	50 μm	50 μm
浸入式	无	间歇性液体喷射流 ≤12.5 L/min ≥6.3 mm 喷射流 >2.5 m 间隔	间歇性液体喷射流 ≤12.5 L/min ≥6.3 mm 喷射流 >2.5 m 距离和浸泡（≤1 m，≤30 min）
气候与化学（C）	C$_1$	C$_2$	C$_3$
环境温度	−10 ℃～+60 ℃	−25 ℃～+70 ℃	−40 ℃～+70 ℃
温度的变化率	0.1 ℃/min	1.0 ℃/min	3.0 ℃/min
湿度	5%～85%（无凝结）	5%～95%（凝结）	5%～95%（凝结）
太阳辐射	700 Wm^{-2}	1 120 Wm^{-2}	1 120 Wm^{-2}
液体污染（见 c）水中污染物	浓度 x10^{-6}	浓度 x10^{-6}	浓度 ×10^{-6}
氯化钠（盐/海水）	0	<0.3	<0.3
油（干空气浓度）（油类型见注 2）	0	<0.005	<0.5
硬脂酸钠（肥皂）	无	>5×10^4 水性非凝胶	>5×10^4 水凝胶
洗涤剂	无	ffs	ffs

机械（M）	M_1	M_2	M_3
导电材料	无	暂时的	存在的
气态污染（见注3） 污染物	平均值/峰值 （污染物浓度$\times 10^{-6}$）	平均值/峰值 （污染物浓度$\times 10^{-6}$）	平均值/峰值 （污染物浓度$\times 10^{-6}$）
硫化氢	<0.003/<0,01	<0.05/<0.5	<10/<50
二氧化硫	<0.01/<0.03	<0.1/<0.3	<5/<15
三氧化硫（ffs）	<0.01/<0.03	<0.1/<0.3	<5/<15
湿氯（>50的湿度）	<0.000 5/<0.001	<0.005/<0.03	<0.05/<0.3
氯气干燥（<50的湿度）	<0.002/<0.01	<0.02/<0.1	<0.2/<1.0
氯化氢	—/<0.06	<0.06/<0.3	<0.6/3.0
氟化氢	<0.001/<0.005	<0.01/<0.05	<0.1/<1.0
氨	<1/<5	<10/<50	<50/<250
氮氧化物	<0.05/<0.1	<0.5/<1	<5/<10
臭氧	<0.002/<0.005	<0.025/<0.05	<0.1/<1
电磁（E）	E_1	E_2	E_3
静电放电-接触 （0,667μC）	4 kV	4 kV	4 kV
静电放电-空气 （0,132μC）	8 kV	8 kV	8 kV
射频辐射-调幅	3 V/mat （80~1 000 MHz）	3 V/mat （80~1 000 MHz）	10 V/mat （80~1 000 MHz）
射频辐射-调幅 射频传导	3 V/mat （1 400~2 000 MHz）	3 V/mat （1 400~2 000 MHz）	3 V/mat （1 400~2 000 MHz）
	1 V/mat （2 000~2 700 MHz）	1 V/mat （2 000~2 700 MHz）	1 V/mat （2 000~2 700 MHz）
	3 Vat （150 kHz~80 MHz）	3 Vat （150 kHz~80 MHz）	10 Vat （150 kHz~80 MHz）
脉冲群抗扰度 （EFT/B）（通信）	500 V	1 kV	1 kV
浪涌（瞬态地电位差）- 信号线对地	500 V	1 kV	1 kV
磁场（50/60 Hz）	1 Am^{-1}	3 Am^{-1}	30 Am^{-1}
磁场（60 Hz~20 000 Hz）	ffs	ffs	ffs

注
1. 震动：所经历的通道震荡的重复特性应予以考虑。
2. 环境分类的这一方面是安装特定的，应考虑在关联符合 IEC61918 和相应的组件的规范。
3. 单一维度的特征，即浓度$\times 10^{-6}$，被选为统一从不同的标准限值。

2 Uptime 关于关键性等级摘要

附表 2   Uptime 关于关键性等级摘要

组　件	Tier I	Tier II	Tier III	Tier IV
主动容量组件来支持 IT 负载	N	N	N + 1	N 任何失败后保持
配电路径	1	1	1主，1备	两路同时主用
可同时维护	否	否	是	是
事故容错	否	否	否	是
区域分隔	否	否	否	是
连续冷却	否	否	否	是（A 级）

3 TIA-942-A 基础设施分级指南表（2014）

附表 3   分级参考指南（电信）

	等级 1	等级 2	等级 3	等级 4
电信设施				
概要特征				
线缆、机架、机柜和路径符合美国通信工业协会（TIA）相关的规范	需要	需要	需要	需要
不同路由的访问提供商入口和最低 20 m 隔离的维修孔	不需要	需要	需要	需要
冗余接入服务商服务–多个接入提供商，中心办事处，接入服务商管道通行权	不需要	不需要	需要	需要
冗余的入口间	不需要	不需要	需要	需要
冗余的主配线区	不需要	不需要	不需要	需要
冗余中间分布区域（如果存在）	不需要	不需要	不需要	需要
冗余主干布线和路由	不需要	不需要	不需要	需要
冗余水平布线和路由	不需要	不需要	不需要	需要
路由器和交换机有冗余电源、处理器	不需要	需要	需要	需要
冗余路由器和交换机的冗余级联	不需要	不需要	需要	需要
配线面板、插座和电缆必须遵照 ANSI/TIA-606-B 标识。机柜、机架的前面和后面被标识。	需要	需要	需要	需要
接插线、跳线在电缆两端必须用连接名字标识。	不需要	需要	需要	需要
配线面板和跳线文件符合 ANSI/TIA-606-B	不需要	不需要	需要	需要

附表 4　分级参考指南（建筑）

	等级 1（A1）	等级 2（A2）	等级 3（A3）	等级 4（A4）
建 筑				
场地选择				
临近洪水危险区域，该区域正好映射在国家洪水灾害边界或洪水保险评估地图内	无要求	不在距 50 年一遇洪水危险区域内	不在 100 年一遇洪水危险区域里或距 50 年一遇洪水危险区域超过 91 m	距 100 年一遇洪水危险区域超过 91 m
接近沿海、内河航道里程	无要求	无要求	>91 m	>0.8 km
邻近主要公路交通干线和主要铁路线	无要求	无要求	>91 m	>0.8 km
接近主要机场	无要求	无要求	1.6 km<等级 3 要求<48 km	8 km<等级 4 要求<48 km
泊车				
隔离的访客和职员停车区域	无要求	无要求	是（带隔离入口的物理隔离）	是（带隔离入口的被围墙或墙壁物理隔离）
与装卸货区隔离	无要求	无要求	是（带隔离入口的物理隔离）	是（带隔离入口的被围墙或墙壁物理隔离）
访客停车场临近数据中心周边建筑墙	无要求	无要求	带物理屏障，最小隔离 9.1 m，以防止汽车驾驶靠近	带物理屏障，最小隔离 18.3 m，以防止汽车驾驶靠近
建筑物是否允许多用户使用	无限制	只允许无危险的用户	允许数据中心或通信公司	允许数据中心或通信公司
建筑结构				
建筑结构类型（IBC2006）	无限制	无限制	类型 IIA，IIIA，或 VA	类型 IA 或 1B
防火要求				
室外承重墙	章程允许	章程允许	至少 1h	至少 4h
室内承重墙	章程允许	章程允许	至少 1h	至少 2h
室外非承重墙	章程允许	章程允许	至少 1h	至少 4h
结构框架	章程允许	章程允许	至少 1h	至少 2h
内部非机房隔墙	章程允许	章程允许	至少 1h	至少 1h
内部机房隔墙	章程允许	章程允许	至少 1h	至少 2h
通风井围墙	章程允许	章程允许	至少 1h	至少 2h
地板和地面天花板	章程允许	章程允许	至少 1h	至少 2h
屋顶和屋顶天花板	章程允许	章程允许	至少 1h	至少 2h
符合 NFPA75 要求	无要求	是	是	是
建筑构建的其他要求				
机房的墙壁及天花板的防潮屏障	无要求	墙体需要，天花板不需要	是	是
建筑物安检入口	无要求	无要求	是（主要建筑人工检查）	是（主要建筑人工检查）

	等级 1（A1）	等级 2（A2）	等级 3（A3）	等级 4（A4）
高架地板结构（当提供）	无要求	无要求	计算机等级的全钢	计算机等级全钢或计算机等级混凝土填充的钢质
地下结构（当高架地板被提供时）	无要求	无要求	螺栓固定的地板横梁	按照 1.2 米×1.2 米（4 英尺×4 英尺）的篮子编织图案方式螺栓固定横梁
屋顶				
等级	无限制	A 级	A 级	A 级
类型	无限制	无限制	非可燃层面的非冗余(无机械连接的系统	混凝土层面的双冗余（无机械连接的系统）
风力抬升阻力	章程规定最低	FMI-90	最小符合 FMI-90	最小符合 FMI-120
屋顶坡度	章程规定最低	章程规定最低	最低 1：48	最低 1：24
门和窗				
防火等级	章程规定最低	章程规定最低	章程规定最低(在机房不少于 3/4 h)	章程规定最低(在机房不少于 1/2 h)
门的规格	章程规定最低和不少于 1m 宽、2.13 m 高	章程规定最低和不少于 1m 宽、2.13 m 高	章程规定最低（到机房、电器间、机械室不少于 1m 宽），以及不少于 2.29 m 高	章程规定最低(到机房、电器间、机械室不少于 1.2 m 宽），以及不少于 2.49 m 高
机房周边的窗户	允许规范要求的最低防火等级	允许规范要求的最低防火等级	室内窗户允许最小 1 h 防火等级，不允许有外窗	室内窗户允许最小 2 h 防火等级，不允许有外窗
门厅				
物理隔离数据中心其他区域	无要求	是	是	是
消防隔离数据中心其他区域	章程规定最低	章程规定最低	章程规定最低(不少于 1 h)	章程规定最低(不少于 2 h)
安检柜	无要求	无要求	是	是
单人互锁机制，即大楼门户或其他硬件设施旨在防止尾随者进入或回转	无要求	无要求	是	是
行政办公室				
物理隔离数据中心其他区域	无要求	是	是	是
消防隔离数据中心其他区域	章程规定最低	章程规定最低	章程规定最低(不少于 1 h)	章程规定最低(不少于 2 h)
安保室				

	等级 1（A1）	等级 2（A2）	等级 3（A3）	等级 4（A4）
物理隔离数据中心其他区域	无要求	无要求	是	是
消防隔离数据中心其他区域	章程规定最低	章程规定最低	章程规定最低（不少于 1 h）	章程规定最低（不少于 2 h）
带 180 度窥探孔的安保设备和监控室	无要求	是	是	是
专用和加固的安全设备和监测室	无要求	无要求	是，16 mm 胶合板衬墙和实心门	16 mm 胶合板衬墙和实心门
操作中心				
物理隔离数据中心其他区域	无要求	无要求	是	是，有在一个单独地址的备份服务/设施
消防隔离数据中心的其他非机房区域	无要求	无要求	1 h	2 h
靠近机房	无要求	无要求	间接可达（最多 1 相邻房间）	直接接触
卫生间与休息区				
临近机房及支持区	无要求	无要求	如果紧邻,提供防渗屏障	不相邻,并提供防渗屏障
消防隔离机房补给室	章程规定最低	章程规定最低	章程规定最低（不少于 1 h）	章程规定最低（不少于 2 h）
UPS 系统和电池室				
为维修、维护或拆除设备的走道宽度	无要求	无要求	章程规定最低（不少于 1 m 无障碍宽度）	章程规定最低（不少于 1.2 m 的无障碍宽度）
靠近机房	无要求	无要求	紧邻	紧邻
消防隔离数据中心的机房和其他区域	章程规定最低	章程规定最低	章程规定最低（不少于 1 h）	章程规定最低（不少于 2 h）
出入走廊				
与机房和支持区消防隔离	章程规定最低	章程规定最低	章程规定最低（不少于 1 h）	章程规定最低（不少于 2 h）
宽度	章程规定最低	章程规定最低	章程规定最低（不少于 1.2 m 无障碍宽度）	章程规定最低（不少于 1.5 m 无障碍宽度）
装运和收货区				
与数据中心其他区域物理隔离	不提供装运和收货区	无要求	是	是
与数据中心其他区域的消防隔离	章程规定最低（如果存在装运和收货区）	章程规定最低	1 h	2 h
暴露于起重设备交通要道的实墙保护	无要求	无要求	有（至少 19 mm 厚的胶合板墙面贴板）	有（钢质护柱或类似保护）

	等级 1（A1）	等级 2（A2）	等级 3（A3）	等级 4（A4）
装卸货区数量	无要求	机房每 2 500 m² 有一个	机房每 2 500 m² 有一个（最少二个）	机房每 2 500 m² 有一个（最少二个）
发电机和燃料储存区				
与机房和支持区相邻	无要求	无要求	如果在数据中心大楼内，与所有其他领域，提供至少 2 h 的防火间距	单独的建筑物或满足建筑隔离的规范要求的外部全天候使用的附属建筑
是否与公共区域相邻	无要求	无要求	要保持 9 m 的最小间距	要保持 19 m 的最小间距
安全性				
系统中央处理区（CPU）UPS 的容量	无要求	建筑	建筑	建筑＋电池（最少持续 8 h）
数据采集板（主控制器）UPS 容量	无要求	建筑＋电池（最少持续 4 h）	建筑＋电池（最少持续 8 h）	建筑＋电池（最少持续 24 h）
现场装置 UPS 容量	无要求	建筑＋电池（最少持续 4 h）	建筑＋电池（最少持续 8 h）	建筑＋电池（最少持续 24 h）
物理安保人员	无要求	在预定的操作（通常在正常工作时间，每周 5 d）	每周 7 d，每天 24 h	每周 7 d，每天 24 h，有足够的备用人员以允许物理检查，巡检，监督等
安全访问控制/监控：				
发电机	工业级锁	入侵检测	凭卡进入	凭卡进入
UPS、电话和 MEP 室	工业级锁	入侵检测	凭卡进入	凭卡进入
光纤库	工业级锁	入侵检测	入侵检测	凭卡进入
紧急出入门	工业级锁	监控	遵循规范的延迟出口	遵循规范的延迟出口
可访问的外窗/开口	场外监控	入侵检测（含换班期间异地监控当没有保安人员存在）	入侵检测	入侵检测
安全操作中心	无要求	没有	凭卡进入	凭卡进入
网络操作中心	无要求	没有	凭卡进入	凭卡进入
安全设备室	无要求	入侵检测	凭卡进入	凭卡进入
通往机房的门	工业级锁	入侵检测	凭卡或生物身份认证进入	凭卡或生物识别技术为入口和出口(未经授权的外出将报警和监控,但所有安全逃生时无限制)
建筑周边大门	无要求	入侵检测（含换班期间异地监控当没有保安人员存在）	如果主要入口凭卡进入;所有其他入口则入侵检测	所有入口凭卡进入

	等级 1（A1）	等级 2（A2）	等级 3（A3）	等级 4（A4）
大门到机房楼层	工业级锁	凭卡进入	单人互锁机制，即大楼门户或其他硬件设施旨在防止尾随者进入或回转	单人互锁机制，即大楼门户或其他硬件设施旨在防止尾随者进入或回转，最好生物身份认证。
防弹墙、门和窗				
大厅保安台	没有	没有	至少 3 级水平	至少 3 级水平
闭路电视监控				
大厦周边和停车场	无要求	无要求	是	是
发电机房	无要求	无要求	是	是
准入控制门	无要求	是	是	是
机房楼层	无要求	无要求	是	是
UPS、通信和 MEP 机房	无要求	无要求	是	是
闭路电视				
闭路电视用相机录制的所有活动	无要求	无要求	是：数码	是：数码
录音速率	无		20 帧/分（最小）	20 帧/分（最小）
结构				
设施设计依据国际大厦规范（IBC）抗震设计类（SDC）的要求	使用建筑物的位置的SDC要求	使用建筑物的位置的SDC要求	使用建筑物的位置的SDC要求	无限制
场地特定的响应谱-当地地震加速程度	无	无	可承受 50 年一遇有 10%出现的地震情况	可承受 100 年一遇有 5%出现的地震情况
重要性系数-有助于确保大于规范设计	I = 1	I = 1.5	I = 1.5	I = 1.5
电信设备衣架/机柜固定基座或在顶部和基座支撑	无	只有基座	全部支持	全部支持
容许电信设备在电气附件能接受的一定范围之内的变形限制	无	无	是	是
支撑电气导管铺设和电缆桥架	遵循规范	遵循规范 W/重要	遵循规范 w/重要	遵循规范 w/重要
支撑机械系统主要导管铺设	遵循规范	遵循规范 W/重要	遵循规范 w/重要	遵循规范 w/重要
叠加活动负荷的地面承重能力	7.2kPa	8.4 kPa	12 kPa	12 kPa
为从下方辅助悬挂荷载的地板垂悬容量	1.2 kPa	1.2 kPa	2.4 kPa	2.4 kPa
在地面混凝土厚度	127 mm	127 mm	127 mm	127 mm

	等级 1（A1）	等级 2（A2）	等级 3（A3）	等级 4（A4）
混凝土高架地板设备固定凹槽的混凝土最小顶部高度	102 mm	102 mm	102 mm	102 mm
建筑 LFRS（剪力墙/斜撑框架/力矩框架）表示结构的位移	钢/混凝土抗弯框架	混凝土剪力墙/钢质支撑框架	混凝土剪力墙/钢质支撑框架	混凝土剪力墙/钢质支撑框架
建筑耗能被动阻尼器/隔震（能量吸收）	没有	没有	IBC 抗震设计 D 类或更高的被动阻尼器	IBC 抗震设计 D 类或更高的被动阻尼器/基座隔离
高架地板施工（为满足电池室、UPS 室的高负荷，采用混凝土填充金属板钢结构更容易固定高架地板，同时，安装地板锚更好）	PT 混凝土	CIP 轻混凝土	钢面板及填充	钢面板及填充

附表 5 分级参考指南（电气）

	等级 1	等级 2	等级 3	等级 4
电力				
概要特征				
允许并行维修系统	无	公用供电设施、发电机、UPS 系统	从公用供电设施一直到但不包括电力分配设施	遍及配电系统
单点故障	多个单点故障遍及配电系统	多个单点故障遍及配电系统	只有从最后的配电盘到关键和基本的负荷有单点故障	配电系统供应电气设备或重要负载无单点故障
电力系统分析	最新的短路研究，协调研究和电弧闪光分析	最新的短路研究，协调研究和电弧闪光分析	最新短路分析，协调研究，弧闪分析，和负载流研究	最新短路分析，协调研究，弧闪分析，和负载流研究
计算机及通信设备的电源线	单线 100%承载供电	单线 100%承载供电	在剩余线缆中冗余电源线 100%承载供电	在剩余线缆中冗余电源线 100%承载供电
公共供电设施				
电力机构入口	单点供电	单点供电	$N+1$ 冗余供电	从不同的公共变电站或发电厂 $2N$ 冗余供电
主要公共供电配电盘				
供电	共享	共享	专线	专线
结构	断路器上配螺钉的配电板	固定是断路器的配电盘	抽出式断路器配电盘	抽出式断路器配电盘
浪涌抑制	无	无	有	有
不中断电源支持系统（UPS）				
UPS 冗余	N	N	$N+1$	$2N$

	等级 1	等级 2	等级 3	等级 4
拓扑结构	单个或平行模块	单个或平行模块	分布式冗余模块或模块冗余系统	分布式冗余模块或模块冗余系统
自动旁路	无	有非专馈线到自动旁路	有专用馈线到自动旁路	有专用馈线到自动旁路
维修旁路安排	无	非专用维修旁路馈线到 UPS 输出配电盘	专用维修旁路馈线到 UPS 输出配电盘	专用维修旁路馈线到 UPS 输出配电盘
UPS 输出配电板	配电板结合标准的热磁跳闸断路器	配电板结合标准的热磁跳闸断路器	配电盘结合可拆卸断路器具有可调长时间和瞬时跳闸功能	配电盘结合可拆卸断路器具有可调长的时间，时间短，瞬时的功能，并准备关闭瞬时功能
电池组	多模普通电池组	单模块的专用电池组	单模块的专用电池组	单模块的专用电池组
电池类型	5 年阀控式密封铅酸蓄电池或采用飞轮储能	10 年阀控式密封铅酸蓄电池或淹没式蓄电池或飞轮储能	15 年阀控式密封铅酸蓄电池或淹没式蓄电池或飞轮储能	20 年铅酸淹没式蓄电池或飞轮储能
在设计荷载下电池寿命结束时的最小的电池备份时间	5 min	7 min	10 min	15 min
电池监控系统	无	无	电池组级 UPS 系统监控	集中自动化系统来检查每个电池的电压和阻抗或电阻
配电单元				
变压器	标准高效	标准高效	K-级或谐波消除，效率高	K-额定或谐波消除，低浪涌高效率
自动静态转换开关（ASTS）				
过流装置	无	无	短路开关	短路开关
维护旁路程序	无	无	手动引导机械联锁	自动操作
输出	无	无	双短路开关	双短路开关
接地				
照明保护系统	遵循 NFPA780 的基于风险分析和保险需求。	遵循 NFPA781 的基于风险分析和保险需求。	是	是
照明设备中性服务入口隔绝来自照明变压器接地故障隔离	无	无	是	是

	等级 1	等级 2	等级 3	等级 4
机房内的数据中心接地基础设施	按照 ANSI/TIA-607-B	按照 ANSI/TIA-608-B	按照 ANSI/TIA-609-B	按照 ANSI/TIA-610-B
机房紧急断电（EPO）系统				
安装	如果被主管部门要求，推带有防护罩和警示标签的按钮激活	如果被主管部门要求，推带有防护罩和警示标签的按钮激活	如果被主管部门要求，推带有防护罩和警示标签的按钮激活	如果被主管部门要求，推带有防护罩和警示标签的按钮激活
测试模式	无	无	有	有
报警	无	无	有	有
终止开关	无	无	被当地法规允许	被当地法规允许
中心电力监控				
监控点	无	公用供电设施、UPS 系统、发电机	公共供电设施，主变压器，UPS，发电机，馈线断路器，自动静态转换开关，PDU，自动转换开关	公共供电设施，主变压器，UPS，发电机，馈线断路器，自动静态转换开关，PDU，自动转换开关，浪涌保护器，关键载荷分支电路
通知方式	无	控制室控制台	控制室控制台，寻呼机，电子邮件和/或短信	控制室控制台，寻呼机，电子邮件和/或短信到多个设备人员
电池室				
与 UPS/开关设备房隔离	无	无	有	有
电池组彼此隔离	无	无	有	有
电池室门防碎玻璃	无	无	无	有
备用发电系统				
发电机尺寸	仅仅没有冗余 UPS 系统的大小	没有冗余 UPS 和机械系统的大小	$N+1$ 配电冗余的总建筑负荷大小	$2N$ 配电冗余的总建筑负荷大小
单总线的发电机	有	有	无	无
负载模拟器				
安装	无	提供便携式	提供便携式	单一最大设备固定大小
测试设备	无	发电机	发电机 UPS	发电机 UPS
自动关机	无	无	在发生故障时自动效用	在发生故障时自动效用

	等级 1	等级 2	等级 3	等级 4
		测试		
出厂验收测试	无	无	UPS、发电机系统	UPS、发电机系统、发电机控制，ASTS
现场断路器测试	无	无	所有的断路器接触电阻测试中的关键和重要路径，225 A 及以上	主要关键和基本路径中的所有电路断路器的注入和接触电阻测试，225 A 及以上
试运行	无	器（元）件级	器（元）件级和系统级	元件级、系统级和集成系统级包括全面中断测试
		设备保养维修		
操作和维修人员	异地。24x7 电话技术支持。	现场只上白班。在其他时间待命	现场周一至周五 24 小时，在调用周末	现场 24/7
预防性维护	无	发电机保养	发电机及 UPS 维护	全面预防性维护方案
设施培训方案	无	由制造商有限的培训	为设备的正常运行进行综合培训计划	为设备的正常操作和手动操作的综合培训计划，当设备在紧急情况下操作

附表 6　分级参考指南（机械）

	等级 1	等级 2	等级 3	等级 4
		机械		
		概述		
机械设备的冗余（例如。空调机组、冷却器、泵、冷却塔、冷凝器）	不需要	$N+1$ 冗余的机械设备。电能丢失会导致冷却丧失	$N+1$ 冗余的机械设备。电力的暂时丧失不会导致制冷丧失，但可能会导致关键设备在操作允许范围内的温度提升	机械设备的 $N+1$ 冗余。扩展电力的丧失不会导致冷却在关键设备的允许操作范围以外的丧失
水或排水管道的路由不与数据中心空间中的数据中心设备相关联	允许但不推荐	允许但不推荐	不允许	不允许
机房和相关空间相对于户外和数据中心空间的正压	不需要	是	是	是
对于冷凝排水、加湿水和喷淋排水，在机房的地面排水沟（地漏）	是	是	是	是

续表

	等级 1	等级 2	等级 3	等级 4
备用发电机的机械系统	无要求	有	有	有
水冷系统				
空调机组的室内终端	没有多余的空调机组	每个关键区域设 1 台冗余空调机组	在一路电源失电时，能使主要关键区域得到足够的空调机组数量	在一路电源失电时，能使主要关键区域得到足够的空调机组数量
计算机房的湿度控制	不需要	提供加湿	提供加湿	提供加湿
机械设备的电力服务	给空调机组提供单一路电源	给空调机组提供单一路电源	多路径的空调设备的电力线路，进行棋盘连接方式的冷却冗余	多路径的空调设备的电力线路，进行棋盘连接方式的冷却冗余
散热				
管道系统	单个路径的冷凝器水系统	单个路径的冷凝器水系统	集束连接平行管道冷凝器水系统	双路径冷凝器水系统
冷凝水管道系统	单个路径的冷凝水系统	单个路径的冷凝水系统	具有隔离阀的双路径阶梯循环冷却水系统	双路径的冷凝水系统
冷凝器水管道系统	单个路径的冷凝器水系统	单个路径的冷凝器水系统	集束连接平行管道冷凝器水系统	双路径冷凝器水系统
冷冻水系统				
计算机房湿度控制	不需要	提供加湿	提供加湿	提供加湿
机械设备电源保障	单路电源给空调设备	单路电源给空调设备	多路电源给空调设备	多路电源给空调设备
风冷系统				
机械设备电源保障	单路电源给空调设备	单路电源给空调设备	多路电源给空调设备	多路电源给空调设备
计算机房湿度控制	不需要	提供加湿	提供加湿	提供加湿
通风空调控制系统				
通风空调控制系统	控制系统故障会中断关键区域制冷	控制系统故障不会中断关键区域制冷	控制系统故障不会中断关键区域制冷	控制系统故障不会中断关键区域制冷
通风空调控制系统电源	单路电源供通风空调系统	冗余，UPS 电源供电源管理系统（BMS）控制	冗余，UPS 电源供电源管理系统（BMS）控制	冗余，UPS 电源供电源管理系统（BMS）控制
管道（水冷散热）				
补给供水	单一供水，没有现场备份存储	双路供水，或一路+现场存储	双路供水，或一路+现场存储	双路供水，或一路+现场存储
冷凝水系统连接点	单连接点	单连接点	双连接点	双连接点

	等级 1	等级 2	等级 3	等级 4
燃油系统				
大体积储油罐	单个储油罐	单个储油罐	多个储油罐	多个储油罐
储油泵和管道	单个泵和/或提供管道	多个泵或管道	多个泵或管道	多个泵或管道
消防灭火系统				
火灾探测	有	有	有	有
喷淋系统	需要时设置	提前设置（需要时）	提前设置（需要时）	提前设置（需要时）
气体灭火系统	基于前述主管部门没有需要	基于前述主管部门没有需要	NFPA2001 中列出的清洁气体	NFPA2002 中列出的清洁气体
早期烟雾探测预警系统	基于前述主管部门没有需要	有	有	有
漏水探测系统	基于前述主管部门没有需要	有	有	有

4 Syska 关键性分级附表

附表 7 Syska 应用关键性等级汇总表

关键性级别	设备/业务流程应用程序	基础设施和冗余
C_0	不是一个关键设施或业务流程。	设备安装在办公室转角或机柜，舒适空调，采用电源插板与插电式"鞋盒"UPS 供电。
C_1	基本的关键设施，或支持非关键的或者定期备份的办公流程的部分设施（机柜，网络室）。可用性损失与本地生产的损失大致相当。从计划外停机恢复简单和快速。	专用空间，24×7 舒适或精密制冷，N（非冗余）UPS（可能是内部冗余），湿管或干管洒水装置。
C_2	支持本地和远程的关键业务流程的设施。数据/电信的支持可能比它的支持业务（呼叫中心）更重要，或者它可能是等于或小于它支持的业务（交易大厅）的重要性。包括呼叫中心，交易大厅，电信/网络设施，网页和电子邮件支持，其可用性丧失对生产力的广泛影响取决于失效的时间。瞬间的非计划停机后可以完全恢复需要几个小时。维护停机时间能被每周或每月定期安排。	N（非冗余）或 $N+1$ 冗余精密空调和 UPS。$2N$ 冗余电源配送路径。可旁路维修 UPS，备用发电机，干管洒水装置，适度调试和定制操作。

关键性级别	设备/业务流程应用程序	基础设施和冗余
C_3	备份企业设施支持和/或包括关键业务流程。可用性损失广泛影响生产,并直接影响到客户。瞬间的非计划停机时间后可以完全恢复需要几小时或几天。每季每年的维护停机或高风险的时间窗户可以预定。	$N+1$ 或 $2N$ 冗余暖通空调及 UPS。维护带负荷隔离的发电机。N,$N+1$ 或 $2N$ 发电机。干管洒水装置和七氟丙烷气体灭火系统(FM-200)或实时烟雾检测器(VESDA)。调试与集成测试。定制业务和培训。一些 IT 设备和流程冗余。
C_4	主要企业设施支持和/或包括关键业务流程。可用性丧失广泛影响生产,并直接影响到客户。瞬间的非计划停机时间后可以完全恢复需要几小时或几天。每年每月,停电期间具有中等风险时间窗口的在线维修可以安排。停产检修安排极难。	均衡的冗余和稳健性。除最昂贵和风险最低的组件外,其余全部 $2N$ 冗余。在线维护功能。没有显著的单点故障的隐患。维修一台 UPS 的期间其负载有其他 UPS 承担。N,$N+1$ 或 $2N$ 发电机。干管洒水装置和七氟丙烷气体灭火系统(FM-200)或实时烟雾检测器(VESDA)。调试与集成测试。定制操作和培训。重大 IT 设备和流程冗余。
C_5	主要企业设施支持和/或包括核心业务流程。可用性丧失直接转化为底线。一时的非计划停机时间后能完全恢复需要几个小时到几周。每年每月,停电期间的低风险时间窗口的在线维修能被计划。不能按期停产检修。	$2(N+1)$ 冗余暖通空调及 UPS。一个 UPS 系统的支持的负载在其维护期间由其他 $N+1$ 冗余 UPS 承担。$N+1$ 或 $2N$ 发电机。干管洒水装置,七氟丙烷气体灭火系统(FM-200)和实时烟雾检测器(VESDA)。全面调试和定期重新调试。高安全性。定制业务和培训。重大 IT 设备和流程冗余。
C_6	主要大型企业数据中心的支持和/或包括核心业务流程。协同工作的远程数据中心网络。可用性的丧失,可以影响国家安全,公共安全等等。完全恢复后短暂的停机时间可能需要几个星期到几个月。所有的维修必须在线和极低的风险。	考虑两个相邻的,100% 的重复的设施。$2N+2$ 冗余的暖通空调和 UPS。维护一个 UPS 系统或管道回路时由其他 $N+2$ 冗余 UPS 或回路负载。$2N$ 发电机。干管洒水装置,七氟丙烷气体灭火系统(FM-200)和实时烟雾检测器(VESDA)。全部调试,定期重新调试。非常高的安全性。定制操作和培训。重大 IT 设备和流程冗余。
C_7	将来扩展	将来扩展
C_8	将来扩展	将来扩展

参考文献

[1]　住房和城乡建设部，国家质量监督检验检疫总局. 电子信息系统机房设计规范（GB 50174—2008）[S]. 北京：人民出版社，2009.

[2]　中国工程建设标准化协会信息通信专业委员会. 数据中心供配电系统应用白皮书[S]. 2011.

[3]　美国国家标准学会（ANSI）. 商业电信基础设施的管理标准（TIA/EIA-606-B）[S]. 美国电信工业协会技术标准部，2012.

[4]　美国国家标准学会（ANSI）. 电信通道和空间标准（TIA-569-C）[S]. 美国电信工业协会技术标准部，2012.

[5]　美国国家标准学会（ANSI）. 数据中心电信基础设施标准（TIA-942-A）[S]. 美国电信工业协会技术标准部，2014.

[6]　美国采暖制冷与空调工程师学会. 数据通信设备中心设计研究[S]. 2 版. 北京：中国建筑工业出版社，2009.

[7]　美国采暖制冷与空调工程师学会. 数据通信设备中心的结构与抗震指南[S]. 北京：中国建筑工业出版社，2009.

[8]　美国采暖制冷与空调工程师学会. 数据处理环境热指南（第三版）（2012）. http：//ashrae.org/resources--publications/bookstore/datacom-series

[9]　美国采暖制冷与空调工程师学会. 数据通信设备电源趋势和冷却应用（2 版）（2012）. http：//ashrae.org/resources--publications/bookstore/datacom-series

[10]　美国采暖制冷与空调工程师学会. 数据通信环境中的微粒和气体污染（2009）. http：//ashrae.org/resources--publications/bookstore/datacom-series

[11]　国际正常时间协会，数据中心基础设施分级标准：拓扑（2014）. http：//uptimeinstitute.com/publications

[12]　R&M 数据中心手册. http：//www.datacenter.rdm.com/de-ch/home.html，2014.